河南省"十四五"普通高等教育规划教材

新一代信息技术（网络空间安全）高等教育丛书

丛书主编：方滨兴　郑建华

网络密码原理与实践

主　编◎顾纯祥　郑永辉　石雅男

U0284480

科学出版社

北　京

内 容 简 介

本书系统地介绍网络密码的理论与分析实践，共 12 章，由三部分内容组成。第一部分介绍应用密码学基础，第二部分系统阐述各主流密码协议的基本原理和面临的安全挑战，第三部分介绍一些典型场景下的加密机制及安全分析技术。

本书的特色主要体现在两方面：一是突出网络安全体系中的密码技术，注重对密码原理和安全的深入分析；二是突出对安全性的分析，从网络空间安全对抗博弈的视角介绍网络密码基本原理、核心技术和最新科研成果，展现了网络密码技术的对抗性和系统性。

本书可作为网络空间安全、密码科学与技术等本科专业的教材，也可作为相关领域的科研和工程技术人员的参考书。

图书在版编目(CIP)数据

网络密码原理与实践 / 顾纯祥，郑永辉，石雅男主编. -- 北京 ：科学出版社，2024.8. --（河南省"十四五"普通高等教育规划教材）（新一代信息技术(网络空间安全)高等教育丛书 / 方滨兴，郑建华主编）. -- ISBN 978-7-03-079275-4

Ⅰ. TP393.08

中国国家版本馆 CIP 数据核字第 2024GZ7030 号

责任编辑：于海云　张丽花 / 责任校对：王　瑞
责任印制：师艳茹 / 封面设计：马晓敏

科 学 出 版 社 出版

北京东黄城根北街 16 号
邮政编码：100717
http://www.sciencep.com

三河市骏杰印刷有限公司印刷

科学出版社发行　各地新华书店经销
*
2024 年 8 月第 一 版　　开本：787×1092　1/16
2024 年 8 月第一次印刷　　印张：14 3/4
字数：350 000

定价：59.00 元

（如有印装质量问题，我社负责调换）

丛书编写委员会

主　编：方滨兴　郑建华

副主编：冯登国　朱鲁华　管晓宏

　　　　郭世泽　祝跃飞　马建峰

编　委：（按照姓名笔画排序）

　　　　王　震　王美琴　田志宏　任　奎

　　　　刘哲理　李　晖　李小勇　杨　珉

　　　　谷大武　邹德清　张宏莉　陈兴蜀

　　　　俞能海　祝烈煌　翁　健　程　光

丛 书 序

网络空间安全已成为国家安全的重要组成部分，也是现代数字经济发展的安全基石。随着新一代信息技术发展，网络空间安全领域的外延、内涵不断拓展，知识体系不断丰富。加快建设网络空间安全领域高等教育专业教材体系，培养具备网络空间安全知识和技能的高层次人才，对于维护国家安全、推动社会进步具有重要意义。

2023 年，为深入贯彻党的二十大精神，加强高等学校新兴领域卓越工程师培养，战略支援部队信息工程大学牵头组织编写"新一代信息技术（网络空间安全）高等教育丛书"。本丛书以新一代信息技术与网络空间安全学科发展为背景，涵盖网络安全、系统安全、软件安全、数据安全、信息内容安全、密码学及应用等网络空间安全学科专业方向，构建"纸质教材+数字资源"的立体交互式新型教材体系。

这套丛书具有以下特点：一是系统性，突出网络空间安全学科专业的融合性、动态性、实践性等特点，从基础到理论、从技术到实践，体系化覆盖学科专业各个方向，使读者能够逐步建立起完整的网络安全知识体系；二是前沿性，聚焦新一代信息技术发展对网络空间安全的驱动作用，以及衍生的新兴网络安全问题，反映网络空间安全国际科研前沿和国内最新进展，适时拓展添加新理论、新方法和新技术到丛书中；三是实用性，聚焦实战型网络安全人才培养的需求，注重理论与实践融通融汇，开阔网络博弈视野、拓展逆向思维能力，突出工程实践能力提升。这套"新一代信息技术（网络空间安全）高等教育丛书"是网络空间安全学科各专业学生的学习用书，也将成为从事网络空间安全工作的专业人员和广大读者学习的重要参考和工具书。

最后，这套丛书的出版得到网络空间安全领域专家们的大力支持，衷心感谢所有参与丛书出版的编委和作者们的辛勤工作和无私奉献。同时，诚挚希望广大读者关心支持丛书发展质量，多提宝贵意见，不断完善提高本丛书的质量。

方滨兴

2024 年 6 月

前　言

当前，网络信息技术全面融入社会生产生活，日益成为创新驱动发展的先导力量，网络空间成为继陆、海、空、天之后的第五维空间。与此同时，"永恒之蓝"勒索病毒、Facebook泄密门等网络安全事件也深刻揭示着网络信息技术作为双刃剑所带来的巨大安全风险，网络空间安全已上升到国家战略层面。网络密码技术作为保障网络与信息系统安全的核心技术，作用和地位愈加凸显，在网络空间安全防御和对抗博弈中扮演着极为重要的角色。

密码为网络空间安全防御提供核心技术支撑。密码技术为网络通信提供机密性、完整性、认证性、不可否认性等基本安全属性，是网络安全的核心技术，也是网络信任的基石。一方面，密码技术不断与网络安全机制深度融合，在网络基础设施安全、数据资源保护、应用服务的安全防御等方面发挥着重要的作用；另一方面，密码的技术创新和应用创新也为网络信息技术的不断创新和变革创造了条件，区块链、物联网、云计算、移动通信等领域中的新型应用的背后是网络密码的新技术、新应用和新模式。

复杂的网络环境和应用场景为密码的安全应用带来了巨大挑战。现代成熟的密码算法和协议的安全性通常经过了严密的推理和论证，直接攻击在理论上公认为等同于求解该数学难题，在计算上是不可行的。除了密码安全机制实现或应用中无意留下的漏洞之外，还存在人为引入攻击陷门的可能，进一步加剧了密码安全的风险和挑战。

密码是网络安全的基石，是网络安全对抗博弈的撒手锏。在第一个被曝光的网络武器"震网(Stuxnet)"病毒中，密码技术是核心技术。美国FusionX公司首席技术官汤姆·帕克说，他并不知道谁是病毒开发者，不过，只有顶尖密码学家才能做到。2017年，"WannaCry"勒索病毒席卷全球近百个国家和地区，病毒开发者采用密码技术加密用户文件，并通过基于密码的匿名网络技术逃避追踪。

本书以密码在计算机网络中的安全应用为重点，按照理论与实践相结合的原则，系统阐述了各类密码算法在网络体系结构下的应用。相比较而言，本书的特色主要体现在两个方面：一是突出网络安全体系中的密码技术，现有的大多数网络安全体系方面的教材注重对网络通信相关内容的阐述，对密码技术的讨论不够深入，本书认为密码技术是安全协议的核心和基石，特别注重对密码原理和安全的深入分析；二是突出对安全性的分析，针对网络空间安全对抗博弈的特点，在介绍各主流安全机制原理的同时，结合典型密码安全机制分析攻击案例，探讨网络安全面临的技术挑战，从正反两个角度为读者提供网络密码研究的理论和技术概貌。

本书由三部分组成，共12章。第一部分为应用密码学基础，包括3章内容，介绍应用密码学的基本概念、典型密码算法及应用协议，以及基于公钥基础设施(PKI)的数字证书管理体系和相关PKI标准。第二部分为网络安全协议原理与分析，包括5章内容，介绍各主流安全协议的基本原理，并结合典型安全协议分析攻击案例，探讨安全协议面临的技术挑战。第三部分为网络密码系统分析实践，包括 4 章内容，介绍操作系统、即时通信等典型应用场景下的加密机制及安全分析技术，并介绍 OpenSSL 开源项目和常用编程接口。

本书由中国人民解放军战略支援部队信息工程大学网络空间安全学院网络密码教研室组织编写。具体编写分工如下：第一部分由石雅男、魏福山、郑永辉编写，第二部分由顾纯祥、陈熹、张协力编写，第三部分由李光松、陈熹、张协力编写，全书由顾纯祥、石雅男统稿。感谢栾鸾、郭家兴、田凯、赵栋梁、朱明亮、鞠梦成、孙相宇、李洋洋等网络密码教研室的研究生对本书做的辅助工作。

特别感谢中国人民解放军战略支援部队信息工程大学郑建华院士、祝跃飞教授、王永娟研究员对本书内容的指导把关，感谢网络密码教研室同事的大力支持。

由于网络密码技术的迅猛发展，加之编者水平有限，疏漏之处在所难免，恳请读者和有关专家不吝赐教。

编　者

2024 年 1 月

目　　录

第一部分　应用密码学基础

第二部分　网络安全协议原理与分析

第三部分　网络密码系统分析实践

第一部分　应用密码学基础

随着《中华人民共和国密码法》的颁布实施，密码作为网络空间安全的核心支撑技术，正以前所未有的广度和深度影响着社会的各个领域，建设世界一流密码强国已经成为国家重大战略。密码学是一门理论与实践紧密联系的学科。密码算法是安全的基石，其设计和分析建立在数学和计算复杂性理论之上；密码算法的实现和应用具有很强的实践性，需要相应的标准规范和基础设施支撑。

本部分内容主要介绍密码学的基本概念、典型密码算法及应用协议，包括3章：第1章网络密码算法，介绍密码学的基本原理和网络密码中常用的密码算法及算法标准；第2章身份认证与密钥交换协议，介绍消息认证、身份认证和密钥交换协议；第3章数字证书与公钥基础设施，介绍数字证书与公钥基础设施的基本原理、数字证书管理体系及相关标准。

第1章　网络密码算法

现实生活中，安全是一个通俗易懂的概念，网络世界里，安全却有不同的内涵。网络安全本质上是与网络相关的信息系统的安全，包括系统的安全运行和信息的安全保护两方面。系统的安全运行是信息系统提供有效服务的前提，信息的安全保护主要指系统数据的机密性、完整性、不可否认性等。网络安全问题是当今社会关注的焦点，密码技术为网络安全提供核心技术支撑。

1.1　密码学基本原理

密码学是一个通用术语，包括密码编码学和密码分析学，它们之间是相互对立的关系。狭义上讲，密码编码学主要研究如何对消息进行保护以实现其机密性；密码分析学主要研究如何对受保护的消息进行破译以获取机密消息。广义上讲，密码编码学除了研究如何实现消息的机密性外，还研究消息及实体的真实性、完整性、不可否认性认证；密码分析学除了研究如何破坏消息的机密性外，还研究如何对消息进行篡改、伪造，对实体进行假冒等破坏。密码编码学和密码分析学相辅相成，共同促进密码学的发展。

1.1.1　保密通信系统

密码学主要研究如何在不安全的通信信道上实现安全通信的问题，其基本思想是将被保护的消息从一种形式变换为另一种形式。被保护的消息称为明文，明文经过变换后称为密文，将明文变换到密文的过程称为加密，加密采用的一系列变换算法称为加密算法。相反地，将密文还原成明文的过程称为解密，解密采用的一系列变换算法称为解密算法。加密算法和解密算法统称为密码算法。通常情况下，加密算法和解密算法在一组信息的控制下执行，控制加密算法和解密算法的信息分别称为加密密钥和解密密钥，简称密钥。

考虑一个简单的通信场景，发送方 Alice 将消息 m 通过公开信道传递给接收方 Bob，为防止信道上非法用户窃取消息内容，通信双方采用保密通信系统，如图 1-1 所示。Alice 使用加密密钥 k_1 对明文 m 进行加密得到密文 c，并通过不安全的信道将其发给接收方 Bob。Bob 收到密文 c 后，用解密密钥 k_2 对密文 c 进行解密，从而还原得到明文 c。

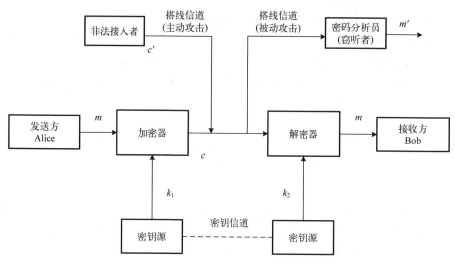

图 1-1 保密通信系统

除此之外，还存在非法用户对保密通信系统进行攻击，企图破坏消息的真实性、完整性，甚至通信双方中的某一方否认所发送的消息的情况。密码学不仅研究实现消息机密性的加密技术，而且提供实现消息真实性、完整性、不可否认性的认证技术，进而实现实体认证。

如果非法用户通过搭线信道等方式窃取密文，并试图通过各种手段对密文进行分析从而获取明文或密钥信息，那么这种攻击方法称为被动攻击；如果非法用户通过伪造、篡改等方式假冒合法用户对保密通信系统进行破坏，那么这种攻击方法称为主动攻击。被动攻击与主动攻击的本质区别在于是否对消息进行修改。

1.1.2 密码体制分类

一个密码体制(或密码系统)至少由明文空间 M、密文空间 C、密钥空间 K 和加密算法空间 E、解密算法空间 D 五部分组成。对于明文空间 M 中的一个明文 m，在加密算法 E、解密算法 D 及密钥空间 K 中密钥 k_1 和 k_2 的作用下，满足

$$D_{k_2}(E_{k_1}(m)) = m$$

这是密码体制设计的基本要求。

密码体制从原理上可分对称密码体制和非对称密码体制，后者又称为公钥密码体制。对称密码体制的加密密钥和解密密钥相同，或者容易从其中一个得出另一个。非对称密码体制加密密钥和解密密钥不同，或者很难从其中一个推知另一个。密钥是确保密码体制安全性的关键，密钥的分配和管理是密码学的重要研究内容。1883 年，荷兰密码学家 Kerckhoffs 在其著作《军事密码学》中提出，即使密码系统的任何细节都已为人知悉，但只要密钥没有泄露，它就应该是安全的。也就是说，密码系统的安全性取决于密钥，密码算法可以公开。这就是著名的柯克霍夫原则(Kerckhoffs' Principle)，该原则已成为密码算法设计的基本准则，即密码算法的公开不影响明文和密钥的安全。现代密码算法的设计遵循柯克霍夫原则，假定攻击者知道除密钥以外与密码系统有关的任何信息，密码算法仍然是安全的。

1.1.3 密码分析概述

密码分析是攻击者在不知道解密密钥甚至通信双方所采用的密码体制具体细节的条件下，试图用各种手段或方法获取明文或密钥信息，又称为密码攻击。按照攻击者可获取的信息量，密码分析可分为四类，见表 1-1。

表 1-1 密码分析类型

攻击类型	可利用资源
唯密文攻击	密码算法 截获的密文
已知明文攻击	密码算法 截获的密文 一个或多个明文-密文
选择明文攻击	密码算法 截获的明文 选定的明文-密文对
选择密文攻击	密码算法 截获的密文 选定的密文-明文对

唯密文攻击是攻击者获取的信息量最少、攻击难度最大的攻击类型，这种攻击的方法一般采用穷举搜索，只要有足够多的计算时间和足够大的存储空间，原则上都可以还原明文。很多情况下，攻击者利用各种手段可以得到一个或多个明文及其对应的密文，这时的攻击称为已知明文攻击。除此之外，攻击者还可以获得对加密算法的访问权限，即选择特定的明文在未知密钥的情况下加密得到相应的密文，通过分析特定的明文-密文对以获取加密密钥，这种攻击即为选择明文攻击。如果攻击者能够获得对解密算法的访问权限，即选择特定的密文在未知密钥的情况下解密得到相应的明文，通过分析特定密文-明文对以获取解密密钥，则称为选择密文攻击。

1.2 分 组 密 码

分组密码是网络系统安全的重要组成部分，不仅能够提供机密性，还可用于构造伪随机数生成器、序列密码、消息认证码和哈希函数，从而提供消息认证和实体认证功能。

分组密码将明文消息按比特(bit，位)划分为长度为 n 的分组，各个分组在密钥 k 的作用下经过加密算法变换为长度为 m 的密文分组，如图 1-2 所示。通常情况下 $m = n$，若 $m > n$，称为有数据扩展的分组密码；若 $m < n$，称为有数据压缩的分组密码。在相同的密钥下，分组密码对长度为 n 的明文分组所做的变换是相同的，因此只需研究对任意一组明文的变换规则。

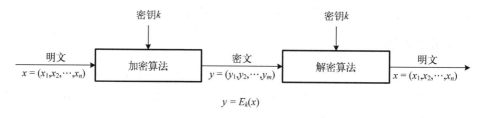

$$y = E_k(x)$$

图 1-2 分组密码基本模型

基于分组密码的安全性与实现效率，分组长度通常为 8 的倍数，数据加密标准(Data Encryption Standard，DES)的分组长度为 64bit，高级加密标准(Advanced Encryption Standard，AES)的分组长度为 128bit。现代分组密码的研究始于 20 世纪 70 年代中期，早期研究基本上是围绕 DES 进行的，20 世纪 90 年代差分密码分析(Differential Cryptanalysis)和线性密码分析(Linear Cryptanalysis)的提出，迫使人们不得不研究新的密码结构。AES 是广泛使用的分组密码算法，到目前为止还没有发现针对 AES 的有效攻击。普遍认为，在可预见的未来，AES 仍然可以提供良好的安全性。

1.2.1 DES 算法

DES 是由美国国家标准局[于 1988 年改名为美国国家标准与技术研究院(National Institute of Standards and Technology，NIST)]于 1977 年 1 月 15 日颁布的，后陆续被其他组织机构如美国银行家协会、美国国家标准学会(American National Standards Institute，ANSI)采纳。而后，美国国家标准局大约每隔 5 年就对 DES 进行一次评审，最后一次评审是在 1994 年 1 月，并决定 1998 年 12 月以后将不再使用 DES 作为数据加密的标准。DES 是迄今为止研究最为充分、使用最为广泛的分组密码算法，几乎任何一本有关安全的书籍都会提到它。虽然 DES 已经不再是推荐的分组密码算法，但其重要变体仍在大量使用。

DES 采用美国 IBM 公司设计的 Lucifer 算法，该算法采用一个称为 Feistel 网络的结构(图 1-3)，加密和解密过程相似，有利于软硬件的实现。

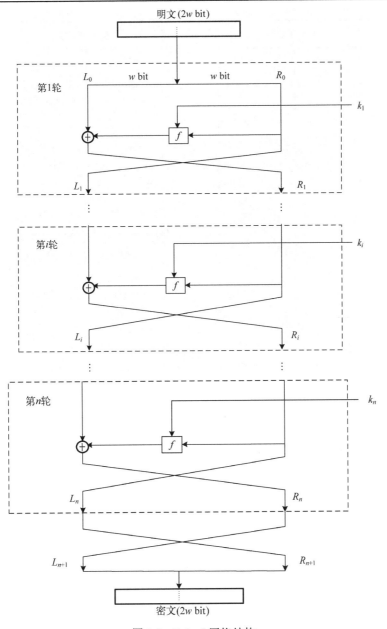

图 1-3　Feistel 网络结构

以 16 轮 Feistel 网络的加解密为例(图 1-4)，加密过程自上而下，解密过程自下而上。加密算法每轮的左右两半分别用 LE_i 和 RE_i 表示，解密算法每轮的左右两半分别用 LD_i 和 RD_i 表示。解密过程本质上和加密过程一样，解密算法使用密文作为输入，但使用轮密钥 k_i 的顺序与加密过程相反，图中标出了解密过程中每一轮的中间值与加密过程中间值的对应关系，即解密过程第 i 轮的输出 $LD_i \parallel RD_i$ 是加密过程第 $16-i$ 轮的输入 $LE_{16-i} \parallel RE_{16-i}$。可以看到，解密过程最后一轮的输出是 $RE_0 \parallel LE_0$，左右两边再经过一次交换后即可恢复明文。

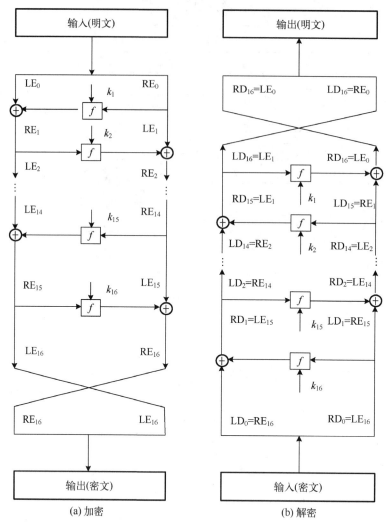

图 1-4 Feistel 加解密流程

DES 算法分组长度为 64bit，密钥长度为 64bit，其中包含 8bit 校验位，实际有效密钥长度为 56bit，加密流程如图 1-5 所示。

1. 初始置换与逆初始置换

初始置换 IP 和逆初始置换（IP^{-1}）是按照置换表（表 1-2）对输入的 64bit 数据进行的重新排列。在初始置换中，将输入数据的第 58 位作为输出数据的第 1 位，将输入数据的第 50 位作为输出数据的第 2 位，以此类推，最后将输入数据的第 7 位作为输出数据的第 64 位。逆初始置换是初始置换的逆变换，置换的方法与初始置换相同。为了体现两者之间的互逆性，考虑 64bit 输入数据的第 1 位，经过初始置换，它变为 64bit 输出数据的第 40 位。将输出的 64bit 数据再进行逆初始置换，输出数据的第 40 位即逆初始置换输入数据的第 40 位，变换后即为原始输入数据的第 1 位。

表 1-2　IP 与 IP^{-1}

IP								IP^{-1}							
58	50	42	34	26	18	10	2	40	8	48	16	56	24	64	32
60	52	44	36	28	20	12	4	39	7	47	15	55	23	63	31
62	54	46	38	30	22	14	6	38	6	46	14	54	22	62	30
64	56	48	40	32	24	16	8	37	5	45	13	53	21	61	29
57	49	41	33	25	17	9	1	36	4	44	12	52	20	60	28
59	51	43	35	27	19	11	3	35	3	43	11	51	19	59	27
61	53	45	37	29	21	13	5	34	2	42	10	50	18	58	26
63	55	47	39	31	23	15	7	33	1	41	9	49	17	57	25

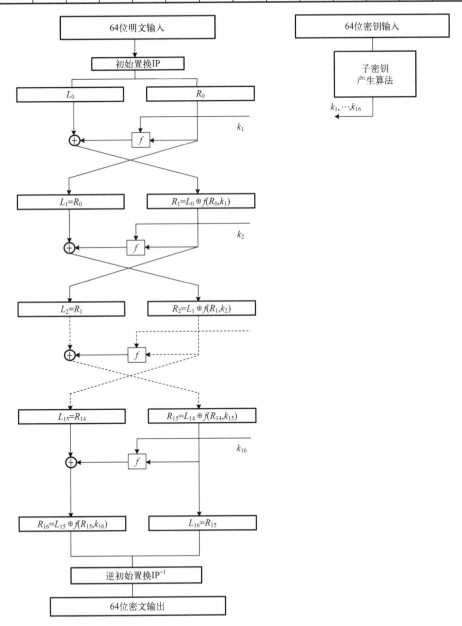

图 1-5　DES 加密流程

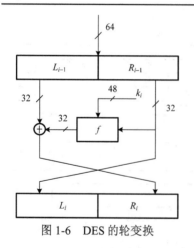

图 1-6　DES 的轮变换

2. 轮变换

　　DES 采用有密钥控制的 16 轮迭代变换，每轮进行相同的变换(图 1-6)。以第 i 轮为例，它将 64bit 的轮输入分为 32bit 的左右两半，分别记为 L_{i-1}、R_{i-1}，每轮变换由下列公式表示：

$$L_i = R_{i-1}$$
$$R_i = L_{i-1} \oplus f(R_{i-1}, K_i)$$

第 i 轮的左半部分数据 L_i 就是第 $i-1$ 轮的右半部分数据 R_{i-1}，而第 i 轮的右半部分数据 R_i 则是第 $i-1$ 轮的左半部分数据 L_{i-1} 与轮函数 f 32bit 输出异或的结果。

　　轮函数 f 是轮变换的关键，其结构如图 1-7 所示。

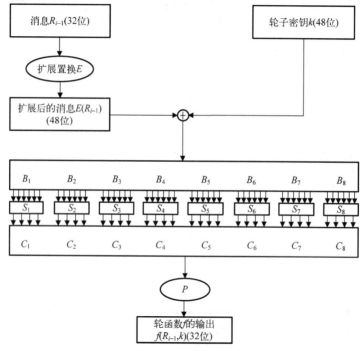

图 1-7　DES 的轮函数 f

　　对于轮输入的 32bit 的右半部分 R_{i-1}，如表 1-3 所示，首先经过扩展置换 E 得到 48bit 的消息，扩展后的 48bit 消息再与 48bit 轮子密钥异或，所得结果按照 6bit 依次分为 8 个分组，将 8 个 6bit 分组分别作为 8 个 S 盒(S_1、S_2、S_3、S_4、S_5、S_6、S_7、S_8，如表 1-4 所示)的输入，通过查表得到 8 个 4bit 的输出(每个 S 盒的输出均为 4bit)，共 32bit，对输出做 P 盒置换得到轮函数 f 的最终输出。

　　S 盒是 DES 算法唯一的非线性变换，是轮函数的核心。对于每个 S_i 盒，其 6bit 输入中第 1 位和第 6 位组成的二进制数用来选择变换的行(十进制表示)，中间 4 位组成的二进制数用来选择变换的列(十进制表示)。行和列确定后，其交叉位置的十进制数即为 4bit 的输出。以 S_1 为例，输入为 110011，行选择 11（即第 3 行），列选 1001（即第 8 列），行与列交叉位置的数为 11，即输出二进制表示为 1011。

表 1-3　扩展置换 E 与 P 盒置换

扩展置换 E						P 盒置换			
32	1	2	3	4	5	16	7	20	21
4	5	6	7	8	9	29	12	28	17
8	9	10	11	12	13	1	15	23	26
12	13	14	15	16	17	5	18	31	10
16	17	18	19	20	21	2	8	24	14
20	21	22	23	24	25	32	27	3	9
24	25	26	27	28	29	19	13	30	6
28	29	30	31	32	33	22	11	4	25

表 1-4　DES 的 S 盒

行		列															
		0	1	2	3	4	5	6	7	8	9	10	11	12	13	14	15
S_1	0	14	4	13	1	2	15	11	8	3	10	6	12	5	9	0	7
	1	0	15	7	4	14	2	13	1	10	6	12	11	9	5	3	8
	2	4	1	14	8	13	6	2	11	15	12	9	7	3	10	5	0
	3	15	12	8	2	4	9	1	7	5	11	3	14	10	0	6	13
S_2	0	15	1	8	14	6	11	3	4	9	7	2	13	12	0	5	10
	1	3	13	4	7	15	2	8	14	12	0	1	10	6	9	11	5
	2	0	14	7	11	10	4	13	1	5	8	12	6	9	3	2	15
	3	13	8	10	1	3	15	4	2	11	6	7	12	0	5	14	9
S_3	0	10	0	9	14	6	3	15	5	1	13	12	7	11	4	2	8
	1	13	7	0	9	3	4	6	10	2	8	5	14	12	11	15	1
	2	13	6	4	9	8	15	3	0	11	1	2	12	5	10	14	7
	3	1	10	13	0	6	9	8	7	4	15	14	3	11	5	2	12
S_4	0	7	13	14	3	0	6	9	10	1	2	8	5	11	12	4	15
	1	13	8	11	5	6	15	0	3	4	7	2	12	1	10	14	9
	2	10	6	9	0	12	11	7	13	15	1	3	14	5	2	8	4
	3	3	15	0	6	10	1	13	8	9	4	5	11	12	7	2	14
S_5	0	2	12	4	1	7	10	11	6	8	5	3	15	13	0	14	9
	1	14	11	2	12	4	7	13	1	5	0	15	10	3	9	8	6
	2	4	2	1	11	10	13	7	8	15	9	12	5	6	3	0	14
	3	11	8	12	7	1	14	2	13	6	15	0	9	10	4	5	3
S_6	0	12	1	10	15	9	2	6	8	0	13	3	4	14	7	5	11
	1	10	15	4	2	7	12	9	5	6	1	13	14	0	11	3	8
	2	9	14	15	5	2	8	12	3	7	0	4	10	1	13	11	6
	3	4	3	2	12	9	5	15	10	11	14	1	7	6	0	8	13
S_7	0	4	11	2	14	15	0	8	13	3	12	9	7	5	10	6	1
	1	13	0	11	7	4	9	1	10	14	3	5	12	2	15	8	6
	2	1	4	11	13	12	3	7	14	10	15	6	8	0	5	9	2
	3	6	11	13	8	1	4	10	7	9	5	0	15	14	2	3	12
S_8	0	13	2	8	4	6	15	11	1	10	9	3	14	5	0	12	7
	1	1	15	13	8	10	3	7	4	12	5	6	11	0	14	9	2
	2	7	11	4	1	9	12	14	2	0	6	10	13	15	3	5	8
	3	2	1	14	7	4	10	8	13	15	12	9	0	3	5	6	11

3. 子密钥

DES 的轮变换中用到的轮子密钥由算法密钥经过变换得到（图 1-8）。

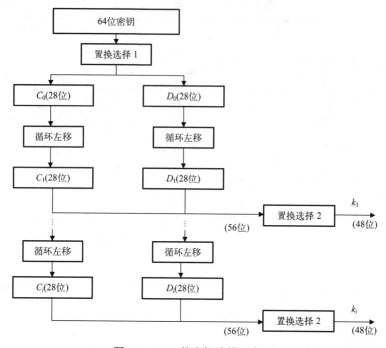

图 1-8　DES 的密钥编排示意图

64bit 的算法密钥首先经过一个置换选择（表 1-5(a)）得到左右两个 28bit 的数据，分别记为 C_0 和 D_0，接着进行 16 轮的循环左移（表 1-5(c)）及置换选择（表 1-5(b)），每轮输出 48bit 的轮子密钥。

表 1-5　DES 密钥编排中使用的表

(a) 置换选择 1

57	49	41	33	25	17	8
1	58	50	42	34	26	18
10	2	59	51	43	35	27
19	11	3	60	52	44	36
63	55	47	39	31	23	15
7	62	54	46	38	30	22
14	6	61	53	45	37	29
21	13	5	28	20	12	4

(b) 置换选择 2

32	1	2	3	4	5
4	5	6	7	8	9
8	9	10	11	12	13
12	13	14	15	16	17
16	17	18	19	20	21
20	21	22	23	24	25
24	25	26	27	28	29
28	29	30	31	32	33

(c) 循环左移位数

轮数	1	2	3	4	5	6	7	8	9	10	11	12	13	14	15	16
位数	1	1	2	2	2	2	2	2	1	2	2	2	2	2	2	1

从 1977 年提出到 2000 年被 AES 算法替代，DES 算法在 20 多年的时间里经受了各种攻击的考验，其中最为著名的两种攻击方法就是差分分析和线性分析。作为第一个公开的、

复杂度小于 2^{55} 次加密运算的攻击算法,差分分析方法可在 2^{47} 次加密运算时间内,以超过 1/2 的成功率破解 DES 算法,但该算法需要 2^{47} 个选择明文-密文对;另一个更加有效的针对 DES 算法的攻击方法是线性分析,该方法只需要 2^{43} 个已知明文-密文对,在 2^{47} 次加密运算时间内,即可以超过 1/2 的成功率破解 DES 算法。

　　然而,DES 最致命的威胁是暴力破解,因为 DES 密钥空间的大小对于实际计算能力而言确实是太小了。1998 年电子前沿基金会(Electronic Frontier Foundation)制造了一台耗资 25 万美元的密钥搜索机,称为 "DES 破译者"。这台计算机包含 1536 个芯片,每秒能够搜索的密钥数高达 880 亿个。1998 年 7 月,它用 56h 成功破译了 56bit 的 DES 密钥,从而赢得了 RSA Data Security(RSA)公司 "DES Challenge Ⅱ-2" 挑战赛的胜利。1999 年 1 月,在遍布全世界的 10 万台计算机(被称作分布式网络)的协同工作下,"DES 破译者" 又获得了 RSA 公司 "DES Challenge Ⅲ" 的优胜。这次的协同工作仅在 22h15min 内就找到了 DES 密钥,每秒搜索超过 2450 亿个密钥。

1.2.2 AES 算法

　　高级加密标准(AES)是美国国家标准与技术研究所(NIST)于 1997 年发起征集的用以代替 DES 的新的分组加密标准,经过 3 年多的讨论和评比,比利时的两位学者 Joan Daemen 和 Vincent Rijmen 设计的 Rijndael 算法最终被确定为 AES。

　　AES 算法的分组长度为 128bit,密钥长度为 128/192/256bit。根据密钥长度的不同,AES 算法需要进行 10/12/14 轮的迭代变换,以 128bit 的密钥长度为例,AES 算法的加密流程如图 1-9 所示。

　　1. 轮迭代

　　AES 的轮迭代包括 4 个变换,分别是字节代换(SubByte)、行移位(ShiftRow)、列混合(MixColumn)、轮密钥加(AddRoundKey),其中最后一轮与前面各轮不同。对于 128bit 的明文,将其看作一个 4×4 的字节矩阵(图 1-10),轮迭代中的每一个变换基于字节矩阵展开,变换的中间环节又称为状态矩阵。

　　1)字节代换

　　字节代换是 AES 算法唯一的非线性变换,由一个 S 盒定义(表 1-6)。S 盒可以看作一个 16×16 的字节矩阵,由有限域上的可逆变换和仿射变换得到,因而是可逆的。字节代换输入一个长度为 8bit 的数据,分为高、低各 4bit,高 4bit 确定 S 盒的行(记为 x,取值在 0x0~0xf),低 4bit 确定 S 盒的列(记为 y,取值在 0x0~

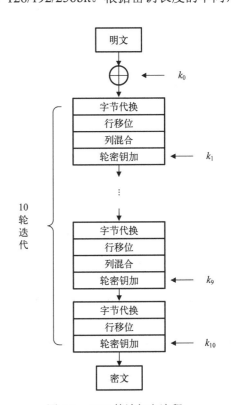

图 1-9 AES 算法加密流程

0xf)，S 盒第 x 行、第 y 列交叉位置上的元素即为字节代换的输出。例如，输入的字节为{2c}，则取 S 盒第 3 行、第 13 列上的元素{71}作为输出即可。

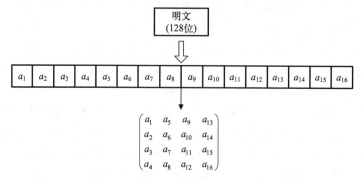

图 1-10　AES 的字节矩阵

表 1-6　AES 的 S 盒

y	x															
	0	1	2	3	4	5	6	7	8	9	a	b	c	d	e	f
0	63	7c	77	7b	f2	6b	6f	c5	30	01	67	2b	fe	d7	ab	76
1	ca	82	c9	7d	fa	59	47	f0	ad	d4	a2	af	9c	a4	72	c0
2	b7	fd	93	26	36	3f	f7	cc	34	a5	e5	f1	71	d8	31	15
3	04	c7	23	c3	18	96	05	9a	07	12	80	e2	eb	27	b2	75
4	09	83	2c	1a	1b	6e	5a	a0	52	3b	d6	b3	29	e3	2f	84
5	53	d1	00	ed	20	fc	b1	5b	6a	cb	be	39	4a	4c	58	cf
6	d0	ef	aa	fb	43	4d	33	85	45	f9	02	7f	50	3c	9f	a8
7	51	a3	40	8f	92	9d	38	f5	bc	b6	da	21	10	ff	f3	d2
8	cd	0c	13	ec	5f	97	44	17	c4	a7	7e	3d	64	5d	19	73
9	60	81	4f	dc	22	2a	90	88	46	ee	b8	14	de	5e	0b	db
a	e0	32	3a	0a	49	06	24	5c	c2	d3	ac	62	91	95	e4	79
b	e7	c8	37	6d	8d	d5	4e	a9	6c	56	f4	ea	65	7a	ae	08
c	ba	78	25	2e	1c	a6	b4	c6	e8	dd	74	1f	4b	bd	8b	8a
d	70	3e	b5	66	48	03	f6	0e	61	35	57	b9	86	c1	1d	9e
e	e1	f8	98	11	69	d9	8e	94	9b	1e	87	e9	ce	55	28	df
f	8c	a1	89	0d	bf	e6	42	68	41	99	2d	0f	b0	54	bb	16

2）行移位

行移位是一个简单的线性变换，它将状态矩阵的各行进行循环移位，因而也是可逆的。不同状态的位移量不同，第一行不变，第二行循环左移 1 字节，第三行循环左移 2 字节，第四行左移 3 字节，如图 1-11 所示。

3）列混合

列混合也是一个线性变换，它将状态矩阵中的每列看作有限域 $GF(2^8)$ 上的多项式，与一个固定的多项式 $c(x)$ 进行模 x^4+1 乘法（图 1-12）。

$$
\begin{pmatrix}
a_1 & a_5 & a_9 & a_{13} \\
a_2 & a_6 & a_{10} & a_{14} \\
a_3 & a_7 & a_{11} & a_{15} \\
a_4 & a_8 & a_{12} & a_{16}
\end{pmatrix}
\longrightarrow
\begin{pmatrix}
a_1 & a_5 & a_9 & a_{13} \\
a_6 & a_{10} & a_{14} & a_2 \\
a_{11} & a_{15} & a_3 & a_7 \\
a_{16} & a_4 & a_8 & a_{12}
\end{pmatrix}
$$

图 1-11　AES 的行移位示意图

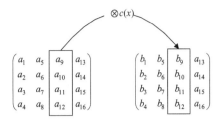

图 1-12　AES 的列混合示意图

由于 $c(x) = 03x^3 + 01x^2 + 01x + 02$（系数用十六进制表示）是模 $x^4 + 1$ 可逆的，因而列混合变换可逆。列混合变换也可以表示为矩阵乘法，即

$$
\begin{pmatrix}
b_1 \\
b_2 \\
b_3 \\
b_4
\end{pmatrix}
=
\begin{pmatrix}
02 & 03 & 01 & 01 \\
01 & 02 & 03 & 01 \\
01 & 01 & 02 & 03 \\
03 & 01 & 01 & 02
\end{pmatrix}
\begin{pmatrix}
a_1 \\
a_2 \\
a_3 \\
a_4
\end{pmatrix}
$$

4）轮密钥加

轮密钥加是将轮密钥简单地与状态矩阵进行逐比特异或，其逆运算即本身。

综上所述，组成 AES 算法轮迭代的 4 个变换简洁快速，功能互补，将其用函数的伪 C 代码表示如下：

```
Round(State, RoundKey)
{
    SubByte(State);
    ShiftRow(State);
    MixColumn(State);
    AddRoundKey(State,RoundKey)
}
```

最后一轮的轮函数与前面各轮不同，需将 MixColumn 去掉：

```
Round(State, RoundKey)
{
    SubByte(State);
    ShiftRow(State);
    AddRoundKey(State,RoundKey)
}
```

2. 子密钥

AES 算法的轮子密钥由 128bit（16 字节，4 个字）的算法密钥扩展得到，如图 1-13 所示。初始密钥即算法密钥，与明文进行异或后进入轮变换。

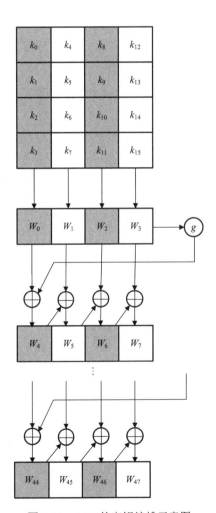

图 1-13　AES 的密钥编排示意图

记$(W_{4i+0}, W_{4i+1}, W_{4i+2}, W_{4i+3})$为第 i 轮的轮密钥 $k_i (i = 1,2,\cdots,10)$，其中 W_{4i+j} 为第 i 轮密钥的第 j 个字（ $j = 0,1,2,3$ ），特别地，(W_0, W_1, W_2, W_3) 就是用户的初始密钥。当 $j = 1,2,3$ 时，

$$W_{4i+j} = W_{4i+j-1} \oplus W_{4(i-1)+j}$$

而当 $j = 0$ 时，

$$W_{4i} = W_{4(i-1)} \oplus g(W_{4i-1})$$

函数 g 的输入为 32bit（4 字节）的数据，以字节为单位，具体变换如图 1-14 所示。为了消除轮之间的相似性，每轮使用一个轮常数 $\text{Rcon}[i] = (RC_i, 00, 00, 00)$（十六进制表示），其中 RC_i 由表 1-7 给出。

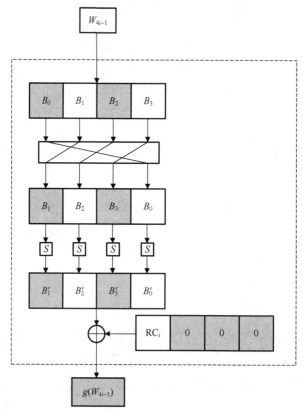

图 1-14　g 函数计算过程

表 1-7　AES 的轮常数

第 i 轮	1	2	3	4	5	6	7	8	9	10
RC_i	01	02	04	08	10	20	40	80	1b	36

密钥扩展算法用函数的伪 C 代码表示如下：

```
KeyExpansion(byte Key[16], W[44])
{
    For(i = 0;i<3;i++)
```

```
        W[i] = (Key[4*i], Key[4*i+1], Key[4*i+2], Key[4*i+3]);
    For(i = 4;i<44;i++)
    {
        temp = W[i];
        if(i%4 == 0)
            temp = SubByte(RotByte(temp))^Rcon[i]);
        W[i] = W[i-4]^temp;
    }
    }
```

3. 解密

AES 算法加解密具有相似性。首先，字节代换（SubByte）、行移位（ShiftRow）、列混合（MixColumn）、轮密钥加（AddRoundKey）四个变换均可逆；然后，SubByte 与 ShiftRow 两个变换可以互换顺序，因而其组合 SubByte→ShiftRow 的逆变换为 InvSubByte→InvShiftRow；其次，由于 MixColumn 与 AddRoundKey 两个变换的线性性，其组合 MixColumn→AddRoundKey(·, key) 的逆变换可以转换为 InvMixColumn→AddRoundKey(·, InvMixColumn(key))；最后，由于 AES 算法最后一轮与前面各轮变换不同，因而其逆序解密通过重组在结构上与加密具有相似性（图 1-15）。

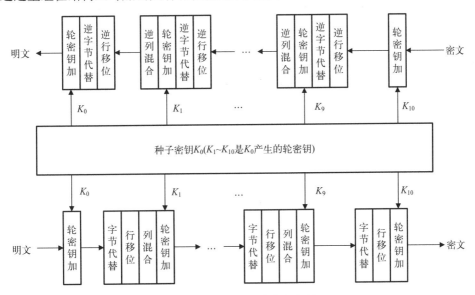

图 1-15 AES 加解密的相似性

AES 的安全性能及实现效率比较高，它具有密钥灵活性及较高的可实现性，算法提出者也给出了最佳差分特征概率，进行了算法抵抗差分密码分析以及线性密码分析能力评估。AES 作为 DES 的取代者已取得非常广泛的应用。AES 是安全套接字层（Secure Socket Layer，SSL）协议的密码套件中非常重要的一类分组加密算法，因特网工程任务组（Internet Engineering Task Force，IETF）的互联网络层安全协议（Internet Protocol Security，IPSec）工作组也将 AES 设成为封装安全负载（Encapsulating Security Payload，ESP）使用的默认加密算法，IEEE 803.11 协议（Wi-Fi）在制定初期所采用的安全算法分别是 RC4 和 DES，2004 年后也都将 AES 加入到协议的安全机制中。

1.2.3　分组密码的工作模式

分组密码算法在加解密时的分组长度是固定的，而实际待加密的消息的长度是不确定的。因此，对于不同长度的消息，分组密码算法需要在相同的密钥下加密多个明文分组，不足分组长度时需要填充，在使用时可根据实际需要采用不同的工作模式。为了能在各种应用场合使用 DES，美国在 FIPS PUS 74 和 81 中定义了 DES 的 4 种工作模式，如表 1-8 所示，这些模式也是常见的分组密码的工作模式。

表 1-8　DES 的工作模式

模式	描述	用途
ECB	每个明文分组用同一密钥独立加密	较短数据的安全传输
CBC	加密算法的输入是当前明文分组与上一密文分组的异或	较长数据的安全传输；认证
CFB	每次处理输入数据的 j bit，将上一密文分组作为加密算法的输入，其输出的密文分组再与当前明文异或以产生当前密文	数据流的安全传输；认证
OFB	与 CFB 类似，不同之处是加密算法的输入是上一次加密算法的输出	噪声信道上数据流的安全传输（如卫星通信）

1.　电码本模式

电码本（Electronic Code Book，ECB）模式是分组密码最简单的工作模式，每次都使用同一个密钥处理一个明文分组，不同的分组之间互不影响，因而可对数据进行并行处理，灵活高效，但安全性一般，如图 1-16 所示。当密钥取定后，对于明文的每一个分组，都有

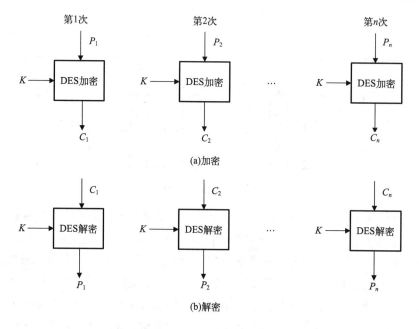

图 1-16　ECB 模式示意图

唯一的密文分组与之对应，因而，相同的明文分组会得到相同的密文分组。对于较长数据的加密，如果消息具有固定结构，则密码分析员很容易识别，这一特征使得该模式容易遭受已知明文攻击或者选择明文攻击。

2. 密文分组链接模式

与电码本模式不同，密文分组链接（Cipher Block Chaining，CBC）模式将当前输入的明文分组与上一密文分组进行异或，即链接，因而相同的明文分组在同一密钥下加密会得到不同的密文分组，如图 1-17 所示。在产生第一个密文分组时需要有一个初始化向量（Initialization Vector，IV）与第一个明文分组进行异或。IV 对于收发双方都是已知的，为使安全性最高，IV 应该像密钥一样保护。

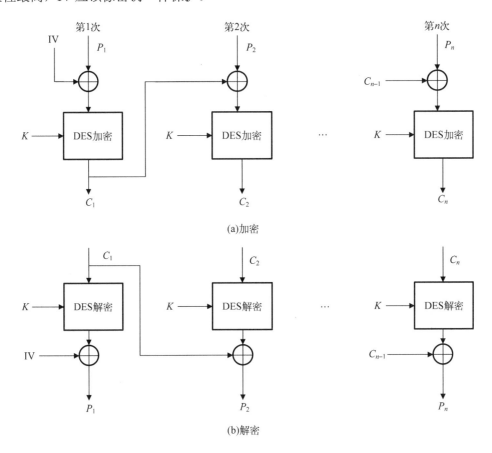

图 1-17　CBC 模式示意图

解密的过程与加密相反，即每一个密文分组被解密后再与前一个密文分组异或，即

$$D_K(C_n) \oplus C_{n-1} = D_K(E_K(C_{n-1} \oplus P_n)) \oplus C_{n-1} = C_{n-1} \oplus P_n \oplus C_{n-1} = P_n$$

其中，$C_n = E_K(C_{n-1} \oplus P_n)$。

3. 密文反馈模式

密文反馈（Cipher FeedBack，CFB）模式可以将分组密码转化为流密码使用。流密码不需要对消息进行分组填充，其运行是实时的。假定分组密码算法的明文分组长为 b bit，传输的每个单元是 j bit（通常取 $j=8$），即流密码每次需要加密的明文单元。与 CBC 模式类似，CFB 模式也需要一个与分组长度相等的初始化向量(IV)，其通常存放于移位寄存器中，且明文分组与前一个密文分组链接，从而对分组密码算法的明文输入进行更新，如图 1-18 所示。

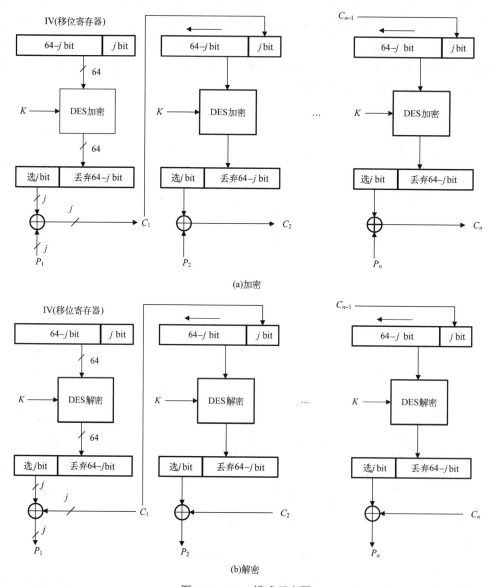

图 1-18　CFB 模式示意图

4. 输出反馈模式

输出反馈(Output FeedBack，OFB)模式与密文反馈模式类似，如图 1-19 所示，不同之处在于移位寄存器反馈的是加密算法的输出，而非与明文单元异或后的密文单元。

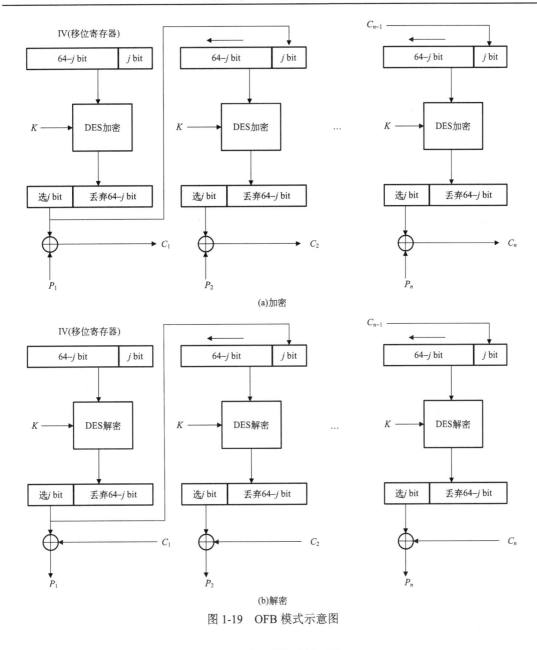

图 1-19　OFB 模式示意图

1.3　公　钥　密　码

公钥密码是网络通信中广泛使用的密码体制，其加密密钥和解密密钥不同，其中一个可以公开，称为公钥，另一个需要保密，称为私钥，并且仅由公开的信息和公钥计算私钥在计算上是不可行的。

1.3.1　公钥密码基本原理

1976 年，W. Diffie 和 M. Hellman 在论文 "New Directions in Cryptography"（《密码学

的新方向》)中提出公钥密码的思想。与传统的对称密码相比,公钥密码的不同之处主要表现在三个方面:一是密钥使用数量不同,对称密码使用同一个密钥来加密和解密,而公钥密码使用两个密钥(一个用于加密,称为加密密钥;另一个用于解密,称为解密密钥)。二是算法作用功能不同,对称密码主要用于加密,而公钥密码除了用于加密之外,还可以用于认证。三是加密原理方式不同,对称密码主要使用代替和置换两种变换,而公钥密码则基于数学中的单向陷门函数(Trapdoor One-Way Function)。

单向陷门函数是满足下列条件的函数 f:

(1)正向计算容易,即给定 x,计算 $y = f(x)$ 是容易的;

(2)反向计算困难,即给定 y,计算 x 使得 $y = f(x)$ 是困难的;

(3)存在陷门信息 δ,使得当 δ 已知时,对于给定的 y,在对应 x 存在的情况下,计算 x 使得 $y = f(x)$ 是容易的。

公钥密码设计的关键就是寻找满足上述条件的单向陷门函数。具体而言,单向陷门函数所满足的第一个条件表明公钥加密算法的加密计算是容易的;第二个条件使得攻击者在没有正确解密密钥的条件下,进行解密计算是困难的;第三个条件表明合法用户使用正确的解密密钥(即陷门信息)进行解密计算是容易的。

1.3.2 RSA 算法

RSA 算法是 1977 年由麻省理工学院(MIT)三位著名的密码学家 R.Rivest、A.Shamir 和 L.Adleman 提出的一种公钥密码算法,该算法的数学基础是数论中的欧拉定理,其安全性基于大整数分解的困难性。RSA 是迄今为止理论上最为成熟完善的公钥密码体制,也是使用最为广泛的公钥密码算法,在现代密码学中占有重要地位,被 ISO 和 IEEE P1363 等国际标准采用。

RSA 算法由密钥生成、加密和解密三个算法组成。

1. 密钥生成算法

(1)随机选取两个不同的大素数 p 和 q;

(2)计算模数 $n = pq$ 和 n 的欧拉函数值 $\varphi(n) = (p-1)(q-1)$;

(3)随机选取整数 e,满足 $0 < e < \varphi(n)$,$\gcd(e, \varphi(n)) = 1$;

(4)计算 d,满足 $ed = 1 \bmod \varphi(n)$,即 d 是 e 在模 $\varphi(n)$ 下的乘法逆元,由于 e 与 $\varphi(n)$ 互素,由模运算的性质可知一定存在 d。

(5)以 $\mathrm{pk} = (n,e)$ 为公钥,$\mathrm{sk} = (d,p,q)$ 为私钥。

2. 加密算法

设明文 $m < n$(否则需要对消息进行分组处理),计算

$$c = m^e \bmod n$$

3. 解密算法

设密文 c,计算

$$m = c^d \bmod n$$

由于 $ed = 1 \bmod \varphi(n)$，所以必定存在整数 k 满足 $ed = 1+k\varphi(n)$，若 $\gcd(m,n)=1$，根据欧拉定理，RSA 算法解密计算的正确性验证如下：

$$c^d \equiv m^{ed} \equiv m^{1+k\varphi(n)} \bmod n = m$$

如果 $\gcd(m,n) \neq 1$，则必有 $\gcd(m,n) = p$ 或 $\gcd(m,n) = q$，不失一般性，假设 $\gcd(m,n) = p$，即 $m = tp$ 且 $\gcd(t,q) = 1$，因而

$$m^{\varphi(n)} \equiv (tp)^{\varphi(p)\varphi(q)} \equiv 1 \bmod q$$

即 $m^{\varphi(n)}-1 = sq$，由此可得

$$m^{ed}-m = m(m^{\varphi(n)}-1) = tp \cdot sq = stpq = stn$$

所以 $m^{ed} \equiv m \bmod n$，解密正确。

RSA 算法的安全性基于大整数分解的困难性，若存在有效的大整数分解算法，则必定存在有效的 RSA 攻击算法。根据已有的关于大整数分解的研究成果，对一般的十进制表示为 50 位以下的"小"整数，连分式分解算法是较快的分解算法；对一般的十进制表示为 50～120 位的"较大"整数，二次筛法是较快的分解算法；而对一般的十进制表示为 120 位以上的"大"整数，目前最好的分解算法是数域筛法，其计算复杂度为

$$O\left(\exp\left\{\left[\left(\frac{64}{9}\right)^{\frac{1}{3}} + o(1)\right](\log n)^{\frac{1}{3}}(\log\log n)^{\frac{2}{3}}\right\}\right)$$

表 1-9 给出不同长度的 RSA 模数的分解时间和使用算法，其中 MIPS 是 Million Instructions Per Second 的缩写，即每秒百万条指令，MIPS 年指以每秒百万条指令的计算能力运行一年的计算量。

表 1-9　RSA 模数分解情况一览

二进制长度	分解年月	MIPS 年	使用算法
RSA-332	1991.04	7	二次筛法
RSA-365	1992.04	75	二次筛法
RSA-398	1993.06	830	二次筛法
RSA-428	1994.04	5000	二次筛法
RSA-431	1996.04	1000	数域筛法
RSA-465	1999.02	2000	数域筛法
RSA-512	1999.08	8400	数域筛法

2005 年 11 月，640bit 的 RSA 模数被分解，2009 年 12 月 768bit 的 RSA 模数被分解。截至目前，分解 1024bit 以上的 RSA 模数仍然是一项耗资巨大的工程，所以，普通应用场景采用 1024bit 的模数是相对安全的，一些比较机密的场景需要采用 2048bit。

1.4　Hash 函数

Hash（哈希）函数也称为杂凑函数、散列函数，可以将"任意"长度的消息 m 变换为固

定长度的值，记作 $H(m)$，称为消息 m 的哈希值、杂凑值、散列值，如图 1-20 所示。$H(m)$ 与消息 m 的所有比特有关，因此又称为消息摘要、数字指纹。Hash 函数是现代密码学中一种重要的密码技术，在数据完整性、消息认证和数字签名等领域有广泛的应用。

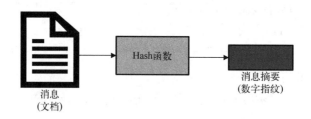

图 1-20　Hash 函数

　　Hash 函数的首要功能是进行数据的完整性校验，如果消息 m 中任何一比特或多比特变化，其哈希值 $H(m)$ 将以极大的概率发生改变，从而实现完整性校验的功能。Hash 函数的安全性体现为单向性和无碰撞性。单向性指对于任何给定的哈希值 h，寻找消息 m 使得 $H(m) = h$ 在计算上不可行。Hash 函数是从所有可能输入值集合到有限可能输出值集合的一个随机映射，因此在客观上存在不同消息对应相同的哈希值的情况，称为碰撞。无碰撞性指不同消息产生的哈希值不同，分为两类。

　　(1) 抗弱碰撞性：对于给定的消息 m_1，要找到另一条消息 m_2，满足 $H(m_1) = H(m_2)$ 在计算上不可行。

　　(2) 抗强碰撞性：找到任意一对不同的消息 m_1、m_2，使得 $H(m_1) = H(m_2)$ 在计算上不可行。

1.4.1　迭代 Hash 函数

　　1989 年 Merkle 提出 Hash 函数的一般结构，即迭代 Hash 函数，如图 1-21 所示。该结构采用迭代的方式构造 Hash 函数并广泛应用于安全 Hash 算法的设计中，具体过程如下。

　　(1) 预处理：将消息 m 分成若干个长度为 n bit 的消息分组 m_i，最后一个分组通过填充的方式使其长度为 n bit。

　　(2) 迭代过程：设定初始值 h_0，经过压缩函数 f 进行若干次 (t 次) 迭代，其中 $h_i = f(h_{i-1}, m_i)$，迭代结果 h_t 为消息 m 的 Hash 值。

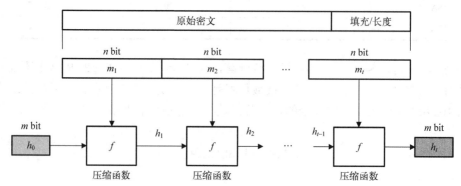

图 1-21　Hash 函数的一般结构

常见的 Hash 算法为 MD (Message Digest，消息摘要) 系列算法和 SHA (Secure Hash Algorithm，安全哈希算法) 系列算法。1992 年 R. Rivest 设计了 MD5 (RFC 1321) 算法，其成为最主要的 Hash 算法之一。MD5 算法的最大输入长度为 2^{64}bit，消息分组长度为 512bit，输出为 128bit 的 Hash 值。2004 年 8 月 17 日，我国山东大学王小云教授在美国加利福尼亚圣巴巴拉的国际密码大会上提出寻找 Hash 函数碰撞的新方法，该方法攻击 MD5 算法可行有效，因此可以认为 MD5 不再具有安全性。

1.4.2　SHA-1 算法

安全 Hash 算法 (SHA-0) 由美国国家标准与技术研究院 (NIST) 和美国国家安全局 (National Security Agency，NSA) 设计并于 1993 年作为联邦信息处理标准 (FIPS 180) 发布。随后 SHA-0 被发现存在缺陷，NIST 于 1995 年发布了修订版本 SHA-1 (FIPS 180-1)，并将它作为数字签名标准中要求使用的算法。

SHA-1 算法的输入是任何长度小于 2^{64}bit 的消息，消息分组长度为 512bit，输出为 160bit 的 Hash 值。SHA-1 算法结构如图 1-22 所示，具体步骤如下。

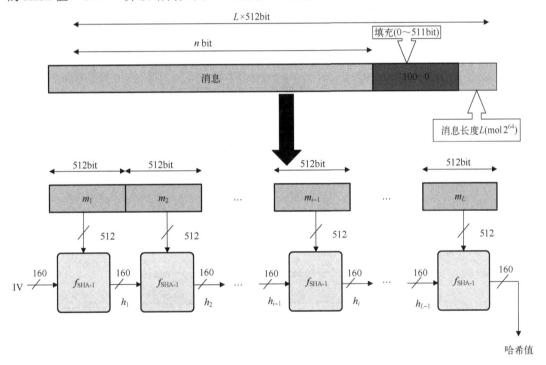

图 1-22　SHA-1 算法结构

(1) 消息填充：对输入的消息首先进行填充使其成为 512bit 的倍数，填充比特的第一位为 1，后续为 0，且最后 64bit 表示消息长度，填充后的消息按 512bit 分为 L 个分组 $m_1, m_2, \cdots, m_L$。

(2) 初始化：SHA-1 算法的中间结果和最终结果存储于一个 160bit 的缓冲区，缓冲区用 5 个 32 位的寄存器 (A, B, C, D, E) 表示，每个寄存器都以大端方式存储数据，其初始值分

别为 $A = 0x67452301$，$B = 0xEFCDAB89$，$C = 0x98BADCFB$，$D = 0x10325476$，$E = 0xC3D2E1F0$。

（3）分组处理：依次对每个分组 m_i 进行 4 轮迭代，每轮进行 20 步操作，算法流程如图 1-23 所示。

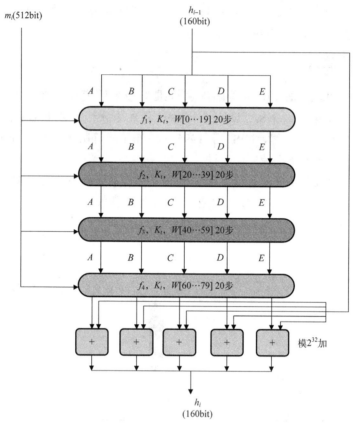

图 1-23　SHA-1 算法流程

每一步的计算如图 1-24 所示。

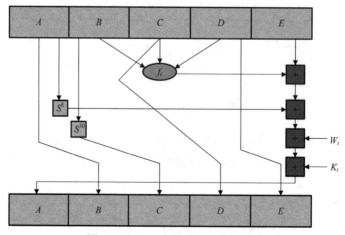

图 1-24　SHA-1 算法每一步的计算

寄存器(A,B,C,D,E)的迭代计算如下：

$$A = E + f_t(B,C,D) + S^5(A) + W_t + K_t, \quad t = 1,2,3,4$$
$$B = A$$
$$C = S^{30}(B)$$
$$D = C$$
$$E = D$$

其中，t 为迭代的轮数；f_t 是第 t 轮使用的逻辑函数；$S^5(A)$ 表示对 A 循环左移 5bit；$S^{30}(B)$ 表示对 B 循环左移 30bit；W_t 是由当前 512bit 的分组得到的一个长度为 32bit 的字；K_t 是加法常量。逻辑函数 f_t 及加法常量 K_t 的定义如表 1-10 所示。

表 1-10　SHA 中 f_t 及 K_t 的定义

迭代步数	逻辑函数	定义	加法常量
$0 \leqslant t \leqslant 19$	$f_t(B,C,D) = f_1$	$f_1 = (B \wedge C) \vee (\overline{B} \wedge D)$	$K_t = 0 \times 5A827999$
$20 \leqslant t \leqslant 39$	$f_t(B,C,D) = f_2$	$f_2 = B \oplus C \oplus D$	$K_t = 0 \times 6ED9EBA1$
$40 \leqslant t \leqslant 59$	$f_t(B,C,D) = f_3$	$f_3 = (B \wedge C) \vee (B \wedge D) \vee (C \wedge D)$	$K_t = 0 \times 8F1BBCDC$
$60 \leqslant t \leqslant 79$	$f_t(B,C,D) = f_4$	$f_4 = B \oplus C \oplus D$	$K_t = 0 \times CA62C1D6$

如图 1-25 所示，在前 16 步处理过程中，W_t 的值等于消息分组中相应的 32 位，在后续的 64 步中，

$$W_t = S^1(W_{t-16} \oplus W_{t-14} \oplus W_{t-8} \oplus W_{t-3}), \quad t = 16,17,\cdots,79$$

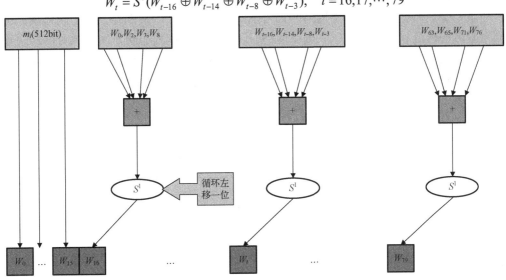

图 1-25　W_t 产生的具体过程

（4）输出：对所有的数据分组 $m_1, m_2, \cdots, m_L$ 处理完后，输出最终的寄存器 A、B、C、D、E 的值作为消息的 Hash 值。

谷歌（Google）的一个研究团队在 2017 年的美密会上宣布找到了完整轮 SHA-1 的碰撞，相关论文获评当年美密会最佳论文奖。随着 Hash 算法破解研究的进展，早在 2002 年，NIST

发布的修订版 FIPS 180-2 中就给出了三种新的 SHA 版本(SHA-256、SHA-384、SHA-512),其 Hash 值长度分别为 256bit、384bit、512bit,这些算法统称为 SHA-2。SHA-2 采用了和 SHA-1 相同的迭代结构和类似的运算操作。2012 年,NIST 还颁布了基于海绵结构的新的 Hash 算法 SHA-3(也称为 Keccak 算法)。

1.5　数　字　签　名

数字签名是信息时代手写签名在网络应用中的延伸,是最重要的密码技术之一。数字签名提供了一种认证机制,可以同时实现消息的真实性、完整性和不可否认性认证,是实现认证的重要工具。

1.5.1　数字签名概述

传统手写签名具有如下特点:签名与被签文件在物理上不可分割,签名者不能否认自己的签名,签名不能被伪造并且容易被验证,签名具有法律效益。数字签名要满足上述手写签名的要求,应实现如下功能。

(1)可验证性:数字签名的有效性是容易被验证的。

(2)不可否认性:发送方不能否认其发送了经过他签名的文件(防抵赖)。

(3)不可伪造性:攻击者不能冒充发送方向接收方发送文件(防假冒)。

(4)完整性:任何人对签名后的文件做任何篡改都能够得到有效检测(防篡改)。

基于公钥密码体制和对称密码体制都可以实现数字签名,特别是公钥密码体制的出现为数字签名的研究和应用开辟了广阔的道路。利用公钥密码的思想,用私钥对消息进行加密并将加密结果作为签名,用公钥对签名消息进行解密以验证结果的一致性的过程可以实现数字签名的功能。为提高效率,签名只需要对消息摘要而不是消息本身进行,基本过程如图 1-26 所示。

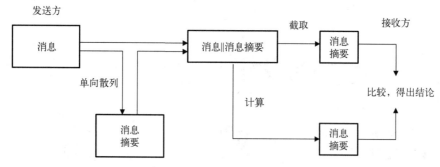

图 1-26　数字签名的基本过程

若采用 RSA 算法,消息发送方可对明文 m 做如下签名:

$$h = H(m)$$
$$s = h^d \bmod n$$

其中,H 是哈希函数;d 是用户的私钥;n 为 RSA 模数。消息接收方验证签名时需要计算

$$h = H(m)$$
$$h' = s^e \bmod n$$

如果 $h = h'$，则认为消息在传输过程中没有被篡改且签名有效，反之，如果 $h \neq h'$，则认为消息在传输过程中被篡改且签名无效。

1.5.2　数字签名标准

1991 年，NIST 提出数字签名算法（Digital Signature Algorithm，DSA）作为数字签名标准（Digital Signature Standard，DSS）的候选算法，并于 1994 年将其确定为最终的数字签名标准（FIPS PUB 186）。DSS 具体流程如图 1-27 所示。DSS 由于具有较大的兼容性和适用性，因而得到广泛应用，目前已被多个国际化标准组织采纳。

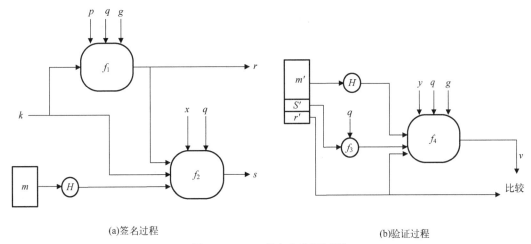

(a)签名过程　　　　　　　　　　　　　　　　(b)验证过程

图 1-27　DSS 签名和验证过程

1. 参数选取

(1)选取大素数 p（p 的长度至少为 512bit，并且是 64 的倍数）及 $p-1$ 的一个 160bit 的素因子 q；

(2)选取整数 $g = h^{(p-1)/q} \bmod p > 1$，其中 h 为整数且 $1 < h < (p-1)$；

(3)随机选取整数 x 满足 $0 < x < q$；

(4)计算 $y = g^x \bmod p$；

(5)公开参数 (p,q,g)，用户公钥为 y，用户私钥为 x。

2. 签名算法

设用户 A 的私钥为 x，现对消息 m 进行签名：

(1)A 秘密选取随机数 $k(0 < k < q)$；

(2)A 计算

$$r = (g^k \bmod p) \bmod q$$
$$s = (k^{-1}(H(m)+xr)) \bmod q$$

若 $s = 0$，返回步骤(1)。

3. 验证算法

对于消息 m 的签名 (r,s):

(1)验证是否满足 $0 < r < q$,$0 < s < p$,若不满足,则签名 (r,s) 无效;

(2)计算

$$w = s^{-1} \bmod q$$

$$a = (H(m)w) \bmod q$$

$$b = rw \bmod q$$

$$v = ((g^a y^b) \bmod p) \bmod q$$

(3)若 $v = r$,则 B 确认 (r,s) 是 A 对 m 的签名,否则签名无效。

DSA 算法的安全性建立在离散对数问题求解的困难性之上,攻击者由 r 求解随机数 k 或者从 s 恢复 x 在计算上不可行,从而保证了用户私钥的安全性和签名的有效性。从效率来看,虽然 p 通常为 512~1024 位,但由于 q 为 160 位,因此 DSA 的签名长度仅为 320 位。

1.6 椭圆曲线公钥密码

1985 年,V. Miller 和 N. Koblitz 分别独立提出椭圆曲线公钥密码(Elliptic Curve Cryptography,ECC)的思想。椭圆曲线公钥密码的安全性基于椭圆曲线上离散对数问题求解的困难性,到目前为止还没有找到解决此问题的亚指数时间算法,因而使得它具有一些其他公钥密码体制无法比拟的优点,具体来说有如下几点。

(1)椭圆曲线公钥密码体制具有最强的单比特安全性。每比特 ECC 密钥的安全性至少相当于 5bit RSA 密钥的安全性,并且这种比例关系随密钥长度的增加呈上升趋势。表 1-11 中给出了 ECC、RSA 和 DSA 在等价安全性下的密钥尺寸大小比较。

表 1-11 ECC、RSA 和 DSA 在等价安全性下的密钥尺寸大小比较

解密时间/MIPS 年	RSA 密钥尺寸/bit	ECC 密钥尺寸/bit	RSA/ECC 密钥尺寸之比
10^4	512	106	5:1
10^8	768	132	6:1
10^{12}	1024	160	7:1
10^{20}	2048	210	10:1
10^{78}	21000	600	35:1

(2)计算量小,处理速度快。虽然在 RSA 中可以通过选取较小的公钥来提高加密和签名验证的速度,使其在加密和签名验证速度上与 ECC 具有可比性,但在解密和签名的速度上,ECC 远比 RSA 快得多。因此 ECC 总的速度要比 RSA 快得多。

(3)椭圆曲线公钥密码体制的密钥大小比系统参数较 RSA 体制要小,这意味着它所占用的存储空间要小,对于密码算法在存储条件受到严格限制环境下(如智能卡、Ad-Hoc 网络等)的应用具有特别重要的意义。

椭圆曲线公钥密码是当前密码研究的重要领域之一。许多标准化组织均推出椭圆曲线密码相关技术标准或应用标准，如 IEEE P1363、ANSI X9.62、ANSI X9.63、ISO/IEC 14888-3，以及我国的商用密码标准 SM2 等。

1.6.1 椭圆曲线数学基础

简单地说，定义在代数闭域 F 上的椭圆曲线 E 是 Weierstrass 方程

$$E: y^2 + a_1 xy + a_3 y = x^3 + a_2 x^2 + a_4 x + a_6 \qquad (1\text{-}1)$$

在 F 上的解 $(x,y) \in (F,F)$ 和一个特殊的点 O（无穷远点）构成的集合，其中 $a_1, a_2, a_3, a_4, a_6 \in F$。

根据域 F 的特征的不同，可以对式(1-1)做如下的简化。

(1) 如果域 F 的特征 $\mathrm{char}(F) \neq 2,3$，则式(1-1)可以简化为

$$E: y^2 = x^3 + ax + b \qquad (1\text{-}2)$$

(2) 如果域 F 的特征 $\mathrm{char}(F) = 2$，则式(1-1)可以简化为

$$E: y^2 + xy = x^3 + ax^2 + b \qquad (1\text{-}3)$$

(3) 如果域 F 的特征 $\mathrm{char}(F) = 3$，则式(1-1)可以简化为

$$E: y^2 = x^3 + ax^2 + b \qquad (1\text{-}4)$$

为了便于讨论，不失一般性，本书中所基于的椭圆曲线如果不做特别说明，指的都是域 F 的特征 $\mathrm{char}(F) \neq 2,3$ 的椭圆曲线，即式(1-2)所描述的椭圆曲线。当 $\mathrm{char}(F) = 2,3$ 时，可以做同样的分析。

设 E 是域 F 上的一条椭圆曲线，P、Q 是 E 上的两点，O 是无穷远点，定义椭圆曲线上点的加法"+"如下：

(1) $O + O = O$；

(2) $O + P = P + O = P$；

(3) 若 $P \neq Q$，设通过 P、Q 的直线交曲线 E 于另一点 $\overline{R}$，$\overline{R}$ 关于 x 轴的对称点为 R，则 $P + Q = Q + P = R$；

(4) 若 $P = Q$，设通过 P（或 Q）的切线交曲线 E 于另一点 $\overline{R}$，$\overline{R}$ 关于 x 轴的对称点为 R，则 $2P = R$。

其中，$P + Q$ 和 $2P$ 的几何表示如图 1-28 所示。

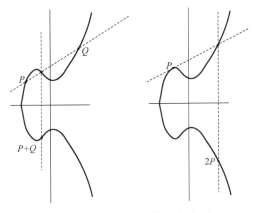

图 1-28 $P+Q$ 和 $2P$ 的几何表示

根据以上定义，可以看出点的加法具有如下的性质。

设 P 是椭圆曲线 E 上的点，其关于 x 轴的对称点为 $\overline{P}$，那么 $P + \overline{P} = \overline{P} + P = O$。称 P 和 $\overline{P}$ 互为逆元，即 $P = -\overline{P}$。

可以验证，椭圆曲线上的点在上面定义的加法运算下构成一个 Abel 群。

令 $P = (x_1, y_1)$，$Q = (x_2, y_2)$，则计算 $P+Q = (x_3, y_3)$ 由以下公式给出：

$$\lambda = \begin{cases} \dfrac{y_2 - y_1}{x_2 - x_1}, & P \neq Q \\[3mm] \dfrac{3x_1^2 + a}{2y_1}, & P = Q \end{cases}$$

$$x_3 = \lambda^2 - x_1 - x_2$$

$$y_3 = \lambda(x_1 - x_3) - y_1$$

设 P 是椭圆曲线 E 上的点，k 是一个整数，可以进一步定义椭圆曲线上点的标量乘法 kP 为

$$kP = \underbrace{P + P + \cdots + P}_{k\text{次}}$$

显然，由点的加法定义和群的概念可知 $kP \in E$。在椭圆曲线公钥密码体制中，椭圆曲线标量乘法占据了最主要的地位，而且也是整个密码体制中最耗费时间、最占用资源的操作，这一点和 RSA 体制中的模拟操作类似。

P、Q 是椭圆曲线 E 上的两点，其中 $Q = kP$，对给定点 P 和点 Q，求解标量 k 的问题称为椭圆曲线离散对数问题（Elliptic Curve Discrete Logarithm Problem，ECDLP）。到目前为止，所有已知的解法对于一般的椭圆曲线离散对数问题来说都具有指数级的复杂性，但是对于某些特殊的椭圆曲线来说，存在亚指数的解法，所以在椭圆曲线公钥密码体制中应避免使用这种曲线。

1.6.2　椭圆曲线密码算法

在 IEEE P1363a 和 ANSI X9.63 等标准中都对基于椭圆曲线的数字签名、公钥加密、密钥协商规定了算法标准：椭圆曲线数字签名协议有 ECDSA（Elliptic Curve Digital Signature）；椭圆曲线加密协议有 ECIES（Elliptic Curve Integrated Encryption Scheme）；椭圆曲线密钥协商协议有 ECDH（Elliptic Curve Diffie-Hellman）、ECMQV（Elliptic Curve Menezes-Qu-Vanstone）等。本小节主要介绍一些使用比较广泛的椭圆曲线密码算法。

1. 椭圆曲线的参数

椭圆曲线密码体制的系统参数为 $D = (q, a, b, P, p, h)$：

（1）对于阶为 q 的有限域 $\boldsymbol{F}_q$，特征为 $\text{char}(\boldsymbol{F}_q)$；

（2）参数 a 和 b 定义了 $\boldsymbol{F}_q$ 上的椭圆曲线 E 的等式，当 $\text{char}(\boldsymbol{F}_q) > 3$ 时，$E: y^2 = x^3 + ax + b$，当 $\text{char}(\boldsymbol{F}_q) = 2$ 时，$E: y^2 + xy = x^3 + ax^2 + b$；

（3）作为基点的椭圆曲线上的点 P；

（4）P 的阶为素数 p；

（5）余因子 $h = \#E(\boldsymbol{F}_q)/p$，其中 $\#E(\boldsymbol{F}_q)$ 为椭圆曲线点群的阶，h 的取值一般较小，在

加解密中会用到。

为了抵抗 ECDLP 的求解算法，需要对这些参数做一些特殊的限制：

(1) $q = \text{char}(\boldsymbol{F}_q)$ 或 $q = 2^m$（m 为素数）；

(2) 椭圆曲线是非超奇异的（Non-Supersingular）；

(3) 基点的阶 p 不整除 $q^k - 1$（$1 \leq k \leq c$），实际中常取 c 为 20；

(4) 椭圆曲线是非异常的（Non-Anomalous），即 $\#E(\boldsymbol{F}_q) \neq q$。

2. 椭圆曲线数字签名协议 ECDSA

数字签名可以用来提供数据源认证、数据完整性检测和不可否认性认证三大功能。下面主要介绍 IEEE P1363a 标准中的 ECDSA 的内容。

ECDSA 的执行流程：设 E 为有限域 $\boldsymbol{F}_q$ 上的安全椭圆曲线，点 $P \in E(\boldsymbol{F}_q)$，$P$ 的阶为大素数 p，系统参数为 $(q, \boldsymbol{F}_q, E, P, p)$。随机选取数 $d \in \mathbf{Z}_p$，计算 $Q = dP$，则 Q 为公钥，d 为私钥，H 为 Hash 函数。

对明文 m 执行签名的过程如下：

(1) 随机选取 $k \in \mathbf{Z}_p$；

(2) 计算 $R = kP$，R 的 x 坐标记为 $x(R)$；

(3) $r \equiv x(R) (\text{mod } p)$；

(4) 计算 $s \equiv k^{-1}(H(m) + dr)(\text{mod } p)$；

(5) 消息 m 的签名为 (m, r, s)。

收到签名 (m, r, s) 后的验证过程如下：

(1) 计算 $k_1 \equiv H(m)s^{-1}(\text{mod } p)$；

(2) 计算 $k_2 \equiv rs^{-1}(\text{mod } p)$；

(3) 计算 $R' \equiv (k_1P + k_2Q)(\text{mod } p)$；

(4) 若 $r \equiv x(R')(\text{mod } p)$，则通过验证，否则，认为该签名非法。

3. 椭圆曲线公钥加密协议 ECIES

公钥加密一般用来加密少量的关键数据，如对称密码的密钥。下面主要介绍 IEEE P1363a 标准中的 ECIES 的内容。

ECIES 的加解密流程：设 E 为有限域 $\boldsymbol{F}_q$ 上的安全椭圆曲线，点 $P \in E(\boldsymbol{F}_q)$，$P$ 的阶为大素数 p，E 上的点群的阶除以 p 而得到的余因子为 h，系统参数为 $(q, \boldsymbol{F}_q, E, P, p, h)$。随机选取数 $d \in \mathbf{Z}_p$，计算 $Q = dP$，则 Q 为公钥，d 为私钥。

加密明文 m 的过程如下：

(1) 选取随机数 $k \in \mathbf{Z}_p$；

(2) 计算 $c_1 = kP$；

(3) 计算 $Z = hkQ$，如果 $Z = \infty$，则转到步骤 (1)，Z 的 x 坐标记为 $x(Z)$；

(4) $(k_1, k_2) \leftarrow \text{KDF}(x(Z), c_1)$；

(5) 计算 $c_2 = \text{ENC}_{k_1}(M)$，$t = \text{MAC}_{k_2}(c_2)$；

(6) 密文 $c = (c_1, c_2, t)$。

解密密文 c 的过程如下：

(1) 验证点 c_1 是否在椭圆曲线 E 上，如果不在，则返回(拒绝接收)；

(2) 计算 $Z = hdc_1$，如果 $Z = \infty$，则返回(拒绝接收)；

(3) $(k_1, k_2) \leftarrow \text{KDF}(x(Z), c_1)$；

(4) 计算 $s = \text{MAC}_{k_2}(c_2)$，如果 $s \neq t$，则返回(拒绝接收)；

(5) 明文 $m = \text{DEC}_{k_1}(c_2)$。

其中，KDF 是由 Hash 函数构成的密钥导出函数，ENC 是对称密钥加密体制中的加密函数，DEC 是相应的解密函数，具体可以采用 DES 算法或 AES 算法来进行加密和解密工作，MAC 是消息认证码算法，如基于 Hash 函数的消息认证码(Keyed-Hashing Message Authentication Code，HMAC)算法等(参见本书第 2 章)。

延伸阅读：国家商用密码标准

密码是构建网络安全的基石，我国高度重视密码标准的自主研究和标准化工作。为了保障商用密码安全，国家密码管理局国家商用密码管理办公室制定了一系列密码标准，包括 SSF33、SM1(SCB2)、SM2、SM3、SM4、SM7、SM9、祖冲之密码算法(ZUC)等。其中 SSF33、SM1、SM4、SM7、祖冲之密码算法是对称算法，SM2、SM9 是非对称算法，SM3 是哈希算法。目前已经公布算法文本的包括祖冲之密码算法、SM2 椭圆曲线公钥密码算法、SM3 密码杂凑算法、SM4 分组密码算法等。2011 年 9 月，我国设计的祖冲之密码算法纳入第三代合作伙伴计划(3rd Generation Partnership Project，3GPP)的 4G 移动通信标准，用于移动通信系统空中传输信道的信息加密和完整性保护，这是我国密码算法首次成为国际标准。2017 年，SM2 和 SM9 算法正式成为 ISO/IEC 国际标准。2018 年，SM3 算法正式成为 ISO/IEC 国际标准。我国密码研究的国际影响力逐年增强。

习　　题

1. 在分组密码算法设计中，常用的 S 盒代替和置换操作分别要达到什么目的？

2. 如何理解分组密码的工作模式？有哪些主要的分组密码工作模式？它们的特点都有哪些？

3. 证明 DES 的解密算法与加密算法相同，只需要将每轮的子密钥倒过来使用。

4. 在分组密码的 CBC 模式中，初始化向量(IV)一般是需要保护的，保护 IV 的原因如下：如果敌手能够欺骗接收方使用不同的 IV，那么敌手就能够在明文的第一个分组中插入自己选择的比特值，从而实现篡改，请说明这种攻击如何实现。

5. 简要分析 RSA 算法的正确性和安全性。

6. 使用 C++语言，编写快速计算 RSA 算法中模指数的程序，其中模数是 1024bit。

7. 哈希函数的主要用途和特点都有哪些？

8. 哈希函数的安全性主要考虑哪些？

9. 数字签名的主要作用有哪些？

第2章　身份认证与密钥交换协议

随着网络技术的迅速普及与发展，网络中敏感信息的保护已变得越来越重要。为了保护敏感信息的安全性，在不安全的网络中实现安全通信的前提是要对通信双方身份的真实性进行验证，在身份认证的基础上为通信双方建立一个共享的会话密钥用于后续的保密通信。本章主要介绍常用的身份认证技术以及经典的密钥交换协议。

2.1　认　证　技　术

2.1.1　认证技术概述

随着网络与通信技术的飞速发展，全球范围内的电子商务、电子政务迅速兴起，使得网络上存在着大量的商业、政府、军队的敏感信息。这些敏感信息只有得到授权的用户才能进行访问，并且在访问过程中要始终保证消息的完整性和可靠性，即消息在传输过程中没有被恶意攻击者进行篡改。在网络中进行远程通信时，首要任务是要确认对方身份的真实性，其次还要保证访问过程中消息的可靠性，因此认证成为信息安全领域的一个关键问题。

认证包括消息认证和实体认证，是保障网络安全的核心技术之一。

消息认证是对消息完整性及消息源进行认证，用来验证消息是否被篡改以及是否由它所声称的主体发出。消息认证的作用有两个方面：一是验证消息的发送方是真实的而非冒充的，即信源识别；二是验证消息在传输或存储过程中是否被篡改、重放或恶意延迟等，即完整性认证。消息认证码（MAC）是实现消息认证最常用的方式。消息认证中，通常由发送方发送一条消息给接收方，接收方能够确认消息来源的可信性以及消息的完整性。通过验证消息，接收方能够确认发送方的身份以及消息的完整性和新鲜性。

实体认证又称为身份认证，是对用户真实身份进行验证，防止在网络中远程的假冒和伪装，而用户身份的认证往往又是通过消息认证来实现的。身份认证首先要实现可认证性，即声称者 A 和验证者 B 均为诚实的前提下，A 可成功地向 B 证实自己的身份，即 B 完成认证并接受 A 的身份。除此之外，实体认证还要防止假冒，即恶意的攻击者甚至验证者 B 都不能使用 A 的认证信息假冒 A 向第三方 C 进行认证。

认证协议实现了网络中的实体真实身份认证和消息真实性鉴别，能够确认网络中通信双方身份的可信性。但网络中认证的双方通常会进行后续的保密通信，为此往往会在身份认证的基础上进行密钥协商，从而建立双方共享的会话密钥来为后续的通信提供机密性和完整性保护。认证与密钥交换协议是一种交互式的密码协议，能够为两个或多个参与方在身份认证的基础上建立安全共享密钥，并且能保证任何一方都不能预先确定共享密钥的具体结果。

2.1.2 "挑战-响应"机制

密码学上的"挑战-响应"机制是指一个实体(声称者)向另一个实体(验证者)证明其拥有秘密,但是不直接泄露其拥有的秘密来证明其真实身份,是密码学中最常用的认证机制。"挑战-响应"机制中,挑战者(声称者)通常会选择一个随机数作为挑战发送给响应者,响应者(验证者)利用秘密和挑战随机数生成响应,挑战者通过验证响应是否正确来决定认证是否通过。由于每次的挑战不同,即使通信过程被窃听,协议执行过程中的响应也不会为攻击者提供有用的信息,从而有效地防止了第三方的假冒。

1. 基于对称密码的挑战-响应机制

基于对称密码的挑战-响应机制要求声称者和验证者共享一个秘密信息。对于少量用户的封闭系统,每对用户可预先共享一个密钥;然而在用户数量较多的系统中,通常需要一个可信第三方为双方提供一个共享的会话密钥。

挑战握手认证协议(Challenge Handshake Authentication Protocol,CHAP)是实际中应用最为广泛的挑战-响应协议,在 RFC 1994 中定义,是目前点到点协议(Point-to-Point Protocol,PPP)中普遍使用的认证协议。CHAP 采用口令作为秘密信息,在初始链路建立时完成认证,也可以在链路建立之后的任何时候重复进行认证,且双方共享的口令不需要在通信中传输。MS-CHAP 是 Microsoft(微软)版本的 CHAP,有两个版本:MS-CHAP v1(RFC 2433 中定义)和 MS-CHAP v2(RFC 2759 中定义),协议的更多细节将在第 4 章介绍。

2. 基于公钥密码的挑战-响应机制

公钥密码技术可用于挑战-响应机制以实现对身份的识别,通常采用下面两种方式。本节后续的描述中,H 为 Hash 函数,k_A、k_B 分别是 A 和 B 的公钥,E_k 表示以 k 为密钥的加密函数,Sig_A 为 A 的签名函数,"$\|$"表示消息的串接。

1)基于公钥解密的挑战-响应

基于公钥解密的挑战-响应两轮单向认证协议基本流程如下。

(1)B→A: $H(R_B)\|\text{TokenAB}$。

(2)A→B: R_B。

其中,$\text{TokenAB} = E_{k_A}(R_B\|B)$,$R_B$ 是 B 选取的随机数。

上述协议实现了 A 对 B 的单向认证。

2)基于数字签名的挑战-响应

基于数字签名的挑战-响应两轮单向认证协议(ISO/IEC 9798-3 给出)基本流程如下。

(1)B→A: R_B。

(2)A→B: $\text{Cert}_A\|\text{TokenAB}$。

其中,$\text{TokenAB} = R_A\|R_B\|B\|\text{Sig}_A(R_A\|R_B\|B)$,$R_B$ 是 B 选取的随机数,Cert_A 为 A 的公钥证书。

2.2 消 息 认 证

2.2.1 消息认证码

消息认证码是指消息由一个密钥控制的公开函数作用后产生的固定长度的数值,附加在消息之后具有认证符的功能和作用。消息认证码的认证方式如下。

(1)假设通信双方 A 和 B 共享一个密钥 k,若 A 向 B 发送消息 m,A 计算

$$MAC = C_k(m)$$

其中,C 为计算消息认证码的函数,如图 2-1 所示。

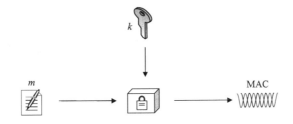

图 2-1　消息认证码生成流程

(2)消息 m 和消息认证码(MAC)一起发送给接收方,接收方对收到的消息用相同的密钥进行类似的计算得到新的消息认证码 MAC',若 $MAC' = MAC$,则认证通过,否则认证不通过,如图 2-2 所示。为了提高消息认证码的计算效率,有时会先计算消息的哈希值,之后利用消息的哈希值计算消息认证码。

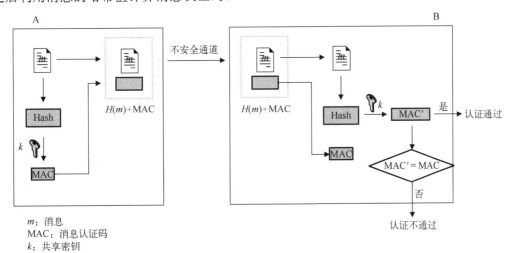

m:消息
MAC:消息认证码
k:共享密钥

图 2-2　消息认证码认证流程

如果消息可以通过消息认证码的认证,则有以下几点。

(1)接收方可以确信消息 m 未被改变。如果攻击者对消息进行改动,则修改后消息的

MAC′与接收到的 MAC 不相等。

（2）接收方可以确信消息来自它所声称的发送方。因为密钥由通信双方共享，第三方在没有密钥 k 的前提下无法计算得到正确的 MAC。

（3）如果消息中含有序号或时间戳等信息，接收方还可对消息序号、时间等信息进行验证，从而在一定程度上保证消息的时效性或者新鲜性。

MAC 函数是一个类似于加密函数的公开函数，该函数在设计上不要求具有可逆性，与加密算法相比在算法设计上被攻击的可能性要小。如果密钥足够长，则 MAC 的安全性依赖于 MAC 算法的安全性。MAC 的设计目标是在不知密钥的情况下对于两个不同的消息很难得到相同的输出，即如果攻击者得到 m 和 $C_k(m)$，则构造满足等式

$$C_k(m') = C_k(m)$$

的 m' 在计算上是不可行的。

目前 MAC 的设计方法主要有 2 类：基于分组密码的 MAC 算法和基于 Hash 函数的 MAC 算法。前者的典型算法是基于分组密码的消息认证码（Cipher-Based Message Authentication Code，CMAC），由 NIST 发布的，已作为 FIPS publication（FIPS PUB 113），并被 ANSI 作为 X9.17 标准；后者的典型算法是 HMAC，由 NIST 于 1997 年发布，并作为 RFC 2104 在 SSL 中使用。

2.2.2　CMAC 算法

基于分组密码的消息认证码（CMAC）算法采用分组加密的 CBC 工作模式来构造 MAC，选用不同的分组加密算法可以得到不同的 CMAC，如 AES-CMAC。通常，分组加密算法的分组长度要比消息认证码的长。

CMAC 算法将消息 m 经填充后分为个 n 分组，记为 $m_1, m_2, \cdots, m_n$，使用密钥 k 以 CBC 工作模式对消息分组进行加密。在对最后一个分组 m_n 的处理过程中，引入由密钥 k 对一个全 0 分组加密得到的临时密钥 k'，以达到更好的安全效果，基本流程如图 2-3 所示。

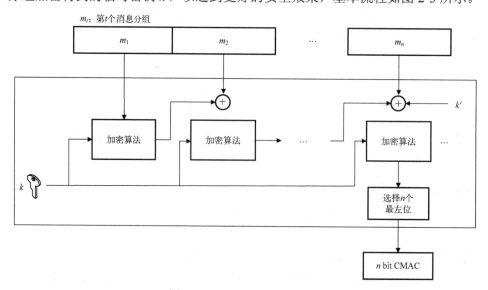

图 2-3　CMAC 算法基本流程

2.2.3 HMAC 算法

HMAC 算法采用 Hash 函数来构造 MAC，选用不同的 Hash 函数可以得到不同的 HMAC，如 HMAC-SHA-1 等。

HMAC 算法将消息 m 分为个 n 分组，记为 $m_1,m_2,\cdots,m_n$，使用长度为 b bit 的密钥 k（如果密钥长度小于 b bit，左边填充 0），基本流程如图 2-4 所示。

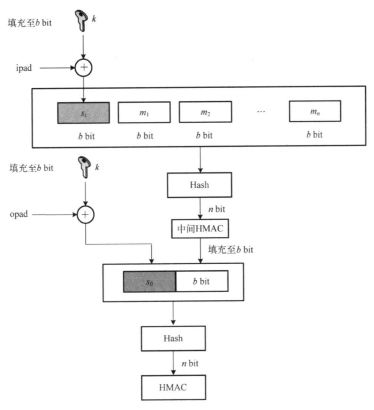

图 2-4　HMAC 算法基本流程

(1) k 与常值 ipad（$b/8$ 个 00110110）异或以产生 s_i，与 m 链接，对 $s_i\|m$ 进行 Hash 计算，将结果记为中间 HMAC 并填充至 b bit。

(2) k 与常值 opad（$b/8$ 个 01011010）异或以产生 s_0，与上步填充后的中间 HMAC 链接，对链接后的消息进行 Hash 计算，在所得结果中选择 n bit 作为 HMAC 算法的输出。

2.3　身　份　认　证

当前，身份认证主要通过与用户相关的三类认证因素实现。

(1) 用户所知道的秘密（What the user knows），如人脑可以记忆的低熵口令。

(2) 用户所拥有的设备（What the user has），如用户持有的智能卡、硬件令牌和 USB Key 等，这类设备的共同特点是在设备中存储了一个高熵的密码学密钥，该密钥可以是对称密码的密钥，也可以是公钥密码的密钥，该密钥与口令的区别在于密钥随机且较长，人脑难以记忆。

(3) 用户自身独一无二的生物特征(What the user is)，如指纹、虹膜、触屏特征和击键特征等，详见第 2.3.3 节。

2.3.1　口令认证

口令认证协议允许用户通过一个低熵、人脑可记忆的口令安全地实现身份认证，并且在此基础上可建立一个共享的会话密钥，从而实现在不安全的公开网络上的安全通信。口令认证协议的优点包括以下三个方面：首先，口令简单易记，比较符合人们的使用习惯；其次，口令认证机制不需要任何专有的密码设备支持，因此使用方便；最后，口令认证不需要昂贵的公钥基础设施的支持，因此成本低，经济实惠。但是由于口令的低熵性，口令认证协议容易遭受字典攻击。字典攻击可分为两大类，即离线字典攻击和在线字典攻击。离线字典攻击是指攻击者获得关于口令的一个验证值或者验证等式，可以离线反复猜测用户的口令，直到成功为止。在线字典攻击分为可检测的在线字典攻击和不可检测的在线字典攻击。可检测的在线字典攻击中，攻击者通过与服务器的在线交互来猜测用户口令，服务器可以检测到其攻击行为。这种攻击无法避免，但可以通过限制登录次数来降低危害。不可检测的在线字典攻击与可检测的在线字典攻击原理类似，区别在于服务器无法检测到攻击者的攻击行为，因此其对于口令安全更具有威胁性。口令认证是应用最为广泛的身份认证技术，尽管口令存在众多安全性和应用性缺陷，并且大量新型的认证技术陆续被提出，但口令具有简单易用、成本低、容易更改等特性，在可预见的未来仍然将会是最主流的认证技术。

口令是与特定实体相关的能够证明该实体身份的信息，通常是用户设置的一定长度的字符串，充当用户和系统之间共享的秘密。为了访问系统资源或应用程序，用户输入口令认证信息，通常为用户名和口令，系统检查用户输入的口令与系统存储的用户口令是否一致，从而对用户身份的真实性进行认证。通常要求口令应该随机选择，但为了使用方便，用户通常会选择与其相关的个人信息作为口令；用户生成口令的脆弱性行为会危害口令的安全性，如口令过短，口令重用，基于个人信息构造口令等。因此，可采取一定的措施避免弱口令的使用。研究表明，一个口令如果包含数字、字母、标点符号或特殊字符，且长度在十位以上，则它一般具有较高的安全强度。为了有效保障系统安全，通常要采用一些加强口令安全性的措施，如在创建口令时检查口令的长度、定期更换口令、保持口令历史记录、使用户不能循环使用旧口令等。

口令认证按照验证信息在系统中的存储方式和验证方法可分为固定口令认证和动态口令认证。

1. 固定口令认证

固定口令指用户口令在一段时间内是固定不变的，通常采用口令文件的方式进行存储，即将用户口令存储在系统口令文件中，通过设置口令文件的访问权限防止该文件被篡改或破解。当用户输入口令进行认证时，系统将输入的口令与相对应的用户的口令文件进行比较，从而判断用户身份的真实性。这种方法的缺点是，对于特权内部用户或超级用户，即对系统文件和资源拥有完全访问权限的特别用户，不能保护用户的口令安全。另外，由于口令文件中包括明文口令，所以也要考虑口令文件存储在备份介质中的安全性。

解决上述安全性问题的常用方法是以用户口令通过单向函数得到的散列值（如 Hash 函数）代替口令本身进行存储。为了验证输入用户的口令，系统用同样的单向函数计算输入口令的散列值，并将它与存储的用户口令散列值进行比较。在这种方式下，口令文件可以看作"加密的"口令文件。设 f 是单向函数，系统存储了用户的口令信息（ID, f(password)），其中 password 是用户的口令，由于 f 函数的单向性，所以无须考虑系统存储列表的保密性，从而也保证了口令文件存储于备份介质的安全性。

Windows 操作系统采用两种单向函数计算口令散列值，分别是 LAN Manager 哈希和 NTLM v2 哈希。

1）LAN Manager 哈希

LAN Manager 是 Windows 操作系统最早使用的口令哈希算法之一，由 IBM 公司设计开发，并且在 Windows 2000 之前是唯一可用的版本。而后 Windows Vista 和 Windows 7 中，该算法默认是被禁用的。口令的 LAN Manager 哈希计算过程如下。

（1）将口令统一用大写表示。

（2）采用截断或填充方式将口令压缩或扩展为长度为 14 个字符的固定口令段，并分成两个长度为 7 个字符的加密密钥。

（3）用两个 7 个字符的加密密钥分别对一个预定义的美国信息交换标准代码（American Standard Code for Information Interchange，ASCII）字符串（KGS!@#$%）采用 DES 算法进行加密，得到两个 64bit 分组。

（4）将两个 64bit 分组连接得到 128bit 的散列值。

（5）服务器保存该 128bit 值，作为口令的哈希值。

采用 LAN Manager 哈希计算存储口令散列值的方法的最大弱点是 DES 密钥较短，即使用户采用安全的口令生成方式，并且口令足够长，但经过 LAN Manager 杂凑处理后，搜索的空间大约是 2^{42}，LAN Manager 杂凑难以抵抗暴力破解。

2）NTLM v2 哈希

NT LAN Manager（NTLM）哈希是由微软开发的用于取代 LAN Manager 哈希的口令认证协议。最初从 Windows NT 4 开始使用，最新改进的 NTLM v2 被用作全新的身份认证方法。NTLM v2 哈希（以下简称 NT 哈希）的计算过程如下。

（1）将口令统一用 Unicode 编码表示。

（2）使用 MD4 哈希算法得到 128 位的散列值，作为口令的杂凑值。

与 LAN Manager 哈希中的 DES 算法相比，MD4 不需要对口令进行统一大写处理，增大了口令空间，同时可以输入更长的口令，避免对口令进行截断拆分，增大了破解难度。NTLM v2 的不足之处在于算法执行过程中没有使用随机因素，也就是说对于完全相同的口令，其杂凑值也相同，这就造成对于安全强度不高的口令可以利用彩虹表（Rainbow Table）等技术进行暴力破解。

一种改进的方法是在口令生成中加入随机因素以增加破解难度。UNIX 系统提供了一个公开的、有重要意义的安全性增强方法，称为"加盐"技术，并设计了相应的口令算法 UNIX crypt。该算法在口令生成时从系统时钟取出 12bit 作为口令生成的随机数，即"随机盐"，采用加盐后的口令认证过程如图 2-5 所示，其中 h 表示单向函数。

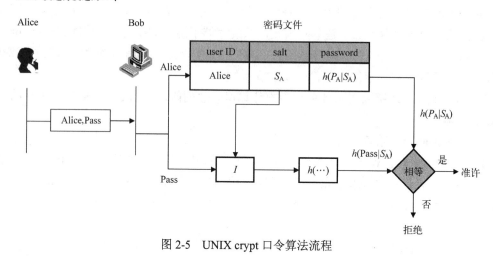

图 2-5　UNIX crypt 口令算法流程

2. 动态口令认证

固定口令认证方案中，用户口令本身是明文，明文口令在传输过程中容易被窃听，另外，暴力破解是攻击固定口令认证的一般方法，因此固定口令认证在网络应用中有明显的局限性。一种改进的方法是在认证过程中加入随机因素，使每次认证使用不同的认证信息，以提高认证过程的安全性。这种不断改变用户输入口令的技术称作动态口令（Dynamic Password）或者一次性口令（One-time Password，OTP）。在 20 世纪 80 年代，美国 Leslie Lamport 提出基于散列函数的动态口令方案。1991 年，贝尔通信研究中心利用 DES 加密算法设计了基于一次性口令的挑战-响应式动态密码身份认证系统 S/KEY。在 RFC 4226 中，定义了基于 HMAC 算法的动态口令算法。

1）Lamport 方案

Lamport 方案是首个基于一次性口令的身份认证系统，现已成为标准协议（RFC 1760）。在 Lamport 方案中服务器 S 存储用户名 name、整数 n（每认证一次该值减 1）以及对用户口令进行 n 次 Hash 迭代运算后的值 H。认证过程如下。

（1）C→S：name。

（2）S→C：n。

（3）C→S：$h = \text{Hash}^{n-1}(\text{password})$。

（4）S：计算 $\text{Hash}(h)$ 是否等于 H，若相等，则有效，并更新 $n-1 \to n$，$H \to h$。

其中，C 代表认证客户端，S 代表认证服务器，password 为用户口令，Hash^{n-1} 表示进行 $n-1$ 次 Hash 迭代运算。

2）S/KEY 方案

S/KEY 方案的口令为一个单向的前后相关的序列。设 N 是一个自然数，f 是一个单向函数。用户选取数 R，验证系统保留 $password = f^n(R)$（$0<n\leqslant N$）。当用户使用第 $n-1$ 个口令登录时，系统用单向函数 f 计算第 n 个口令并与自己保存的第 n 个口令对比，以判断用户的合法性。显然，用户登录 N 次后必须重新初始化口令序列。设用户名为 name，整数为 n，S/KEY 协议的第 $N-n+1$ 次认证流程如下。

（1）C→S：name。

（2）S→C：n。

（3）C→S：password $n-1 = f^{n-1}(R)$。

（4）S：计算 password $n = f($password $n-1)$，验证 password n 是否等于 password，若相等，则认证通过，并更新 password $n \rightarrow$ password。

S/KEY 方案的一个弱点是无法抵抗中间人攻击。

2.3.2 密码设备认证

密码设备认证的主要特征是通过密码设备（如 USB Key、硬件令牌等）存储的高熵密钥进行认证，认证的原理多采用两次"挑战-响应"机制以实现双向认证。密码设备认证可以通过对称密钥进行，也可以通过公钥密码进行。

1. 基于对称密钥的认证协议

ISO EC 1770 Part2 中定义了多个基于对称密钥的认证协议，下面介绍其中一个基于对称密钥的双向认证协议。假设用户 A 和 B 共享对称密钥 k_{AB}，该对称密钥存储于 A 和 B 所持有的密码设备中。

（1）B→A：N_B。

（2）A→B：$\{N_A,N_B,B,F_{AB}\}k_{AB}$。

（3）B→A：$\{N_B,N_A,F_{BA}\}k_{AB}$。

$k^*_{AB} = f(F_{AB},F_{BA})$。

在上述协议中，用户 B 首先选择一个挑战随机数 N_B 发送给用户 A，用户 A 选择自己的随机数 N_A 和 F_{AB}，并且利用共享密钥 k_{AB} 计算响应值，即利用共享密钥 k_{AB} 对消息 N_A、N_B、B、F_{AB} 进行加密，并且将密文作为响应值发送给用户 B。用户 B 接收到用户 A 的响应值后首先利用共享密钥 k_{AB} 进行解密，通过验证密文中的随机数 N_B 来确定响应值的有效性；如果用户 A 的响应值有效，则用户 B 选择随机数 F_{BA} 并返回响应值 $\{N_B,N_A,F_{BA}\}k_{AB}$，即用共享密钥 k_{AB} 对消息 N_B、N_A、F_{BA} 进行加密所得到的密文。类似地，用户 A 解密用户 B 所返回的响应值，通过验证随机数 N_A 来确定响应值的有效性；如果有效，则用户 A 通过用户 B 的身份认证。这样通信双方 A 和 B 就实现了双向的身份认证，并且可以产生一个共享的会话密钥 $k^*_{AB} = f(F_{AB},F_{BA})$，其中 f 是一个单向函数。

2. 基于公钥密码的认证协议

基于公钥密码的认证协议可以通过公钥加密实现认证，也可以通过数字签名实现认证。基于公钥加密的"挑战-响应"三轮双向认证协议基本流程如下。

(1) A→B：TokenAB。

(2) B→A：TokenBA。

(3) A→B：R_B。

其中，TokenAB $= E_{k_B}(R_A\|B)$，TokenBA $= E_{k_A}(R_A\|R_B\|A)$，R_A、R_B 分别是 A 和 B 选取的随机数。

基于数字签名的"挑战-响应"三轮双向认证协议基本流程如下。

(1) B→A：R_B。

(2) A→B：$Cert_A$, TokenAB。

(3) B→A：$Cert_B$, TokenBA。

其中，TokenAB $= R_A\|R_B\|B\|sin_A(R_A\|R_B\|B)$，TokenBA $= R_B\|R_A\|A\|sig_B(R_B\|R_A\|A)$，$R_A$、$R_B$ 分别是 A 和 B 选取的随机数。

上述协议均实现了 A 和 B 之间的双向认证。

2.3.3　生物特征认证

生物特征认证是基于人体所特有的特征进行认证，包括人的生理特征和行为特征两大类。人体的生理特征主要包括人脸、指纹、掌纹、掌形、虹膜、视网膜、静脉、DNA、颅骨等，这些特征是先天形成、与生俱来的；而行为特征包括声纹、签名、步态、耳形、按键节奏、身体气味等，这些特征是由后天的生活环境和生活习惯决定的。几乎每一种常见的生物特征都吸引了大批学者对其进行广泛而深入的研究。生物特征认证技术就是采用自动技术测量人的生理特征或行为特征，并将这些特征与数据库的模板数据进行比对，从而进行身份认证的一种解决方案。在计算机普及应用之前，主要靠人工来比对生物特征(如美国联邦调查局(Federal Bureau of Investigation，FBI)就拥有大量指纹识别专家)，而随着信息技术的普及，使用计算机进行自动生物特征识别成为主流趋势。生物特征认证技术被认为能够解决传统身份认证系统的缺陷，能够保证个人数字身份与物理身份的统一。以指纹、人脸为代表的一些生物特征由于其固有的唯一性、持久性、精确性、易用性成为研究与应用最广泛的生物特征。下面以人脸识别为例介绍生物特征认证的基本原理。

人脸识别技术对面部特征和它们之间的关系(如眼睛、鼻子和嘴的位置以及它们之间的相对位置)进行识别，用于捕捉面部图像的两项技术为标准视频技术和热成像技术：标准视频技术通过视频摄像头摄取面部的图像，热成像技术通过分析由面部的毛细血管中的血液产生的热线来产生面部图像，与视频摄像头不同，热成像技术并不需要较好的光源，即使在黑暗情况下也可以使用。人脸识别技术的优点是非接触性，缺点是要比较高级的摄像头才可有效高速地捕捉面部图像，使用者面部的位置与周围的光环境都可能影响识别系统的精确性，而且人脸识别也是最容易被欺骗的。另外，采集面部图像的设备会比其他技术昂贵得多。这些因素限制了人脸识别技术的广泛运用。

人脸识别系统包括注册阶段和认证阶段。注册阶段也称为训练阶段，主要是采集用户的面部特征以建立人脸识别的数据库；认证阶段主要是实时采集待验证用户的面部特征并与人脸数据库进行比对从而对用户进行身份认证。认证阶段的基本流程如下：首先输入图像或者视频，然后通过人脸检测从任意的场景中检测人脸的存在并进行定位，提取出一个人脸。特征提取则是根据已知数据库中的人脸的表征方法，从人脸中提取出该人脸的表征值。人脸的表征方法很多，通常的方法有几何特征、代数特征、特征脸、固定特征模板等。接下来在识别阶段，用训练好的分类器对需要识别的人脸的特征和人脸数据库中的特征进行匹配，输出最终的识别结果，如图 2-6 所示。

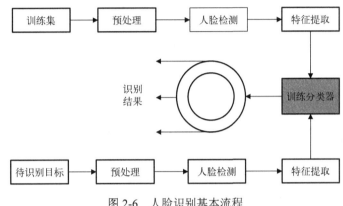

图 2-6　人脸识别基本流程

其他生物特征识别的流程与刚才所讲的人脸识别系统的流程基本是一致的，区别如下。

(1)采集设备不同，每种生物特征识别技术所需的采集设备是不同的，例如，视网膜识别就需要红外线扫描仪，声音识别需要高分辨率的麦克风等。

(2)提取的特征点不同，每种生物特征识别技术都会根据不同的识别对象确定不同的特征类型，所以特征类型的选取也是决定该生物特征识别系统识别效率的一个方面。

(3)在计算机处理方面，各种生物特征识别系统采用的算法也不同，即使是人脸识别，对于不同的扫描方式，所采用的算法也不同。

另外，对于大型的生物特征识别系统，都牵涉到数据库技术和网络技术，成千上万的采集样本不可能存储在同一个服务器中，怎样快速地在异地网络上检索、比对、匹配所采集的样本特征是一个技术关键。

生物特征认证技术及其系统应用已经在国防安全、刑事侦查、访问控制等领域发挥了重要作用。在身份认证领域，生物特征认证技术具有传统密码学所不具备的优势，如使用便捷、不可抵赖、难以伪造等，因此逐渐在人们日常生活中扮演重要角色。然而，随着生物特征识别系统应用的逐渐深入，其本身所固有的一些隐患也逐渐暴露出来，如假生物特征的攻击、生物特征模板的丢失与重构攻击等。为了应对生物特征模板丢失带来的安全隐患，研究人员提出将生物特征识别技术与密码学方法结合，优势互补；而越来越多的研究表明，二者的有效结合将带来一种全新的安全的身份认证手段。

生物特征认证技术已经在各个领域得到了初步的应用，但是认证精度还不够高，并且生物认证的硬件需求比较高。此外，由于生物特征的唯一性和稳定性，生物特征模板的丢失将是永久的，针对生物特征识别系统的攻击将造成严重的用户隐私泄露。在未来，生物特征认证的重点研究目标是认证精度提高、资源需求降低和生物特征的隐私保护。

2.3.4　多因素认证

每类认证方法都有固有的优势和劣势。口令简单易记、认证成本低，但是安全性较弱，口令认证协议容易遭受字典攻击；储存高熵密钥的智能卡、硬件令牌等密码设备虽然具有较高的安全性，但是造价昂贵，并且一旦丢失，将给用户带来巨大的损失。生物认证安全性高，也便于携带，但是认证成本较高并且可再生性较差。

随着敌手攻击能力的不断增强，网络攻击手段也在不断翻新，单因素认证协议被发现存在固有的、无法通过密码技术克服的安全缺陷。敌手可以利用虚假网站进行"网络钓鱼"或者通过间谍软件窃取用户的口令，而用户无法察觉；用户所持有的密码设备可能丢失或被窃取，敌手可以通过逆向工程恢复其中储存的密钥，从而复制用户的密码设备；用户的生物特征容易被敌手复制，并且复制的生物信息在远程登录中可以通过服务器的验证。敌手攻击手段的翻新给信息服务带来了极大的安全威胁，仅通过一种认证因素已无法保护用户信息的安全，尤其是一些具有高级别安全需求的业务，如手机银行、移动支付和网络证券等，一旦被敌手攻击，将给用户带来巨大的经济损失，甚至灾难性的后果。

针对敌手不断增强的攻击能力，一种可行的方式是将多种认证因素进行结合，从而实现多因素认证。在多因素认证协议中，敌手只有同时获得所有的认证因素才能够通过验证，将多种认证因素融合来实现优势互补，从而极大地增强了认证协议的安全性。下面介绍两种常用的双因素认证技术。

1. 基于 HMAC 算法的认证协议

在 RFC 4226 中，定义了基于 HMAC 算法的双因素认证协议，用户私有密钥与变动因子(如时间、计算器)结合产生固定长度的字符串，具体过程如下：

(1)提取当前变动因子和用户密钥数据；

(2)利用变动因子和用户密钥数据进行相关运算；

(3)利用 SHA-1 计算得到消息摘要；

(4)将所产生的消息摘要作为动态口令。

动态口令身份认证流程如下：

(1)客户向认证服务器发出身份认证请求；

(2)认证服务器在用户数据库中查询用户的合法性；

(3)认证服务器内部产生一个随机数，作为"挑战"发给客户；

(4)客户将用户名字和随机数结合，使用单向 Hash 函数(如 MD5)生成摘要，并利用动态口令对摘要进行加密，将加密的结果作为"响应"传给服务器；

(5)认证服务器根据用户信息和当前变动因子计算用户的动态口令，然后用该口令对所接收到的"响应"进行解密；

(6)认证服务器将解密结果与计算结果进行比较，以此对用户身份进行认证。

2. RSA SecurID 动态口令认证系统

RSA SecurID 方案允许在用户登录微软 Windows 环境之前对其身份进行认证。作为微软系统的使用者，无论是在线访问公司的网络还是离线登录桌面系统，该方案使得他们的身份都能得到合法性认证。RSA SecurID 方案不仅为用户登录 Windows 环境提供简单而一致的方法，还使其登录认证过程可以核查，安全性较静态密码更强。

　　RSA SecurID 双因素身份认证系统由令牌、代理软件（已内置在主流应用及设备中）和认证服务器构成。认证服务器与令牌采用相同的 RSA 时间同步算法和种子文件。在相同的时刻，令牌和认证服务器所独立运算的结果相同。完整的双因素口令是 PIN（客户首次使用令牌时设定）和令牌码的组合，如图 2-7 所示。

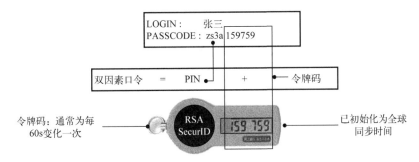

图 2-7　RSA SecurID 双因素身份认证

2.4　密钥交换协议

2.4.1　Diffie-Hellman 密钥交换协议

　　在网络认证中，身份认证和密钥建立是最基本的两个功能，因此认证密钥交换协议是安全协议中最主流的协议类型，也是构造复杂的高层综合通信协议的基本模块。1976 年，Diffie 和 Hellman 发表了一篇划时代的密码学论文 "New Directions in Cryptography"（《密码学的新方向》），提出公钥密码的思想以克服对称密码中存在的不足，并且在其中提出了经典的 Diffie-Hellman 密钥交换协议。密钥交换协议是一种交互式的密码协议，该协议使得没有共享任何秘密消息的通信双方可以在公开的网络中通过传递某些信息来产生一对共享的安全密钥。Diffie-Hellman 密钥交换协议生成共享密钥的安全性依赖于离散对数问题求解的困难性。Diffie-Hellman 密钥交换协议是绝大多数密钥交换协议的基础，并且在公钥加密、数字签名、零知识证明等多个领域有广泛的应用。

　　设 p 是一个大素数，g 是 p 的原根（即数值 $g \bmod p, g^2 \bmod p, \cdots, g^{p-1} \bmod p$ 是各不相同的整数，并且以某种排列方式组成了 $1 \sim p-1$ 的所有正整数）。离散对数问题就是已知一个整数 b 和素数 p 的一个原根 g，求解唯一的指数 i，使得 $b = g^i \bmod p$，其中 $0 \leqslant i \leqslant p-1$，指数 i 称为 b 的以 g 为底数的模 p 的离散对数。当 p 是一个大素数时（512bit 以上），离散对数问题求解是目前公认的计算难题。

　　设 A、B 双方约定两个公开的参数：一个大素数 p 和 p 的一个原根 g。Diffie-Hellman 密钥协商流程如图 2-8 所示。

　　(1) A 随机选择一个大数 x（$1 \leqslant x \leqslant p-1$），并发送 $X = g^x \bmod p$ 给 B；

　　(2) B 随机选择一个大数 y（$1 \leqslant y \leqslant p-1$），并发送 $Y = g^y \bmod p$ 给 A；

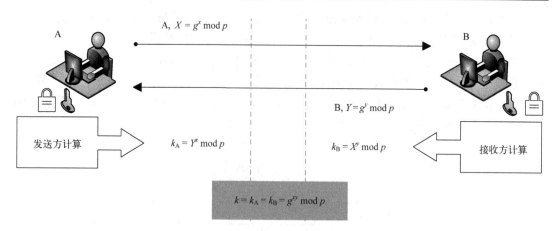

$$k = k_A = k_B = g^{xy} \bmod p$$

图 2-8 Diffie-Hellman 密钥协商流程

(3) A 计算 $k_A = Y^x \bmod p$；

(4) B 计算 $k_B = X^y \bmod p$；

(5) $k = k_A = k_B = g^{xy} \bmod p$ 即为双方的秘密密钥。

例如，选取素数 $p = 97$ 和 p 的一个原根 $g = 5$，A 和 B 分别选择 $x = 36$ 和 $y = 58$，分别计算其公开密钥：

$$X = 5^{36} = 50 \bmod 97$$

$$Y = 5^{58} = 44 \bmod 97$$

交换公开密钥之后，双方分别通过计算得到共享秘密密钥如下：

$$k_A = Y^x \bmod 97 = 44^{36} = 75 \bmod 97$$

$$k_B = X^y \bmod 97 = 50^{58} = 75 \bmod 97$$

实际应用中，一般选择 p 为 512bit 以上的大素数，为了保证离散对数问题求解的困难性，通常要求 $(p-1)/2$ 也是一个大素数。对于被动的攻击者来说，用户选择的参数 x 和 y 是保密的，被动的攻击者在截获了 p、g、g^x 和 g^y 后，想要获得共享密钥 g^{xy}，可以通过以下的方式：

(1) 从 g^x 和 g^y 中求解出 x 或者 y，需要解决离散对数问题；

(2) 直接通过 g^x 和 g^y 计算共享密钥 g^{xy}，需要解决 CDH（Computational Diffie-Hellman）问题。

无论是离散对数问题还是 CDH 问题，都是密码学中的困难问题，因此 Diffie-Hellman 密钥交换协议能够有效地抵抗被动攻击（即窃听）。此外，Diffie-Hellman 密钥交换协议不能抵抗截取、修改或添加等主动攻击，易遭受中间人攻击。针对 Diffie-Hellman 密钥交换协议的中间人攻击如图 2-9 所示，中间人 E 通过冒充 B 和 A 建立会话密钥 k_1，同时中间人 E 通过冒充 A 和 B 建立会话密钥 k_2，从而达到窃听 A 和 B 通信的目的。因此，为了防止中间人攻击，Diffie-Hellman 密钥交换中建立共享密钥之前必须对通信双方的身份认证进行认证。

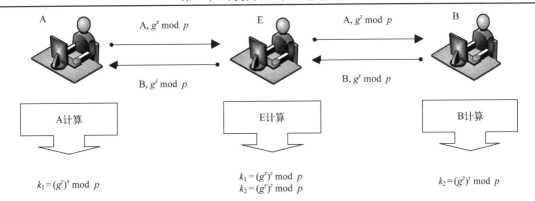

图 2-9　针对 Diffie-Hellman 密钥交换协议的中间人攻击

2.4.2　站到站密钥交换协议

显然，Diffie-Hellman 密钥交换协议存在中间人攻击的根本原因是缺乏对交互消息的认证保护。为了增强 Diffie-Hellman 密钥交换协议的安全性，有学者提出了基于签名认证的 Diffie-Hellman 密钥交换协议，协议的流程如图 2-10 所示。

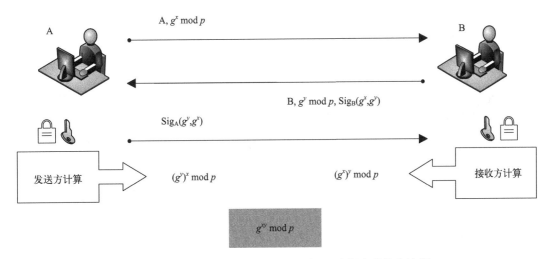

图 2-10　基于签名认证的 Diffie-Hellman 密钥交换协议流程

基于签名认证的 Diffie-Hellman 密钥交换协议是在原有协议的基础上利用通信双方的私钥对密钥交换的材料进行签名，从而防止中间人攻击的。上述协议看起来通过签名实现了密钥交换材料的认证性，实际上还是存在未知密钥共享攻击（Unknown Key-Share Attack）。未知密钥共享攻击的流程如图 2-11 所示。

在上述未知密钥共享攻击中，攻击者 E 只是把 A 发送的消息中的发送方身份改成了自己的身份，最终达到的攻击目的是让 A 认为他与 B 建立了一个共享的密钥，但是 B 认为他与 E 建立了一个共享的密钥，而攻击者 E 无法获得共享的密钥。表面上看起来，未知密钥共享攻击似乎并没有任何实质的攻击效果，但实际上，通过攻击 B 会认为任何来自 A 的消息都是 E 发送的。假设 B 代表银行的服务器，A 和 E 是银行的两个用户，A 通过建立的

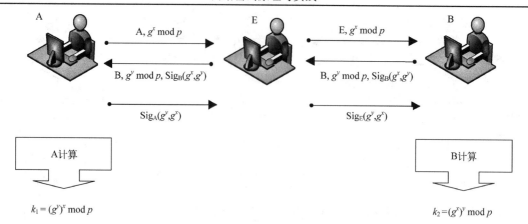

图 2-11　未知密钥共享攻击流程

共享密钥加密发送消息"往我的银行账号里存 10000 元钱",那么 B 会认为这条消息是 E 发送的,最终的结果是钱会存入到 E 的账户中,因为 B 认为这条消息是由 E 发送的。

　　为了抵抗未知密钥共享攻击,在通信双方建立共享密钥的基础上实现相互实体认证和密钥认证,可以对图 2-11 中的协议进行改进。由于在未知密钥共享攻击中,攻击者无法得到通信双方建立的共享密钥,因此可以利用共享密钥加密消息从而抵抗未知密钥共享攻击。基于 Diffie-Hellman 密钥交换的站到站(Station-to-Station,STS)协议正是基于上述思路提出的,协议流程如图 2-12 所示。

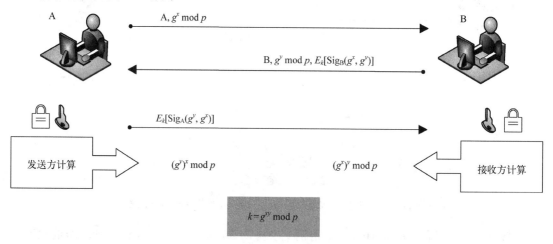

图 2-12　基于 Diffie-Hellman 密钥交换的站到站协议流程

　　基于 Diffie-Hellman 密钥协商的站到站协议的改进主要是利用通信双方的共享密钥 k 对通信消息中的签名部分进行了对称加密,这样可以有效抵抗未知密钥共享攻击,并且该协议具有较好的安全性。

2.4.3　SIGMA 密钥交换协议

　　基于 Diffie-Hellman 密钥协商的站到站协议虽然实现了较好的安全性,但从协议设计的角度来说,其仍然存在不足,即该协议中真正需要的并不是针对签名消息的机密性,而是要保证消息的完整性和认证性，在此基础上证明在通信双方知道共享密钥的情况下，通过对称加密实现认证性并不是一个好的解决方案。为此，通过利用 MAC 校验来实现消息的认证性，基于这样的思路 Hugo Krawczyk 提出了著名的 SIGMA(Sign and MAC)协议，具体流程如图 2-13 所示。

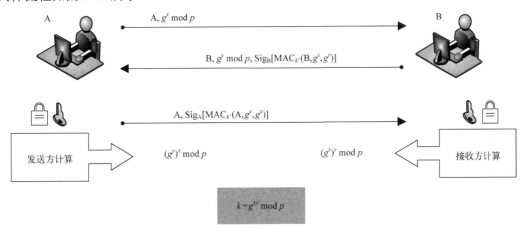

图 2-13　基于 Diffie-Hellman 密钥交换的 SIGMA 协议流程

SIGMA 协议主要的思想是通过签名实现消息的认证性，同时利用 MAC 算法来实现消息的完整性和会话密钥确认。在协议中，响应方 B 先利用 k' 计算消息(B,g^x,g^y)的 MAC 校验值(其中 k' 是由 k 通过密钥生成函数产生的会话密钥)，然后利用自己的签名私钥对 MAC 校验值进行签名。B 通过其签名私钥进行签名向 A 证明了他确实是 B，通过 MAC 校验证明了交换的材料没有被修改过，并且利用 k_m 计算 MAC 校验值证明其知道会话密钥 k_m；类似地，A 也向 B 证明了其身份、消息的完整性，并完成了会话密钥确认。SIGMA 协议代表了认证密钥交换协议的一种重要的设计思路，是很多标准协议(如 IKE v1)的设计基础。

延伸阅读：基于用户行为特征的隐式认证

基于用户行为特征的隐式认证是通过采集、训练和比较用户的行为特征进行的身份认证。相比于口令认证、指纹认证等显式认证，隐式认证不需要用户物理性地、有意识地参与，认证过程对于用户是持续、透明的，用户体验较好。更重要的是，行为特征为用户独有的，经机器学习训练后不容易被复制窃取，安全性更高。

基于用户行为特征的隐式认证机制特别适用于以智能终端为主的用户身份认证，它既可以作为口令认证机制的补充认证方式来有效提高认证的安全级别，又可以作为独立的认证方式实现对用户高精度、强安全的持续认证，从而成为当前身份认证中最具前景的研究方向，被列为网络空间安全研究体系中需要重点布局和优先发展的关键技术之一。

目前，单模态的行为认证协议研究成果较为丰富，包括基于步态信号的行为认证、基于用户触屏特征的行为认证等。然而，目前国际上对行为特征认证的研究并不成熟，大多为单模态的行为认证协议研究。由于单模态的行为认证协议仅使用了用户的某一种行为特征，所以会存在固有的缺陷，认证效果不够理想，通用性较差。例如，基于步态的行为特征在用户静止时可用性较差；而对于基于地理位置的行为特征，一旦用户出差离开熟悉的位置，将导致认证出错。为了解决单模态的行为认证存在的不足，研究者提出了将多种行为特征融合进行认证的多模态行为认证，从而实现了多种行为特征的优势互补。此外，行为特征认证需要收集用户的行为数据，易引发用户对于隐私问题的担忧，因此需要更有效的方式来保护用户的数据隐私。针对隐私问题，同态加密、聚合签名、安全多方计算等密码学工具与机器学习的结合，可以使认证协议具有隐私保护特性。目前，对于行为认证系统中的隐私保护，主要有两种解决方案：

(1)采用混淆电路的方法来保护数据隐私；

(2)采用同态加密的方法对用户行为特征进行加密。

基于用户行为特征的隐式认证技术在国外已经得到了广泛的关注，已有较为丰富的研究成果出现。但行为认证技术在国内的研究尚处于起步阶段，研究团队较少，尤其是多模态行为认证协议的实际应用问题及认证协议中用户行为特征的隐私保护问题尚未得到很好的解决。

习　　题

1. 什么是认证？常见的身份认证方法有哪些？各有什么优缺点？

2. 按照方向不同，认证分为单向认证和双向认证，举例说明单向认证和双向认证。

3. 按照认证对象不同，认证分为实体认证和消息认证，它们分别指的是什么？

4. 简述消息认证码(MAC)的认证流程。

5. 从安全性角度来看，MS-CHAP v1 有哪些潜在弱点？MS-CHAP v2 采用了哪些有针对性的措施来提高该协议的安全性？

6. 参考 RFC 4226 中定义的基于 Hash 算法的一次性口令算法，设计一个新的基于 DES 算法的一次性口令算法。

7. 假设用户 A 和 B 用 Diffie-Hellman 密钥交换协议来交换密钥，设公用素数 $q = 71$，原根 $\alpha = 7$。

(1)若用户 A 的私钥 $X_A = 3$，则用户 A 的公钥 Y_A 是多少？

(2)若用户 B 的私钥 $X_B = 5$，则用户 B 的公钥 Y_B 是多少？

(3)用户 A 和用户 B 共享的密钥是多少？

8. 基本的 Diffie-Hellman 密钥交换协议不能抵抗中间人攻击，基于 Diffie-Hellman 密钥交换的 STS 协议是如何防止中间人攻击的？

9. 在相互认证过程中，面临消息被重放的风险，时效性特别重要，举例说明可能的重放攻击。

第3章 数字证书与公钥基础设施

随着计算机、网络和信息等技术的迅猛发展，基于网络信息交互的各种应用日益广泛深入，通信双方如何在开放互联的网络应用场景下建立安全的信任关系往往是网络通信面临的一个首要问题。目前来看，公钥基础设施(Public Key Infrastructure，PKI)是解决网络通信过程中通信双方相互之间的信任建立问题的主要途径，而公钥基础设施多以数字证书的形式对用户的密钥等敏感信息进行管理。本章介绍数字证书以及基于公钥基础设施的数字证书管理。

3.1 数 字 证 书

公钥基础设施(PKI)是一种依托公钥加密和数字签名技术实现用户密钥和证书管理的系统或平台，它通常以数字证书的方式对用户密钥及其他身份信息进行管理，可以帮助网络中互不相识的通信双方建立信任、协商密钥和安全地进行数据和信息交互，从而达到为企业或机构构建安全网络互联环境的目的。数字证书的规范定义是 PKI 管理用户密钥等信息的重要前提，同时，基于 PKI 的数字证书管理体系是公钥基础设施实际应用的关键。

3.1.1 数字证书简介

数字证书是指在网络通信中标识通信各方身份信息的一个数字认证。消息发送方可以通过"出示"数字证书来表明自己的身份，而消息接收方则可以根据消息发送方提供的数字证书对其身份进行识别和确认，依托数字证书可以解决消息发送方向消息接收方证明"我是谁"以及消息接收方验证消息接收方"他是谁"的问题，就如同现实生活中每一个人都要有一张证明个人身份的身份证或驾驶证一样，其可以表明人们的身份或具备的某种权限，而警察、酒店前台等部门和机构人员则可以通过验证身份证或驾驶证的真伪来验证人们身份的真实性以及区分人们具备的权限。在电子交易中，商户需要确认持卡人是否是信用卡或借记卡的合法持有者，同时持卡人也必须能够鉴别商户是否是合法商户，是否被授权接受某种品牌的信用卡或借记卡支付，此时数字证书就可以看作参与电子交易活动的各方(如持卡人、商户、支付网关)的身份代表，交易时通过验证数字证书的真伪对各方的身份进行验证。

作为数字证书应用的重要前提，数字证书必须依赖可信、公正的第三方认证机构来授权、颁发和管理，它是经证书授权中心数字签名的包含公开密钥拥有者身份信息以及公开密钥的文件，至少包含用户公钥、用户名称以及证书授权中心的数字签名，目前网络应用中数字证书的格式绝大多数都遵循 X.509 国际标准。

3.1.2　X.509 数字证书标准

目前使用较广泛的是 X.509 数字证书第三版。X.509 是定义目录业务 X.500 系列的一个组成部分，它定义了 X.500 目录向用户提供认证服务一个框架，目录的作用是存放用户的公钥证书，同时 X.509 定义了证书的格式和证书吊销列表（Certificate Revocation List，CRL）的格式，此外还定义了基于公钥证书的认证协议。

X.509 数字证书第三版的结构如表 3-1 所示。

（1）版本号：标识证书的版本，0 为版本 1，1 为版本 2，2 为版本 3。

（2）证书序列号：由证书授权中心（CA）产生，是 CA 所颁发证书范围内每一证书唯一的编号。

（3）签名算法标识：CA 用于给证书签名的算法和参数（随着安全需求的增加，公钥密码参数的规模增大，早期版本的本域尺寸不足以规模存储较大的参数，为保持兼容

表 3-1　X.509 数字证书第三版的结构

版本号
证书序列号
签名算法标识（算法/参数）
发行商名
有效期（生效日期/终止日期）
证书主体名
公钥信息（算法/参数/密钥）
发行商唯一标识
证书主体唯一标识
扩展
签名（算法/参数/签名）

性，高版本不改变本域尺寸，而是在尾部"签名"域中增加算法和参数信息，由于此信息在证书尾部"签名"域中还会出现，这里很少包含此信息）。

（4）发行商名：证书颁发主体名，命名规则一般采用 X.500 格式。

（5）有效期：通用证书一般采用世界协调时（Universal Time Coordinated，UTC）时间格式，目前的计时范围为 1950～2049。

（6）证书主体名：证书所属的最终主体的特定名称。

（7）公钥信息：证书核心的主体公钥信息，包括算法、参数和密钥。

（8）发行商唯一标识：标识签发证书的 CA 实体。

（9）证书主体唯一标识：证书持有者实体。

（10）扩展：用于将用户或公钥与附加属性关联，从而扩展证书的用途。

（11）签名：CA 对证书签名的算法、参数和对证书的签名。

3.2　基于 PKI 的数字证书管理体系

一个基于 PKI 的数字证书管理体系应包括权威的证书授权中心（CA）、证书注册中心（RA）、证书目录服务和密钥备份恢复系统，如图 3-1 所示。

1. 证书授权中心

证书授权中心（Certificate Authority，CA）是数字证书的授权和签发机构，它是 PKI 的核心。CA 负责证书受理、证书制作、证书颁发和证书吊销等证书管理工作，它需要跟普通用户一样，以数字证书的形式向系统内其他用户和主体提供自己的公钥。它的数字证书

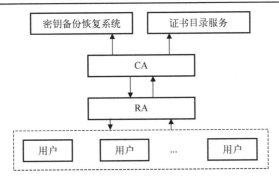

图 3-1　PKI 数字证书管理的体系架构图

是自签名的，因此它的发行商名和证书主体名是相同的。

一般 CA 的主要职责如下。

(1) 公布证书发放政策，包括证书申请、证书鉴别、证书颁发、证书吊销和证书存档等一系列操作。

(2) 为其下属用户和其下属的 RA、CA 颁发数字证书。

(3) 验证用户证书，若无法完成验证，则提交给其上级 CA 进行验证。

(4) 接收、处理证书吊销申请，并维护它自己的证书吊销列表(CRL)。

(5) 维护自己的目录服务器，在该服务器上公布所产生的所有证书和证书吊销列表(CRL)。

2. 证书注册中心

证书注册中心(Registration Authority，RA)介于用户和 CA 之间，主要是协助 CA 完成证书制作和证书发放等工作，它必须经过 CA 的审核认证，并持有合法的证书。RA 就像街道派出所户籍科一样，负责接收用户的证书申请、身份查验、证书发放和证书挂失等。

一般 RA 的主要职责如下。

(1) 对证书申请人进行信息核对、查验。

(2) 将通过审查的证书申请向上提交给其所属的 CA。

(3) 接收 CA 生成的用户证书，把用户证书和相应 CA 的证书一起发给证书申请人。

(4) 接收证书挂失、吊销申请，并进行必要的验证工作，将通过验证的挂失、吊销申请转给其所属的 CA。

3. 证书目录服务

证书目录服务是 PKI 体系中为生成的证书提供存储和分发等管理功能的一种服务。PKI 中的目录服务器往往采用 X.500 目录服务标准，支持目录访问协议(Directory Access Protocol，DAP)和轻便目录访问协议(Lightweight Directory Access Protocol，LDAP)。

证书目录服务的功能主要如下。

(1) 为 PKI 其他组件提供存储和可访问功能，包括但不限于存储用户证书、证书吊销列表(CRL)和需要密钥恢复的用户或组织的加密私钥等。

(2) 扩展 PKI 的证书应用。

(3) 增加传统应用的验证长度，如支持多因素认证等。

(4) 支持可信第三方 CA 的有效证书用户进行自动验证。

4. 密钥备份恢复系统

针对用户因丢失解密密钥而无法解密合法数据的问题，PKI 提供了备份与恢复密钥的机制。密钥备份恢复系统由可信的机构来完成，并且密钥备份与恢复一般只能针对解密密钥，签名私钥不能够备份。

3.3　PKI 的标准规范

目前，数字证书相关标准主要是 X.509 和 PKCS 系列的部分标准，PKI 的标准主要是 IETF 的 PKIX（Public Key Infrastrcture X.509）工作组基于 X.509 开发的 PKIX 标准。

3.3.1　PKCS 相关标准

公钥密码标准（Public Key Cryptography Standard，PKCS）最初是为了推进公钥密码系统的互操作性，由 RSA 实验室和工业界、学术界及政府代表合作开发的。PKCS 涉及了不断发展的 PKI 格式标准、算法和应用程序接口，提供了基本的格式定义和算法定义，是 PKI 实现的重要基础。

和数字证书密切相关的 PKCS 标准主要如下。

（1）PKCS#1：RSA 加密标准。PKCS#1 定义了 RSA 公钥函数的基本格式标准，特别是数字签名。它定义了数字签名如何计算，包括待签名数据和签名本身的格式；它也定义了 PSA 公/私钥的语法。

（2）PKCS#3：Diffie-Hellman 密钥协议标准。PKCS#3 描述了一种实现 Diffie-Hellman 密钥协议的方法。

（3）PKCS#5：基于口令的加密标准。它定义了一种用口令导出密钥进而用对称密码加密的方法。

（4）PKCS#6：扩展证书语法标准。它定义了提供附加实体信息的 X.509 数字证书属性扩展语法。

（5）PKCS#7：密码消息语法标准。它为使用密码算法的数据规定了通用语法。

（6）PKCS#8：私钥信息语法标准。它定义了私钥信息语法和私钥加密语法，其中私钥加密使用 PKCS#5（由于私钥必须加密存储，所以规定了基于口令加密私钥的方法）。

（7）PKCS#10：证书请求语法标准。它定义了证书请求即证书申请信息的语法。

（8）PKCS#12：个人信息交换语法标准。它定义了包括私钥、证书、各种秘密和扩展字段在内的个人身份信息的格式，有助于传输证书及对应的私钥，使得用户可以在不同设备间移动他们的个人身份信息。

3.3.2　其他相关标准

与 PKI 和证书有关的标准还有 LDAP 规范和 WPKI 标准。

LDAP 最早被看作 X.500 目录访问协议中易描述、易执行的功能子集，后被扩展以适应各种不同环境的需要，该协议简化了烦琐的 X.500 目录访问协议，便于使用。基于 LDAP

提供证书服务应用较为普遍。

WPKI（Wireless-PKI，无线公钥基础设施）是为应对无线应用环境对 PKI 简化的结果，一方面减小了证书数据长度，以节约终端存储和传输带宽资源，另一方面减小了证书处理难度，以降低终端处理消耗。

3.3.3　数字证书相关的文件类型

数字证书通常以单独文件存储，以文件或封装到网络协议数据中传输，在大型管理系统中，也可能以规定的数据结构存入文件而成为文件的模块。下面介绍证书相关文件的情况。

决定证书文件内容的因素包括证书所采用的标准、证书包含的内容和证书所采用的编码方式，相应地有各种约定的文件扩展名。

从证书所采用标准的角度来看，和数字证书有关的文件扩展名主要有以下类别。

(1) 符合 X.509 标准，分两种编码形式，DER（Distinguished Encoding Rules，可辨别编码规则）编码下包括.der、.cer 和.crt，Base64 编码下包括.pem、.cer 和.crt。

(2) 符合 PKCS#7 标准，包括.p7b、.p7c、.spc 和.p7r。

(3) 符合 PKCS#10 标准，包括.p10。

(4) 符合 PKCS#12 标准，包括.pfx 和.p12。

从数字证书包含内容的角度来看，证书应用不同，采用的标准不同，包含的内容也可能不同。汇总包含和可能包含的内容，一般证书有以下几方面特性：以二进制还是 ASCII 格式存储；是否包含公钥、私钥；包含一个还是多个证书；是否支持密码保护。其中相关文件类型特性主要如下。

(1) .der、.cer 和.crt 文件以二进制形式存储证书，只有公钥，不包含私钥，即通常意义的数字证书。

(2) .csr 为证书请求文件，格式可能是 PEM 或 DER，其中包含用户申请证书需要提交的相关信息，只有经过 CA 签发才能得到证书。

(3) .pem 文件以 Base64 编码存放证书，以"-----BEGIN CERTIFICATE-----"和"-----END CERTIFICATE-----"作为首尾标记，其中只有公钥。

(4) .pfx 和.p12 文件以二进制形式存储包含证书在内的个人信息，其中包含公钥和私钥，私钥经过了密码保护。

(5) .p10 为证书请求文件。

(6) .p7r 是 CA 对证书请求的回复。

(7) .p7b 和.p7c 为证书链，可包含一个或多个证书。

需要注意的是，凡是包含私钥的，一律必须添加密码保护（加密私钥），因为私钥必须保护，所以明码证书文件以及未加保护的证书文件都不可能包含私钥。

3.3.4　PKIX 简介

PKIX 扩展了 X.509 标准的基本思想，指导互联网世界如何部署数字证书。PKIX 提供的 PKI 服务主要包括注册、初始化、认证、密钥对恢复、密钥生成、密钥更新、交叉认证和吊销等，其中初始化处理一些基本问题，如用户如何确认 CA 等，认证指 CA 为用户生成证书并将其交给用户和发布到证书目录，其他服务与 CA 类同。

PKIX 体系结构分为 5 个领域。

(1) X.509 v3 证书和 v2 证书吊销列表配置文件。

(2) 操作协议，规定向用户提供发布证书、CRL 和其他管理与状态信息的传输机制。

(3) 管理协议，支持不同 PKI 实体交换信息。

(4) 策略大纲，定义证书策略和证书实体报表的大纲。

(5) 时间标注与数字证书服务。

3.4　Windows 操作系统的证书管理

3.4.1　Windows 操作系统数字证书管理

Windows 操作系统提供了丰富的证书管理功能，下面以 Windows 10 为例进行简单介绍。

图 3-2　"运行"对话框

(1) Windows 10 系统控制台提供证书管理单元。按 Windows+R 快捷键进入"运行"对话框，如图 3-2 所示，通过 mmc 命令进入系统控制台。

在"文件"菜单中选择"添加或删除管理单元"菜单项，在弹出的对话框的左侧"可用的管理单元"列表框中选择"证书"选项，然后单击中间的"添加"按钮，如图 3-3 所示。根据弹出的对话框，选择需要管理证书的账户(我的用户账户、服务账户、

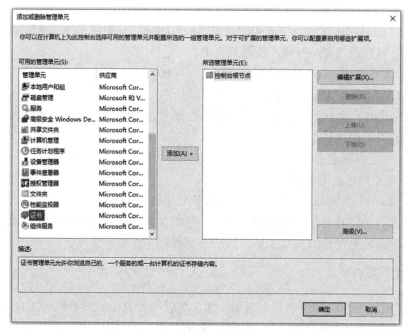

图 3-3　"添加或删除管理单元"对话框

计算机账户)，如图 3-4 所示以选择"我的用户账户"为例，则可在证书管理界面中看到各类证书和证书相关信息(如信任的人、证书注册列表等)，如图 3-5 所示。通过该管理界面，可对证书和证书相关信息进行查看、添加、删除、移动等操作，比如，把一个证书文件加到合适的类别中以及设置某个根 CA(通过该 CA 自身证书)为可信任的，如图 3-6 所示。

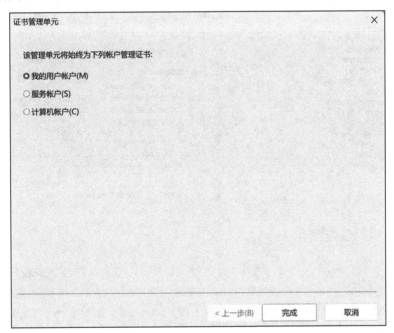

图 3-4　"证书管理单元"界面[①]

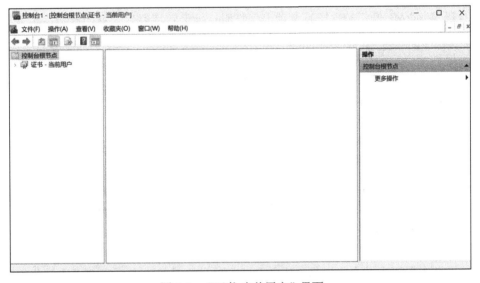

图 3-5　"证书-当前用户"界面

---

① 图 3-4 中的"帐户"应为"账户"。

图 3-6　"证书信息"界面

（2）在 Windows 操作系统中打开证书文件时，证书管理向导会自动启动，引导用户自定义或由系统默认将证书加载到合适的类别。

（3）通过 Edge 浏览器也可查阅和管理证书。在 Edge 浏览器的"工具"菜单中选择"Internet 选项"菜单项，在"内容"选项卡中单击"证书"按钮，则进入证书管理界面，除了可以查阅证书内容外，还可以导入、导出以及删除证书，并进行一些高级的证书设置管理。

3.4.2　Windows Server CA 组件

Windows Server 系统包含一个默认不安装的可选 CA 组件，安装该组件可建立一个 CA。在 CA 建立过程中，需要配置 CA 的各种选项，其中可以设定 CA 的类型是根 CA 还是某 CA 的子 CA，后者需要之后和其上级 CA 建立必要的配置联系。以 Windows Server 2019 系统为例，来说明如何建立一个根 CA，以及如何利用该根 CA 申请和颁发证书。

（1）在服务器管理器中，选择"添加角色和功能"选项，在弹出的"添加角色和功能向导"窗口中选择"开始之前"选项，单击"下一步"按钮，如图 3-7 所示。

（2）选择"服务器角色"选项，在"角色"列表框中选择"Active Directory 证书服务"复选框，单击"下一步"按钮，根据向导操作，如图 3-8 所示。

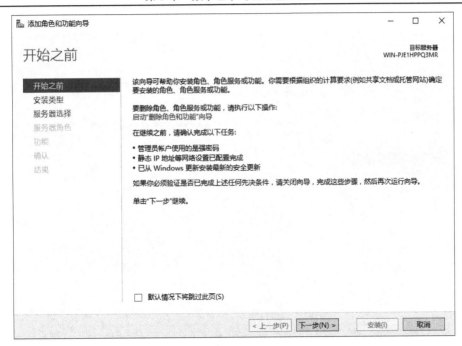

图 3-7　"添加角色和功能向导"窗口

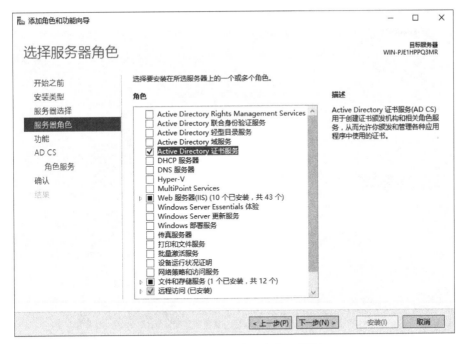

图 3-8　"选择服务器角色"界面

(3)选择 AD CS 选项下的"角色服务"子选项，在"角色服务"列表框中选择"证书颁发机构"和"证书颁发机构 Web 注册"复选框，然后单击"下一步"按钮，根据向导，完成功能安装，如图 3-9、图 3-10 所示。

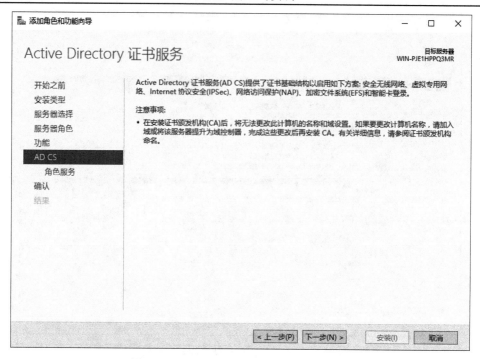

图 3-9　　"Active Directory 证书服务"界面

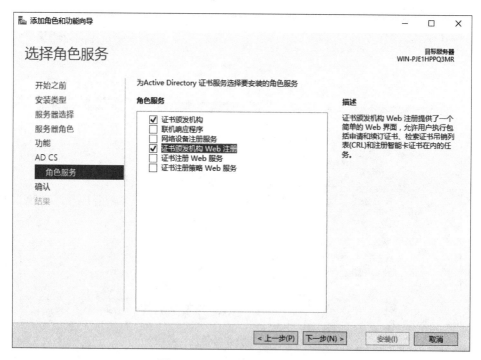

图 3-10　　"选择角色服务"界面

（4）在"AD CS 配置"窗口中配置一个独立的根 CA，用于后续签发证书，如图 3-11、图 3-12 所示。

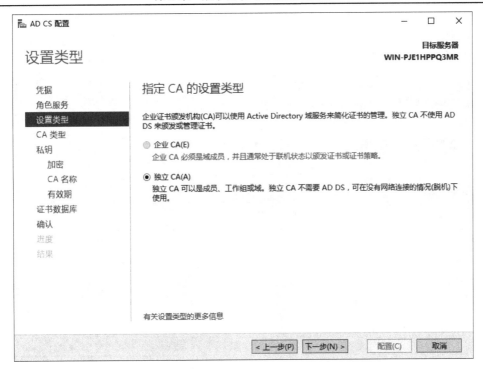

图 3-11　"指定 CA 的设置类型"界面

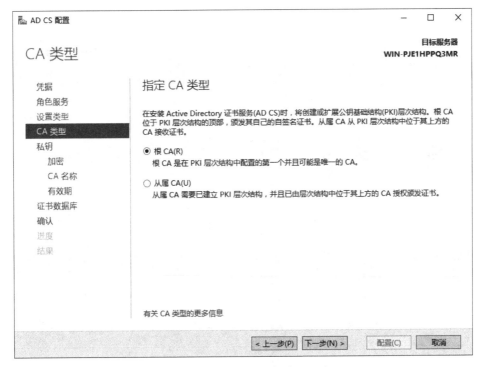

图 3-12　"指定 CA 类型"界面

(5) 在创建根 CA 的时候,需要创建新的私钥和相关密码算法,如图 3-13、图 3-14 所示。

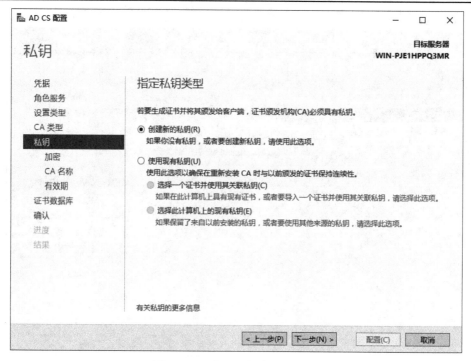

图 3-13 "指定私钥类型"界面

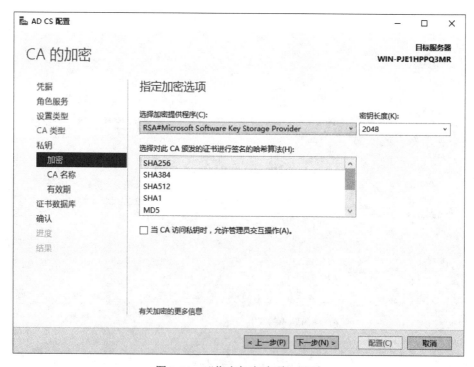

图 3-14 "指定加密选项"界面

(6)输入 CA 的域名,选择签发证书的有效期(默认 5 年),如图 3-15、图 3-16 所示。

图 3-15　"指定 CA 名称"界面

图 3-16　"指定有效期"界面

(7)指定证书数据库的存储位置，如图 3-17 所示。

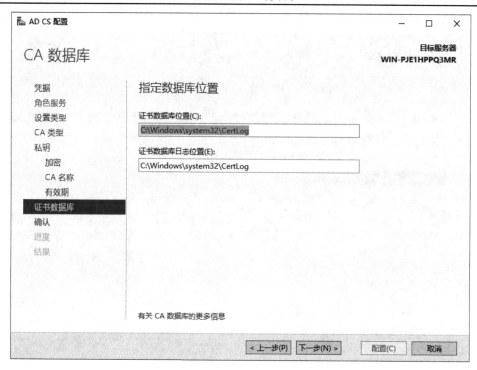

图 3-17　"指定数据库位置"界面

(8) 单击"下一步"按钮，确认配置，如图 3-18 所示。

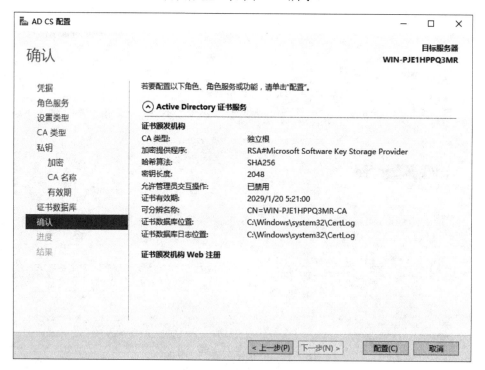

图 3-18　"确认"界面

至此，一个根 CA 便创建成功了，如图 3-19 所示。

图 3-19　"结果"界面

该 CA 需要建立在正常运行的 Web 服务之上，在先前的操作中，已经启用了相关的 Web 访问服务，接下来只要开启互联网信息服务(Internet Information Services，IIS)中对应网站的 https 访问功能，其他用户就可通过 Web 浏览器访问该 CA 的签发服务。访问链接为 https:// winserver 的 IP 地址/ certsrv，例如，通过本地访问链接 https://localhost/certsrv，可以进入证书服务主页，通过申请界面可选择申请的证书类型、填写对应的信息，并用对应的提交方式将其提交 CA，如图 3-20～图 3-22 所示。

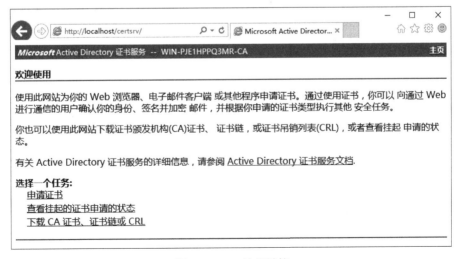

图 3-20　CA 访问链接

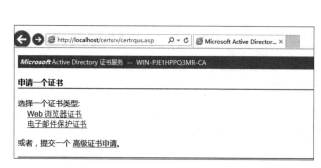

图 3-21　"申请一个证书"界面　　　　图 3-22　"Web 浏览器证书-识别信息"界面

在 CA 管理界面，可查看申请和相关信息，进而可在审核之后选择颁发证书或拒绝颁发，如图 3-23 和图 3-24 所示。

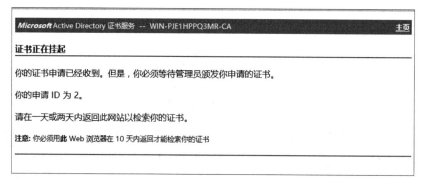

图 3-23　证书申请信息界面

图 3-24　证书线管信息界面

通过 CA Web 服务主页可查看申请的状态，如图 3-25 所示。

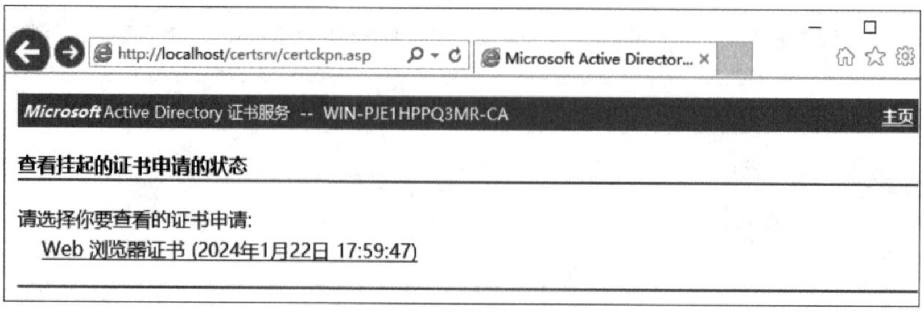

图 3-25　证书申请状态界面

一旦 CA 完成证书颁发，可安装证书到本地，进而通过系统的证书管理机制以自动或手动方式将证书加入系统，如图 3-26 所示。

图 3-26　证书完成颁发界面

可以在浏览器中查看申请的证书内容，以 IE 浏览器为例，可以通过 Internet 选项中的内容来查看证书，如图 3-27 所示。

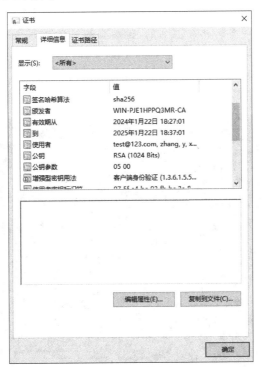

图 3-27　证书查看界面

延伸阅读：Java 程序开发环境 JDK 的数字证书管理

Java 程序开发环境 JDK 提供 keytool 工具和 keystore 结构来实施证书和公钥管理。keytool 是一个命令行工具，一般可以在 JDK 的 bin 目录下找到。keytool 提供了丰富的接口，可以用于创建公钥系统密钥和数字证书，如图 3-28 所示。

keystore 是使用 keytool 创建的密钥和证书的集合，可以存储可信证书和密钥。使用 keytool 工具生成一个 keystore 如图 3-29 所示。

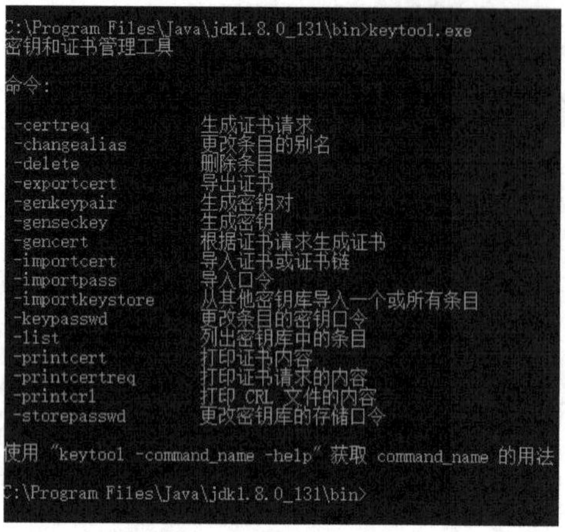

图 3-28　keytool 工具

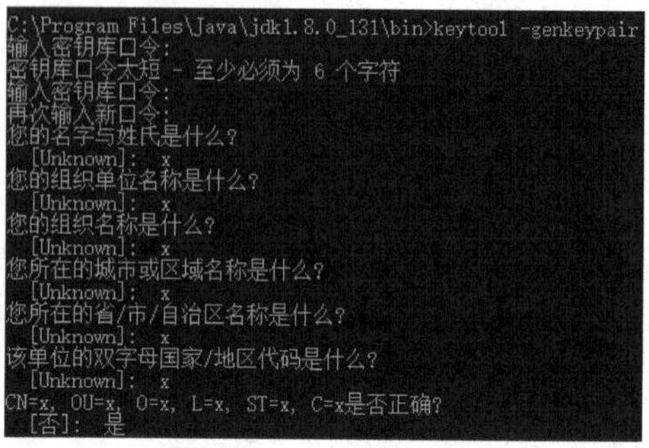

图 3-29　使用 keytool 工具生成一个 keystore

创建一个 keystore（一套密钥和证书），该命令随后首先要求设定保护私钥的口令，然后要求逐步输入用户相关信息，完成信息输入后产生对应的 keystore，其中存储按照约定格式生成的用户证书和保护的私钥等信息。可通过 keytool -v -list 命令查看 keystore 的内容，如图 3-30 所示。

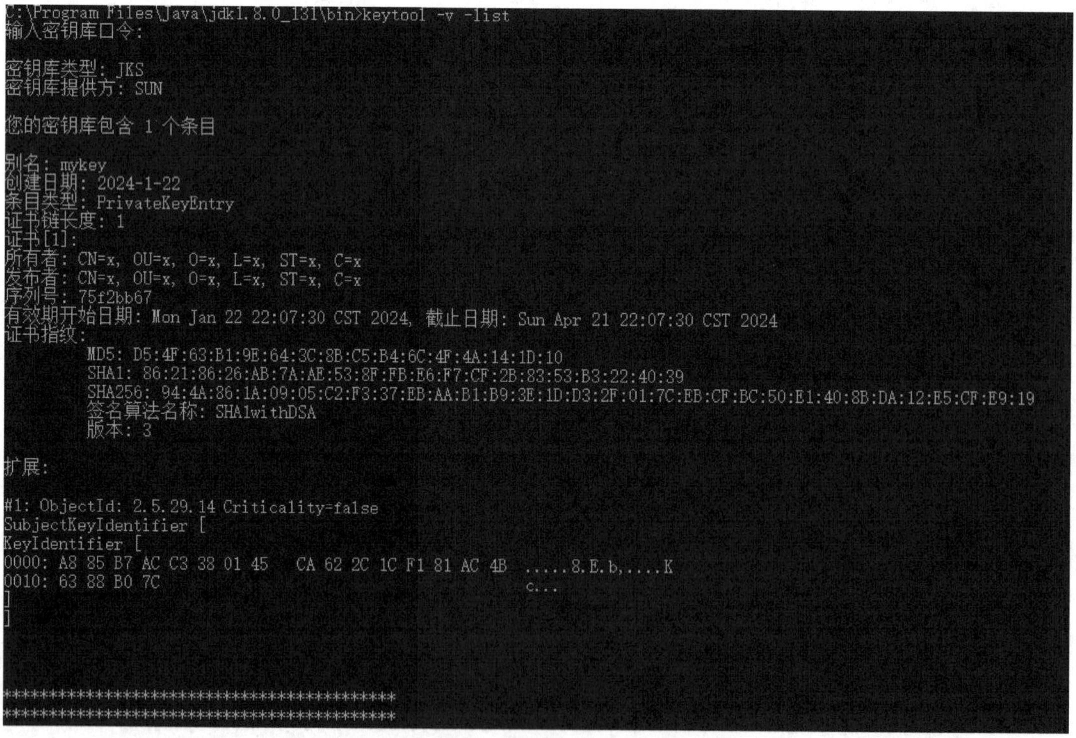

图 3-30　keystore 举例

　　进而可通过 keytool -export -file test.cer 命令从生成的 keystore 中导出为名为 test.cer 的.cer 类型的证书文件，此时会在当前目录下生成一个 test.cer 证书文件，可以双击该文件来查看其内容，如图 3-31 所示。

图 3-31　证书内容

习　　题

1. 作为数字证书管理体系中的一个关键组件，CA 的主要功能和作用有哪些？
2. 作为数字证书管理体系中的一个关键组件，RA 的主要功能和作用有哪些？
3. 简要描述 PKI 由哪几个核心组件组成。
4. PKI 中如何实现不同 CA 间证书信任的传递？
5. 如果在 X.509 标准中不使用时间标志，那么将会给证书的安全性带来什么样的危害？
6. 假设攻击者通过攻击手段在证书中用其自身的公钥替换掉银行的公钥，请问这类攻击手段会带来什么样的危害？如何防范这类攻击？

第二部分　网络安全协议原理与分析

网络密码协议是以密码技术为基础的安全通信协议，借助密码技术，实现网络认证、通信加密、完整性校验、不可否认性验证等安全服务，是密码在网络中的应用规范和标准。网络密码协议的正确性和安全性对于网络信息系统而言具有至关重要的作用。网络密码协议设计和安全分析是一项极其复杂的系统工程，协议设计、实现过程中一个简单微小瑕疵，都可能导致整个网络密码系统的安全防线坍塌。

本部分针对网络空间安全对抗博弈的特点，在介绍各主流安全协议原理的同时，结合典型安全协议攻击案例分析探讨安全协议面临的技术挑战，从正反两个角度为读者提供网络安全协议研究的理论和技术概貌。本部分包括五章：第 4 章介绍 PPTP 协议规范、CHAP 认证协议原理、MPPE 加密协议，讨论 PPTP-VPN 中的针对 CHAP 协议的分析案例；第 5 章介绍 IPSec 协议规范及应用，讨论 IPSec 协议相关分析案例；第 6 章介绍 SSL/TLS 协议规范及典型实现，讨论 SSL/TLS 协议相关分析案例；第 7 章介绍 SSH 协议规范及应用，讨论 SSH 协议相关分析案例。第 8 章介绍无线网络相关安全协议，围绕无线局域网标准 802.11i，讨论无线网络常见的攻击案例。

第 4 章　数据链路层 PPTP 原理与分析

点到点隧道协议(Point-to-Point Tunneling Protocol，PPTP) 是由微软、Ascend 通信、3Com 等厂商联合开发的链路层安全协议，为点到点协议(PPP) 提供安全增强功能，让用户能通过拨入 ISP 直接连接 Internet 或其他方式远程安全访问专用网络。PPTP 是微软第一个 VPN 拨号接入的通信协议，自 Windows 95 OSR2 起，所有的 Windows 版本都内置了 PPTP 客户端软件。本章讨论 PPTP 协议的基本原理，重点分析其加密和认证协议过程，并讨论了 PPTP VPN 中密码应用的安全现状。

4.1　PPTP 规范概述

PPTP 假定在客户端和服务器之间有连通且可用的 IP 网络。如果 PPTP 客户端(即使用 PPTP 的 VPN 客户机)本身已经是某 IP 网络的组成部分，那么该客户端可通过该 IP 网络直接与 PPTP 服务器(即使用 PPTP 的 VPN 服务器)建立连接；若 PPTP 客户端尚未连入 IP 网络，如用户采用的是拨号入网，PPTP 客户端必须通过拨打网络访问服务器(Network Access Server，NAS)的方式同 PPTP 服务器建立起 IP 连接。PPTP 使用链路控制协议(Link Control

Protocol，LCP) 创建控制通道来发送控制命令；利用隧道协议来封装点到点协议 (PPP) 数据包以发送数据。PPTP 的协议规范本身没有定义身份认证和加密，它利用 PPP 的 CHAP 认证协议和 MPPE 加密协议来实现用户身份认证和通信加密。

4.1.1　PPTP 的连接控制协议

PPTP 通过连接控制协议 (LCP) 来创建、配置、维护和释放一条隧道。隧道建立之前，客户端和服务器之间通过传输控制协议 (Transmission Control Protocol，TCP) 会话连接建立一个 PPTP 控制连接，这种 PPTP 控制连接的建立是典型的 TCP 会话，以 TCP 数据形式传输，服务器使用 TCP 1723 端口，客户端使用动态分配的 TCP 端口。PPTP 控制连接消息携带 PPTP 呼叫控制和管理信息，用于维护 PPTP 隧道，其中包括周期性发送的回送请求和回送应答消息，用来检测客户端与服务器之间可能出现的连接中断。

PPTP 控制报文结构如图 4-1 所示。IP 报头字段标明参与隧道建立的 PPTP 客户端和服务器的 IP 地址及其他相关信息；TCP 报头字段标明建立隧道时使用的 TCP 端口等信息。

| 数据链路层报头 | IP报头 | TCP报头 | PPTP控制信息 | 数据链路层报尾 |

图 4-1　PPTP 控制报文结构

PPTP 控制连接消息分为控制连接管理、呼叫管理和错误报告三种，其中的控制连接管理消息用来处理建立和关闭控制连接请求以及进行存活性检测等，呼叫管理消息主要用来处理出站和入站呼叫请求以及关闭会话等，错误报告消息则用于出错通知和对 PPP 连接进行配置。控制连接建立过程如图 4-2 所示。

（1）Client 向 Server 发送 Start Control Connection Request，请求建立控制连接。

（2）Server 向 Client 发送 Start Control Connecton Reply，应答 Client 的请求。

（3）Client 向 Server 发送 Outgoing Call Request，请求建立 PPTP 隧道，该消息包含通用路由分装 (Generic Routing Encapsulation，GRE) 报头中的 Call ID，该 ID 可唯一地标识隧道。

（4）Server 向 Client 发送 Outgoing Call Reply，应答 Client 的建立 PPTP 隧道请求。

（5）由 Client 或者 Server 任意一方发出 Set-Link Info，设置 PPP 协商的选项。

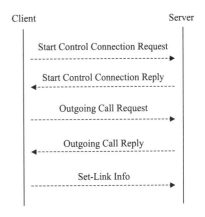

图 4-2　控制连接建立过程

连接建立后，双方进一步协商链路参数，如认证方法、压缩方法、是否回叫等。有关 PPTP 控制连接的更多详细内容请参阅 RFC 2637。

4.1.2　PPTP 的隧道封装

建立 PPTP 隧道的目的是对 PPTP 数据报文，即用户的数据，进行安全传输，在 PPTP

隧道传输前，需要从内到外依次采用 PPP 帧封装、GRE 报文封装、IP 报文封装和数据链路层封装四层封装方式对 PPTP 数据报文进行隧道封装。

PPTP 数据报文结构如图 4-3 所示。

| 数据链路层报头 | IP报头 | GRE报头 | 被加密或压缩的PPP有效载荷 | 数据链路层报尾 |

图 4-3　PPTP 数据报文结构

(1) PPP 帧封装：将初始的用户数据报(TCP/IP 数据报、IPX/SPX 数据报等)进行压缩、加密后封装到 PPP 有效载荷中，然后添加 PPP 报头，封装成 PPP 帧。

(2) GRE 报文封装：PPP 帧进一步添加 GRE 报头，经过第二层封装形成 GRE 报文。

(3) IP 报文封装：在 GRE 报文外，再添加 IP 报头(包含数据包源 IP 地址和目的 IP 地址)。

(4) 数据链路层封装：根据网络连接的情况，对 IP 数据报添加相应的数据链路层报头和报尾。

PPTP 协议使用了 GRE 协议对 PPP 分组进行封装。利用 GRE 报头汇总的序列号和确认号，可以实现流量控制，有关 GRE 协议的详细文档可参见 RFC 1701 和 RFC 1702。

当 PPTP 服务器接收到 PPTP 数据报文时，通过与 PPTP 数据报文封装相反的过程进行解封装。先处理并去掉数据链路层报头和报尾，然后处理并去掉 IP 报头，接着处理并去掉 GRE 报头和 PPP 报头，再对 PPP 有效载荷进行解密或解压处理，最后对用户数据进行接收或转发处理。

4.2　PPTP 的身份认证

PPTP 的协议规范本身没有定义身份认证，它利用 PPP 的认证机制来实现用户身份认证。早期可选的认证机制包括口令认证协议(Password Authentication Protocol，PAP)、MS-CHAP 和扩展认证协议(Extensible Authentication Protocol，EAP)。从 Windows Vista 起开始支持受保护的 EAP(Protected EAP)，包括 PEAP v0、EAP-MS-CHAP v2、PEAP-TLS 等。下面介绍 PPTP-VPN 中应用最为广泛的 MS-CHAP，包括 MS-CHAP v1 和 MS-CHAP v2 两个版本。

CHAP 数据包格式如图 4-4 所示。

1字节	1字节	2字节	可变长度
Code	Identifier	Length	Data

图 4-4　CHAP 数据包格式

其中各字段含义如下。

(1) Code(类型)：1 字节，取值可以是 Challenge 报文、Response 报文、Success 报文和 Failure 报文。

(2) Identifier(ID 识别号)：1 字节，用于匹配挑战、响应，每次使用 CHAP 时必须改变。

（3）Length（长度）：CHAP 数据包长度字段，2 字节。

（4）Data（数据）：数据字段，具体格式由 Code 字段决定，Success 和 Failure 类型的数据包中该字段长度可能为 0。

4.2.1　MS-CHAP v1 协议

MS-CHAP v1 是一个典型的挑战-响应认证协议，流程如图 4-5 所示。

（1）服务器（Server）向客户端（Client）发送一个 8 字节的 CHAP 随机挑战 ch。

（2）客户端针对挑战 ch，利用所掌握的用户口令计算响应 Re，具体过程如下。

① 使用 LAN Manager 哈希算法（参见第 2 章相关内容）对用户口令做哈希运算得到 16 字节的输出，在其后补 5 字节 0 得到 21 字节的值，按顺序分割为 3 个 7 字节的值 k_1、k_2、k_3；分别以 k_1、k_2、k_3 为密钥对 ch 做 DES 加密，然后将三个密文块连接为一个 24 字节的响应 Re1；

② 客户端使用 NTLM v2 哈希算法（参见第 2 章相关内容）通过和①相同的步骤创建第二个 24 字节的响应 Re2。

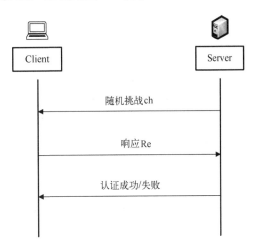

图 4-5　MS-CHAP v1 认证协议流程图

③ 以 Re = Re1‖Re2 作为本次挑战的响应。

（3）服务器使用存储在数据库中的用户口令的哈希值来解密客户端的响应，如果解密后数据块与挑战内容相匹配，则认证成功，服务器发送一个 "success" 的数据包到客户端，否则认证失败。

该协议更详细的内容请参阅 RFC 2433。从安全角度来看，MS-CHAP v1 的安全强度不高：一方面，用 LAN Manager 哈希算法的安全强度较低；另一方面，攻击者可能会替换服务器发给客户端的 8 字节随机挑战，并利用步骤（3）中响应中的密文，对 DES 加密算法进行选择明文攻击。相关内容将在 4.4 节做详细讨论。

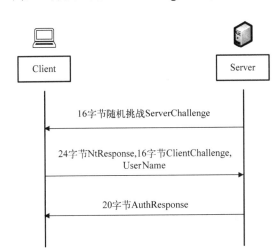

图 4-6　MS-CHAP v2 认证协议流程图

4.2.2　MS-CHAP v2 协议

为提升 CHAP 安全性，Microsoft 在 RFC 2759 中发布了 CHAP v2 版本。该协议仍然遵从挑战-响应认证框架，但在用户口令的哈希算法选择和挑战响应报文生成流程上进行了安全增强。对客户端登录请求，MS-CHAP v2 认证协议流程如图 4-6 所示。

挑战-响应认证过程如下。

（1）服务器向客户端发送一个 16 字节的随机挑战 ServerChallenge。

（2）客户端针对挑战 ServerChallenge，利用所掌握的用户口令生成并发送响应 Response给服务器，具体过程如下。

① 客户端生成一个 16 字节的随机挑战 ClientChallenge。

② 客户端计算 SHA-1（ClientChallenge‖ServerChallenge‖UserName），其中 UserName为客户端用户名，截取前 8 字节，记为 ChallengeHash。

③ 用 NTLM v2 哈希算法（参见第 2 章相关内容）对用户口令做哈希运算得到 16 字节的输出，在其后补 5 字节 0 得到 21 字节的值，按顺序分割为 3 个 7 字节的值 k_1、k_2、k_3；分别以 k_1、k_2、k_3 为密钥对 ChallengeHash 做 DES 加密，然后将三个密文块连接为一个 24字节的密文，记为 NtResponse。

④ 将 Response = NtResponse‖ClientChallenge‖UserName 作为挑战响应发送给服务器。

（3）服务器使用存储在数据库中的用户口令哈希值来解密客户端的响应。

① 如果解密后数据块与挑战内容相匹配，则实现了服务器对客户端的认证。

② 服务器使用 ClientChallenge 和用户口令哈希值，计算生成一个 20 字节的验证者响应消息 AuthResponse 发送给客户端。

（4）客户端同样计算生成一个验证者响应消息，如果所计算的响应消息与收到的服务器发送的响应消息一致，则实现了客户端对服务器的认证。

显然，CHAP v2 的安全性相对于 v1 版本得到明显提升。首先，该协议利用 NTLM v2哈希算法代替 LAN Manager 哈希算法计算用户口令 Hash 值，提高了口令哈希算法的安全强度；其次，挑战响应的计算中添加了 ClientChallenge 信息，使得利用响应中的密文对 DES加密算法进行选择明文攻击的方法失效。但是，CHAP v2 的安全强度仍然不高，其破解复杂度不高于 DES 加密算法的破解复杂度。

4.3　MPPE 加密协议

PPTP 的隧道加密采用的是微软针对 PPP 协议设计的点到点数据加密协议（Microsoft Point-to-Point Encryption，MPPE），协议类型字段是 0x00FD，基础加密算法采用的是 RC4算法，有关 MPPE 协议的详细文档可参见 RFC 3078 和 RFC 3079。

是否支持 MPPE 是 PPP 通信双方通过压缩控制协议（Compression Control Protocol，CCP）协商确定的，CCP 协议的数据格式如图 4-7 所示。

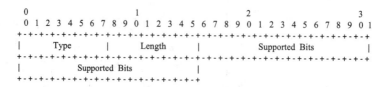

图 4-7　CCP 协议的数据格式

各字段含义如下。

（1）Type：类型字段，取值为 18。

（2）Length：长度字段，取值为 6。

（3）Supported Bits：32bit 的数，数据格式如图 4-8 所示（高位在前）。

图 4-8　Supported Bits 字段数据格式

说明："C"位在微软点到点压缩（Microsoft Point-to-Point Compression，MPPC）协议中定义；"D"位定义的功能已经作废；"L"位置 1 表示使用 40 位加密；"S"位置 1 表示使用 128 位加密；"M"位置 1 表示使用 56 位加密；"H"位表示使用无状态加密模式，每个包都是单独加密的；其他位必须为 0。在协商时，发起方设置所有能支持的加密位数（M,S,L），响应方则在其中选择一种，如果响应方支持的加密位数超过一种，应该选择最强加密的那种。

MPPE 协议的数据格式如图 4-9 所示。

图 4-9　MPPE 协议的数据格式

各字段含义如下。

（1）PPP Protocol：　对 MPPE 来说是 0x00FD，如果同时支持 PPP 压缩，该值是可以被压缩的。

（2）A：表示是否对加密表进行初始化，对于无状态模式，其在每个包中都是置 1 的。

（3）B：在 MPPE 中不考虑。

（4）C：在 MPPE 中不考虑。

（5）D：1 表示数据包是加密的，0 表示数据包是不加密的。

（6）Coherency Count：12 位数，表示 PPP 包的序号，从 0x000 到 0xFFF 循环计数。

（7）Encrypted Data：加密后的数据。

该协议规定，在同时使用 MPPE 和 MPPC 的情况下，发送数据包时，先压缩再加密，在接收数据包时正好反过来，先解密再解压。数据包的最前 4 字节是明文，不加密。MPPE 采用 RC4 算法，加密密钥依赖于用户口令信息和 CHAP 认证数据生成。以 CHAP v2 为例，生成 MPPE 会话密钥的过程如下。

（1）对用户口令 Password 做 NTLM v2 哈希运算，返回前 16 字节 NtPasswordHash = NTLM（Password）。

（2）对（1）的结果做一次 MD4 运算，返回 16 字节哈希值 PasswordHashHash = MD4（NtPasswordHash）。

（3）计算主密钥：将 CHAP v2 响应包中的 NtResponse 值和（2）的结果作为主密钥生成函数的输入，生成的主密钥为

$$\text{MasterKey} = \text{GetMasterKey}(\text{PasswordHashHash, NtResponse})$$

(4)利用主密钥 MasterKey 生成两个主会话密钥：主接收密钥和主发送密钥(需要注意的是，在双方同时生成主会话密钥的过程中，需要对本机是客户端还是服务器进行判断，保证客户端生成的主接收密钥恰好是服务器生成的主发送密钥)。

(5)利用主接收密钥和主发送密钥，分别生成会话的接收密钥和发送密钥。

详细的密钥生成过程请参阅 RFC 3079。

需要注意的是，MPPE 区分无状态模式和状态保持模式。在无状态模式下，每个包的加密密钥都是不同的，每个包都要重新计算会话密钥，每个包都会设置"A"标志。在状态保持模式下，发送方发现序号的后 8 位已经为 0xff 时更新密钥，更新完再加密和发送，包中设置"A"标志；接收方接收到含有"A"标志的包时先更新密钥，再解密。由于 PPP 都用在不是很可靠的通信线路上，因此最常用的是无状态模式。

4.4　PPTP-VPN 分析案例

4.4.1　针对 CHAP v1 的分析

从 MPPE 的密钥生成过程来看，主密钥是由 CHAP 响应包中的 NtResponse 值和口令 Hash 值按确定的算法生成的。由于 CHAP 的 NtResponse 值可从通信数据包中截取，因此若能恢复用户口令的 Hash 值，即可计算得到后续通信加密的主密钥，进而计算会话密钥并实现 PPTP 通信数据的完全破解。如前所述，CHAP v1 版本的安全性不高。一种有效的攻击方案是：攻击者利用中间人攻击方式替换服务器发给用户的 8 字节随机挑战值，进而利用彩虹表技术对 DES 加密算法做选择明文攻击。

由 CHAP v1 协议流程来看，响应值是对挑战值 ch 做 DES 加密，密钥由用户口令的 Hash 值计算得到。因此，若攻击者可选定挑战值 ch，则问题转化为对 DES 的基于选择明文的破译问题。对于该问题，利用彩虹表方法进行破解是非常有效的方法。在介绍彩虹表方法之前，首先介绍该方法的前身 Hellman 时空折中方法。

1. Hellman 时空折中方法

Hellman 于 1980 首次提出了用于分析 DES 算法的时空折中方法。给定一个以指定明文加密的密文，该方法试图从密文恢复出加密密钥。该方法可一般化为一个单向函数求逆的方法。对一个单向函数 $f: X \to Y$ 求逆的过程，即已知 $y \in Y$，求解 $x(x \in Y)$ 使得 $f(x) = y$。该方法分为两个阶段，即预计算阶段和在线分析阶段。记集合 X 的元素个数为 $|X|$，预计算阶段的空间复杂度为 $O(|X|^{2/3})$，在线分析阶段的时间复杂度为 $O(|X|^{2/3})$。

1) 预计算阶段

设 $f: X \to Y$ 为单向函数，m 和 t 为自然数。选取映射 $R: Y \to X$，称 R 为约化函数，称 f 和 R 的联合函数

$$F = R \cdot f: X \to X$$

为转换函数。从 X 中随机选择 m 个起始节点 $\text{SP}_0, \text{SP}_1, \cdots, \text{SP}_{m-1}$，为了叙述方便，令 $\text{SP}_i = x_{i,0}$

$(0 \leqslant i \leqslant m-1)$，并且进行如下迭代计算：$x_{i,j} = F(x_{i,j-1}) (1 \leqslant j \leqslant t)$，从而得到 m 条 $t+1$ 个节点的数据链，称为预计算链，利用预计算链构成 Hellman 表，如图 4-10 所示。

$$
\begin{array}{ccccccccccc}
\mathrm{SP}_0 & = & x_{0,0} & \xrightarrow{F} & x_{0,1} & \xrightarrow{F} & \cdots & \xrightarrow{F} & x_{0,t-1} & \xrightarrow{F} & x_{0,t} & = & \mathrm{EP}_0 \\
\mathrm{SP}_1 & = & x_{1,0} & \xrightarrow{F} & x_{1,1} & \xrightarrow{F} & \cdots & \xrightarrow{F} & x_{1,t-1} & \xrightarrow{F} & x_{1,t} & = & \mathrm{EP}_1 \\
& \vdots & & & & & & & & & & & \\
\mathrm{SP}_{m-1} & = & x_{m-1,0} & \xrightarrow{F} & x_{m-1,1} & \xrightarrow{F} & \cdots & \xrightarrow{F} & x_{m-1,t-1} & \xrightarrow{F} & x_{m-1,t} & = & \mathrm{EP}_{m-1}
\end{array}
$$

图 4-10　Hellman 表结构

每条链的终止节点也常记作 $\mathrm{EP}_i = x_{i,t}(0 \leqslant i \leqslant m-1)$。将 m 对形如 $(\mathrm{SP}_i, \mathrm{EP}_i)$ 的二元组保存。值得注意的是，SP_i 与 EP_i 之间的节点将不保存，其将依靠相应的二元组，在需要时在线生成，这也是时空折中的由来。

这种预计算方式称为 Hellman 时空折中方法。Hellman 表中所有节点构成的集合对 X 的覆盖率是影响成功率的关键因素，实际应用中，为了提高对 X 的覆盖率，通常采用多张 Hellman 表。若设 Hellman 表的张数为 r，则 r、m 和 t 的取值一般应满足

$$rmt \approx N, \quad N = |X|$$

根据生日悖论原理，当上式成立时，Hellman 表中将不会有太多的重复节点出现，若 $rmt > N$，则冲突个数将急剧上升，这样会带来两方面的负面影响。

(1) 对于单条预计算链而言，链中出现重复节点会使链陷入循环。例如，对于同一链中的两个节点 $x_{i,u}$、$x_{i,v}$，当 $x_{i,u} = x_{i,v}$ 时，由于该链使用相同的 R 函数，所以 $x_{i,u+1} = x_{i,v+1}$，$x_{i,u+2} = x_{i,v+2}$，以此类推。

(2) 对于链与链之间而言，如果出现重复节点，将会导致从重复节点开始的后续节点都重合，通常将这个现象称为"链合并"。

以上两种情况均会使得 Hellman 时空折中方法的成功率下降。

2) 在线分析阶段

对于给定的 $y = f(x)$，首先计算 $y_0 = R(y)$，然后在 Hellman 表中搜索是否存在某个 $\mathrm{EP}_i (0 \leqslant i \leqslant m-1)$ 使得 $\mathrm{EP}_i = y_0$。若存在，则从 SP_i 开始，按生成预计算链的方法迭代出 $x_{i,t-1}$，并验证 $x_{i,t-1}$ 的是否为 y 的原像；否则，计算 $y_1 = F(y_0)$ 并再次搜索 $\mathrm{EP}_i (0 \leqslant i \leqslant m-1)$，并判断 y 的原像是否为 $x_{i,t-2} (0 \leqslant i \leqslant m-1)$，以此类推，直至做完 t 步，完成对整个表的遍历。对于多张表而言，若在第一张表中没有得到正确结果，则利用第二张表求解，以此类推。设链长为 t，Hellman 表张数为 r，则在线计算的代价为 rt 次 f 函数迭代。

在线分析阶段中，若检索 Hellman 表中存在相匹配的终止节点，但从相应起始节点计算得到的值并不是正确的原像，则称这种情况为出现了"假警"。假警出现的原因在于 R 并非单映射，从而使得即使 $F(x) = F(x_{i,t-1})$，也不能保证 $x = x_{i,t-1}$。通过实验可以发现，假警是影响在线分析阶段计算代价的主要因素之一。

2. 彩虹表方法

2003 年 Oechslin 在 Hellman 时空折中方法基础上，提出了彩虹表方法。彩虹表方法一经提出就得到了广泛关注，基于彩虹表方法的应用日益丰富，从而拓宽了 Hellman 方法的

应用范围，对 Hellman 方法本身的发展起到了有效的推动作用。该方法也分为预计算阶段和在线分析两个阶段。

1) 预计算阶段

通过对 Hellman 方法的分析可以发现，由于每张 Hellman 表使用相同的约化函数，当 m 和 t 增大时，Hellman 表中链与链之间碰撞的可能性将会增大。这里的碰撞是指链与链之间存在相同的节点。碰撞将导致预计算链合并，降低覆盖率。因此当 m 和 t 增大时，Hellman 方法的成功率并不会得到同比的提高。

与 Hellman 方法一张表使用相同的约化函数不同，彩虹表方法在预计算阶段，通过每列使用不同的约化函数 R_j 来构造 Hellman 表，这样能有效地减小碰撞的概率，得到如图 4-11 所示的彩虹表结构，其中

$$F_j = R_j \cdot f, \quad 0 \leq j \leq t$$

$$
\begin{array}{llllllllll}
\text{SP}_0 & = & x_{0,0} & \xrightarrow{F_1} & x_{0,1} & \xrightarrow{F_2} & \cdots & \xrightarrow{F_{t-1}} & x_{0,t-1} & \xrightarrow{F_t} & x_{0,t} & = & \text{EP}_0 \\
\text{SP}_1 & = & x_{1,0} & \xrightarrow{F_1} & x_{1,1} & \xrightarrow{F_2} & \cdots & \xrightarrow{F_{t-1}} & x_{1,t-1} & \xrightarrow{F_t} & x_{1,t} & = & \text{EP}_1 \\
\vdots \\
\text{SP}_{m-1} & = & x_{m-1,0} & \xrightarrow{F_1} & x_{m-1,1} & \xrightarrow{F_2} & \cdots & \xrightarrow{F_{t-1}} & x_{m-1,t-1} & \xrightarrow{F_t} & x_{m-1,t} & = & \text{EP}_{m-1}
\end{array}
$$

图 4-11 彩虹表结构

将 m 对形如 $(\text{SP}_i, \text{EP}_i)$ 的二元组保存。与 Hellman 方法相同，SP_i 与 EP_i 之间的节点将不保存，其将依靠相应的二元组，在需要时在线生成。

2) 在线分析阶段

在线分析阶段中，彩虹表方法对表的搜索过程与 Hellman 方法也有所不同。对给定的 $y = f(x)$，计算 $y_0 = R_t(y)$，搜索是否存在某个 $\text{EP}_i (0 \leq i \leq m-1)$ 使得 $\text{EP}_i = y_0$。若存在，则从 SP_i 迭代出 $x_{i,t-1}$，并验证 $x_{i,t-1}$ 是否为 y 的原像；否则，计算 $y_1 = F_t[R_{t-1}(y)]$，再次搜索是否存在某个 $\text{EP}_i (0 \leq i \leq m-1)$ 使得 $\text{EP}_i = y_1$，并判断 y 的原像是否为 $x_{i,t-2} (0 \leq i \leq m-1)$，以此类推，直至做完 t 步，完成对整个表的遍历。

彩虹表方法由于每一步的约化函数都不同，因此不需要采用多表的技术。设链长为 t，其在线计算的代价为 $1+2+\cdots+t-1 = t(t-1)/2$ 次 f 函数迭代。

彩虹表方法较 Hellman 方法有明显的优点。以 t 张 $m \times t$ 的 Hellman 表与一张 $mt \times t$ 的彩虹表做比较，因为彩虹表使用 t 个不同的约化函数，所以只有当表中的链与链之间在同一位置的节点相同时，才会导致链合并，并且彩虹表中的每条链几乎不可能发生循环，因此彩虹表方法比 Hellman 方法有对定义域 X 更高的覆盖率，而彩虹表方法的总体计算代价约为 Hellman 方法的一半。

如前所述，利用彩虹表方法，对选定明文的 56bit 密钥加密的 DES 密文，求解密钥的计算复杂度和空间复杂度均在可行的范围内。综上，对 CHAP v1 进行中间人攻击的流程如下。

(1) 选定 8 字节明文 p，定义 DES 算法的密钥空间 $\boldsymbol{X}$ 到密文空间 $\boldsymbol{Y}$ 的映射 $y = f(x) = \text{DES}(p, x)$，对函数 f 做彩虹表预计算。

(2) 对目标通信线路，利用中间人攻击方式，以底码 p 替换服务器发给用户的 8 字节挑战。

（3）截获用户的响应，从用户响应中提取 DES 密文，利用预计算的彩虹表进行在线计算，求取密钥 k_1、k_2、k_3，还原用户口令 Hash 值。

（4）以用户口令 Hash 值，结合 CHAP 数据包，生成 MPPE 协议会话密钥，还原通信明文。

虽然 CHAP 的 v2 版本的安全性比 v1 版本得到明显提升，但为了兼容性，在 Windows 7 之前的 Windows 操作系统中同时支持 CHAP v1 和 CHAP v2 两个版本。在这种情况下，通过中间人攻击将 PPTP-VPN 的 CHAP 的版本降级为 v1 版本，进而实施攻击也是有效的做法。

4.4.2　针对 CHAP v2 的暴力破解

对 CHAP v2 而言，由于引入了对等挑战随机数，攻击者无法选定 DES 加密的明文，因此基于彩虹表的破解方案是无效的。但是，考虑 DES 加密的有效密钥长度只有 56bit，暴力破解是可行的方案。

根据 CHAP v2 规定，口令 Hash 值用作 DES 加密的密钥时，第三个密钥后 5 字节被填充为 0，因此第三个 DES 密钥的复杂度仅为 2^{16}，可以通过暴力穷举快速求解得到。前两个 DES 加密是独立的，破解复杂度为 2^{57}。考虑到该协议是对相同的消息 ChallengeHash 进行两次 DES 加密，即两次 DES 加密基于相同的明文，因此可以尝试在一轮迭代中同时对两个密文进行破解，这样破解的复杂度降为 2^{56}。美国 Pico Computing 公司制造的基于现场可编程门阵列（Field Programmable Gate Array，FPGA）的 DES 破解机（图 4-12）中，每块板卡上 40 个 450MHz 的核，可实现每秒 180 亿次的 DES 计算。该 DES 破解机采用 48 块板卡，最坏情况下破解 DES 需要 23h，一般情况下平均需要 12h。

图 4-12　Pico Computing 公司 DES 破解机

延伸阅读：L2F 和 L2TP 协议

本章先以点到点隧道协议（PPTP）、挑战握手认证协议（CHAP）和微软点到点加密（MPPE）协议为典型代表，介绍了数据链路层网络密码协议原理，然后以 PPTP-VPN 为例，介绍了基于 Hellman 时空折中方法和彩虹表方法的针对 CHAP 的攻击思路。除 PPTP 外，L2F 和 L2TP 协议也是数据链路层常见的密码协议。

第二层转发协议（Level 2 Forwarding Protocol，L2F）是由 Cisco 公司提出的允许用户跨越多种网络（如 ATM、IP 网络等）建立点到点虚拟通道，实现安全通信的协议。它使用 UDP 1701 端口进行数据传输，是一种允许封装高层协议的数据链路层隧道技术，可以实现拨号服务器和拨号协议连接在物理位置上的分离。

第二层隧道协议（Layer 2 Tunneling Protocol，L2TP）是由 Cisco、Ascend、Microsoft、3Com 和 Bay 等厂商共同提出制定的协议，它可以在多种传输网络（如 IP、ATM、X.25）上建立多协议的安全虚拟专用网络的通信隧道。L2TP 是典型的被动式隧道协议，使用的是

UDP 1701 端口。它和PPTP一样，允许对网络数据流进行加密，但 PPTP 仅支持单一隧道，不提供包头压缩和隧道验证服务，而 L2TP 不仅可以支持多隧道，还提供包头压缩和隧道验证服务。

习　题

1. 简单阐述 PPTP 协议设计的目的和功能。

2. 简要描述挑战-响应协议的基本思想和协议流程。

3. 查阅资料(如 RFC 3931)，了解 L2TP 协议细节。

4. 查阅资料(如 RFC 2341)，了解 L2F 协议细节。

5. 查阅资料(如 RFC 2637)，了解 PPTP 协议细节。

6. 查阅资料(如 RFC 2433 和 RFC 2759 等)，了解 CHAP 协议细节，并分析该协议可能存在的安全风险。

7. 图 4-13 是 CHAP v2 数据包的截图，请参考 RFC 2759，从图 4-13 所示的 PPTP 数据包中，提取如下数据信息：

(1)客户端的用户名；

(2)挑战随机数；

(3)对等挑战随机数；

(4)挑战响应。

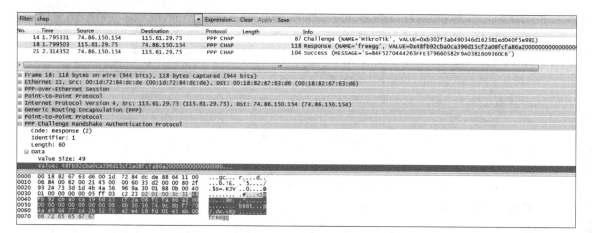

图 4-13　CHAP v2 数据包的截图

8. 列举 CHAP v1 协议的 3 个以上的安全弱点。

9. 阐述彩虹表方法实现单向函数求逆的基本原理。

第5章　IPSec 协议原理与分析

互联网安全协议(IPSec)是 IETF 制定的 IP 层(又称为网络层)通信安全协议。1993 年，John Ioannidis 等发表论文，提出了在不更改 IP 体系结构的前提下增加安全性的想法。1998 年，IETF IPSec 工作组制定了 IPSec 协议系列规范文档(RFC 2401~RFC 2409)。IPSec 协议是当前网络空间主流安全协议之一，在路由器、防火墙、安全网关等网络设备中得到广泛的应用部署。

5.1　IPSec 协议概述

IPSec 协议的基本目的是为 IP 数据报提供安全保护，能够提供数据机密性、认证性、完整性等安全服务。IPSec 协议为 IP 层及上层协议提供保护，对于上层应用是透明的。在路由器、防火墙等网络边界设备上部署 IPSec 服务，对网内用户或服务器系统设置也没有影响。

IPSec 是一个协议族，主要包括认证头(Authentication Header，AH)协议、封装安全负载(ESP)协议和互联网密钥交换(Internet Key Exchange，IKE)协议。表 5-1 给出了 IPSec 协议族与征求意见稿(Request for Comments，RFC)文档的对应关系，该系列文档在 2005 年完成了一次全面的版本升级(RFC 4301~RFC 4309)。

表 5-1　IPSec 协议族与 RFC 文档的对应关系

RFC	内容	RFC	内容
2401	IPSec 体系结构	2406	ESP 协议
2402	AH 协议	2407	IPSec DOI
2403	HMAC-MD5-96 在 AH 和 ESP 中的应用	2408	ISAKMP 协议
2404	HMAC-SHA-1-96 在 AH 和 ESP 中的应用	2409	IKE 协议
2405	DES-CBC 在 ESP 中的应用		

在 RFC 2401 中，定义了 IPSec 的体系结构，包括总体概念、安全需求，以及定义 IPSec 技术的机制等。AH 协议实现 IP 报文认证，提供数据完整性校验、消息认证以及防重放攻击等安全服务。ESP 协议实现对 IP 报文的加密，同时也可实现认证和数据完整性校验。IPSec 通过协商安全关联(Security Association，SA)来约定通信主体间 AH 协议或 ESP 协议隧道的安全参数。互联网安全关联和密钥管理协议(Internet Security Association and Key Management Protocol，ISAKMP)提供了 IPSec 的密钥管理框架。IKE 协议实现了通信双方的 SA 协商和密钥交换。DOI(Domain of Interpretation)是解释域，为使用 IKE 协商安全关联提供统一分配标识符，共享一个 DOI 的协议从一个共同的命名空间中选择安全协议和变换、共享密钥及交换协议的标识符等。

5.2 安全关联和安全策略

安全关联(SA)是对等通信主体间对各种通信安全要素的一种约定,包括协议类型(AH或ESP)、密码算法、加密模式、密钥长度等信息。SA是单向的,一个通信实体一次会话通常包括一对SA(上行SA和下行SA)。SA有生存周期管理,SA的建立、动态维护和删除是通过IKE协议进行的。如果通信要求建立安全、保密的IPSec连接,但又不存在与该连接相应的SA,IPSec的内核会立刻启动IKE来协商SA。

安全关联由一个三元组(SPI,源/目的IP地址,安全协议标识)唯一决定。安全参数索引(Security Parameter Index,SPI)唯一标识SA的32位位串,仅在本地有意义。在将一个IP报文封装成AH或者ESP协议的保护报文时,在其头部嵌入对应SA的唯一SPI值。SPI由AH和ESP携带,通信接收方能根据该索引查找选择合适的SA来处理接收报文。源/目的IP地址对于外出的IP报文是目的IP地址,对于进入的IP报文是源IP地址。安全协议标识用于标识SA所应用的协议,如AH协议或ESP协议。

IPSec设计安全关联数据库(Security Association Database,SAD)用于存储SA。SAD将本地所有的SA存储在一个列表中。对于外出的流量,如果需要进行IPSec处理,而相应的SA不存在,则IPSec将启动IKE来协商SA,并将其存储到SAD中。对于进入的流量,如果需要进行IPSec处理,IPSec将从IP包中得到三元组(SPI,源/目的IP地址,安全协议标识),在SAD中检索相应SA。

SAD中每个SA除了上述三元组之外,还包括以下的字段。

(1)序列号(Sequence Number):32位,用于产生AH或ESP头的序列号字段,仅用于外出数据包。SA刚建立时,该字段设置为0,每次用SA保护完一个数据包时,就把序列号的值递增1,对方利用这个字段来检测重放攻击。通常在这个字段溢出之前,SA会重新进行协商。

(2)序列号溢出(Sequence Number Overflow):标识序列号计数器是否溢出,用于外出数据包,在序列号溢出时加以设置。当溢出发生时,安全策略决定一个SA是否仍可用来处理其余的包。

(3)抗重放窗口:32位,用于决定进入的AH或ESP数据包是否为重发的,仅用于进入数据包,如果接收方不选择抗重放服务(如手工设置SA时),则不用抗重放窗口。

(4)存活时间/生存周期(Lifetime,TTL):规定每个SA最长能够存在的时间。

(5)模式(Mode):表示IPSec协议可用于隧道模式还是传输模式。

(6)通道目的地(Tunnel Destination):对于隧道模式的IPSec来说,需指出隧道的目的地,即外部头的目标IP地址。

(7)路径最大传输单元(Path Maximum Transmission Unit,PMTU)参数:路径MTU,以对数据包进行必要的分段。

IPSec通过定义安全策略(Security Policy)来支持灵活的安全配置,用户可以根据自身需要选择控制安全服务的粒度。IPSec设计安全策略数据库(Security Policy Database,SPD)来存储用户设定的安全策略。SPD是一个包含策略条目的有序列表,对所有IPSec通信流的处理都必须查询 SPD。当接收或将要发出 IP 报文时，IPSec 首先要查找 SPD 来决定如何进行处理，可以通过目的 IP 地址、源 IP 地址、传输层协议、系统名和用户 ID 等信息来匹配安全策略，将相应安全策略条目应用到对应的 IP 报文。存在 3 种可能的处理方式。

（1）丢弃：流量不能离开主机或者发送到应用程序，也不能进行转发。

（2）直接转发：将流量作为普通流量处理，不需要额外的 IPSec 保护。

（3）提供安全服务：对流量进行 IPSec 保护，此时这条安全策略要指向一个 SA。对于外出流量，如果该 SA 尚不存在，则启动 IKE 进行协商，把协商的结果连接到该安全策略上。

IPSec 处理流程如图 5-1 所示。对于发送的 IP 数据包，首先查找 SPD，根据匹配的策略决定对该数据包采取丢弃、直接转发和提供安全服务三种处理方式中的哪一种。如果需要提供安全服务，则查找 SAD 数据库，如果找到匹配的 SA，则根据 SA 定义的安全服务进行 AH 或者 ESP 协议处理；否则，需要启动 IKE 协商建立新的 SA 用于数据包处理。对于接收的 IPSec 数据包，IPSec 主要处理流程包括：根据报文协议号，判断是否是 AH 或者 ESP 协议报文，IETF 默认 AH 协议的 IP 协议号是 51，ESP 协议的 IP 协议号是 50。根据报文头部中的 SPI 查找 SAD 数据库，然后根据查到的 SA 定义的安全服务进行 AH 或者 ESP 协议处理。

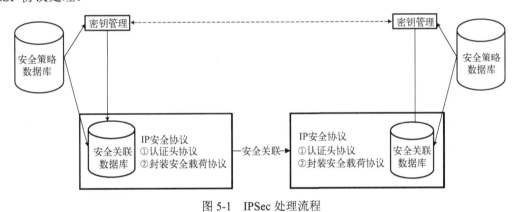

图 5-1　IPSec 处理流程

5.3　Internet 密钥交换 IKE 协议

IKE 协议是 IPsec 协议族中最重要协议之一，它建立在 ISAKMP 协议框架之上，提供 SA 的协商和管理服务。IKE 是应用层协议，一般工作在 UDP 的 500/4500 端口，目前有 IKE v1 和 IKE v2 两个版本。

5.3.1　ISAKMP 协议

IPSec 协议规范设计 ISAKMP 协议的初衷是提供一个 SA 建立和管理的一般框架，与具体的密钥交换协议、密码算法、密钥生成技术或认证机制无关。ISAKMP 由 RFC 2408 定义，定义了协商、建立、修改和删除 SA 的过程和包格式。ISAKMP 只是为定义 SA 的属性和协商、修改、删除 SA 的方法提供了一个通用的框架，没有定义任何密钥交换协议的细节，也没有定义任何具体的加密算法、密钥生成技术或者认证机制。这个通用的框架是与密钥交换协议独立的，可以被不同的密钥交换协议使用。ISAKMP 消息可以通过 TCP 和用户数据报协议(User Datagram Protocol，UDP) 传输，规定默认使用 500 端口。ISAKMP 报文包含一个 ISAKMP 报文头部和若干个载荷，载荷按某种顺序叠放在头部后面。

ISAKMP 报文的头部格式如图 5-2 所示。

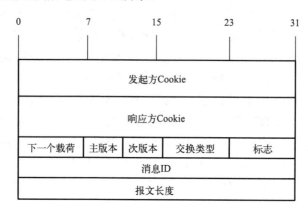

图 5-2 ISAKMP 报文的头部格式

其中主要包括以下字段。

(1)发起方 Cookie：长度为 64bit(8 字节)。Cookie 可以帮助通信双方确认一个 ISAKMP 报文是否真的来自对方，因此 Cookie 是由双方共享的机密信息生成的，并且不能泄露机密信息。在发起方，如果收到的某报文的响应方 Cookie 字段和以前收到的该字段不同，则丢弃该报文；反之亦然。对于一个 SA，其 Cookie 是唯一的，也就是说对于一次 SA 协商过程，Cookie 不能改变。

(2)响应方 Cookie：紧跟在发起方 Cookie 之后，长度为 64bit，作用与发起方 Cookie 类似。

(3)下一个载荷：表示紧跟在 ISAKMP 报文头部之后的第一个载荷的类型值。

(4)主版本：长度为 4bit，表示 ISAKMP 协议的主版本号。

(5)次版本：长度为 4bit，表示 ISAKMP 协议的次版本号。

(6)交换类型：长度为 8bit，表示报文所属的交换类型。目前定义了 5 种交换类型，包括基本交换、身份保护交换、认证交换、野蛮交换和通知交换。

(7)标志：长度为 8bit，目前只有后 3 位有用，其余保留，用 0 填充。后 3 位的含义从最后一位往前依次为加密位、提交位和验证位。

(8)消息 ID：长度为 32bit，包含的是由第二阶段协商的发起方生成的随机值，这个唯一的报文标识可以唯一确定第二阶段的协议状态。

(9)报文长度：长度为 32bit，以字节为单位表示了 ISAKMP 报文的总长度。

ISAKMP 载荷由载荷头部和载荷数据部分构成。ISAKMP 载荷的头部格式如图 5-3 所示。

下一个载荷字段指明下一个载荷的类型值，目前定义了 13 种载荷，类型值如表 5-2 所示。如果当前载荷处于消息的最后，则此字段为 0。保留字段目前没有启用。载荷长度字段以字节为单位，是整个载荷的长度。

图 5-3　ISAKMP 载荷的头部格式

表 5-2　ISAKMP 载荷类型

载荷类型	值	载荷类型	值
空	0	证书请求载荷	7
SA 载荷	1	HASH 载荷	8
建议载荷	2	签名载荷	9
变换载荷	3	NONCE 载荷	10
密钥交换载荷	4	通知载荷	11
身份载荷	5	删除载荷	12
证书载荷	6	厂商载荷	13

　　ISAKMP 设计了两阶段密钥协商过程。第一阶段为通信双方建立一个 ISAKMP SA，用于保护双方后面的通信协商；第二阶段利用第一阶段协商确定的 ISAKMP SA，为保护其他协议(如 AH 和 ESP)协商建立 SA。一个第一阶段协商的 SA 可用于建立多个第二阶段的 SA。对于简单的情形，两阶段密钥协商带来了更多的通信开销。但总体来说，第一阶段的开销可以分摊到多个第二阶段中，同时带来管理上的便利。第一阶段商定的安全关联可以为第二阶段提供安全特性，允许多个 SA 建立在同样的 ISAKMP SA 基础上。例如，第一阶段的 ISAKMP SA 提供的加密功能可以为第二阶段提供身份认证特性，从而使得第二阶段的交换更为简单。

　　针对不同应用需求，ISAKMP 定义了不同的交换类型来规范通信双方传送载荷的类型和顺序。ISAKMP 本身没有定义具体的密钥交换技术，IPSec 定义的密钥交换协议就是 IKE 协议。

5.3.2　IKEv1 协议

　　IKEv1 协议采用了 ISAKMP 框架，结合了 Oakley 和 SKEME 的密钥交换协议的相关部分，下层由 UDP 协议承载，端口号为 500。IKEv1 采用两个阶段的协商：第一阶段的任务是完成密钥协商和身份认证，建立一个 IKE SA，用于为第二阶段协商 IPSec SA 提供保护；第二阶段的任务则是在 IKE SA 保护下的 IKE 安全通道中，完成 IPSec SA 的协商。

　　第一阶段协商过程有两种可选的模式：主模式(Main Mode)和野蛮模式(Aggressive Mode)，支持数字签名认证、公钥加密认证和预共享密钥认证等不同认证方式。第二阶段协商过程只有一种模式：快速模式。IKEv1 基本框架如图 5-4 所示，第二阶段通信会话密钥由第一阶段协商，深灰色部分的通信会话密钥由第二阶段协商。

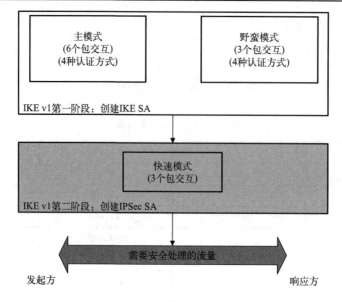

图 5-4　　IKE v1 基本框架

1. 主模式

主模式是 ISAKMP 身份保护交换的实例，使用不同身份认证方法的报文结构、验证信息和基准密钥的计算方式有所区别。下面分别给出主模式三种常用的认证方式的协议细节。

1)数字签名认证

使用数字签名认证方式的主模式报文交换流程如图 5-5 所示。

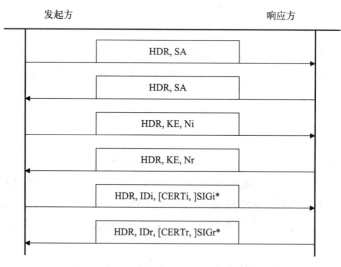

图 5-5　　使用数字签名认证方式的主模式报文交换流程

其中，"[ ]"表示其中的内容可选，"*"表示该条消息载荷部分被加密处理；HDR 为协议报文的首部；SA 为通信双方协商的安全关联载荷；KE 为双方交换的 Diffie-Hellman 密钥交换协议(参见第 2 章)或椭圆曲线 Diffie-Hellman 密钥交换协议的密钥交换载荷；Ni

和 Nr 分别为发起方和响应方的随机数载荷；IDi 和 IDr 分别为发起方和响应方的身份载荷；CERTi 和 CERTr 分别为发起方和响应方的公钥证书载荷；SIGi 和 SIGr 分别为发起方和响应方的签名载荷。

　　主模式交换包括六条交换的消息，前两条消息完成 SA 算法及策略协商；第三条和第四条消息为 DH 交换数据和随机数协商，其用作基准密钥素材；最后的两条消息通过数字证书和签名实现双方身份认证。

　　使用数字签名认证时，基准密钥的计算方法为

$$\text{SKEYID} = \text{prf}(\text{Ni\_b} \mid \text{Nr\_b}, k)$$

其中，prf 为伪随机函数，如果没有协商，则默认为 HMAC；Ni_b 和 Nr_b 分别为发起方和响应方的随机数载荷数据部分(去掉通用头部)；k 为 Diffie-Hellman 密钥交换计算得到的共享密钥。

　　2) 公钥加密认证

　　使用公钥加密认证方式的主模式报文交换流程如图 5-6 所示。

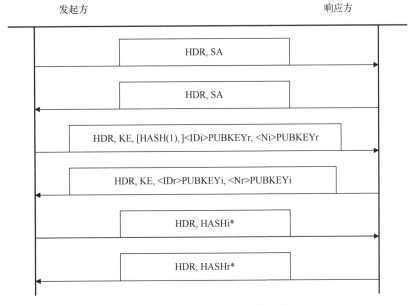

图 5-6　使用公钥加密认证方式的主模式报文交换流程

　　其中，PUBKEYi 和 PUBKEYr 为发起方和响应方的公钥。前两条消息协商 SA 算法及策略；随后两条消息内容包括 Diffie-Hellman 密钥交换数据、用于对等端公钥加密的身份信息和随机数。为了执行公钥加密，发起方必须已经拥有响应方的公钥。在具有多个响应方公钥的情况下，发起方在第三条消息中传递目标加密证书的散列值 HSAH(1)，告知响应方应该使用哪个对应的私钥来解密加密的有效载荷。

　　采用公钥加密认证方式的情况下，基准密钥的计算方法为

$$\text{SKEYID} = \text{prf}(\text{hash}(\text{Ni\_b} \mid \text{Nr\_b}), \text{CKY-I} \mid \text{CKY-R})$$

最后的两条消息包含了两个加密的散列值，其计算方法为

$$HASHi = prf(SKEYID,g^i \mid g^r \mid CKY\text{-}I \mid CKY\text{-}R \mid SAi\_b \mid IDi\_b)$$

$$HASHr = prf(SKEYID,g^r \mid g^i \mid CKY\text{-}R \mid CKY\text{-}I \mid SAi\_b \mid IDr\_b)$$

其中，g^i 和 g^r 为双方密钥交换载荷中的 Diffie-Hellman 密钥；CKY-I 和 CKY-R 是双方 ISAKMP 报文头部中的 Cookie 值；SAi_b 为发起方提议的 SA 载荷的数据部分（去掉通用首部）；IDi_b 和 IDr_b 分别为发起方和响应方身份载荷的数据部分（去掉通用首部）。

在计算 SKEYID 时，随机数 Ni_b 和 Nr_b 作为输入；在计算 HASHi 和 HASHr 时，SKEYID 作为输入，这意味着随机数 Ni 和 Nr 影响了两个散列值的计算。使用公钥加密方法时，Ni 和 Nr 分别使用对等端公钥加密，因此，如果散列值验证通过，说明对等端正确解密了 Ni 或 Nr，这意味着其拥有与公钥对应的私钥，从而验证了其身份。

3）预共享密钥认证

使用预共享密钥认证方式的主模式报文交换流程如图 5-7 所示。

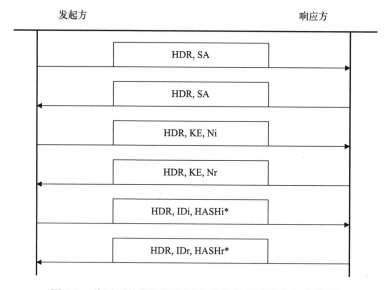

图 5-7　使用预共享密钥认证方式的主模式报文交换流程

最后的两条消息通过预共享密钥方式实现身份认证。使用这种方式时，基准密钥的计算方法为

$$SKEYID = prf(PSK,Ni\_b \mid Nr\_b)$$

其中，PSK 表示预共享密钥。最后两个散列值 HASHi 和 HASHr 的计算方法与上文相同。

由于计算 HASHi 和 HASHr 时，SKEYID 作为输入素材之一，因此只有双方拥有正确的预共享密钥，才能完成身份认证。

无论采用哪种认证方式，在计算出基准密钥 SKEYID 后，都将进一步推演计算三个不同密钥：

$$SKEYID\_d = prf(SKEYID,g^{ir} \mid CKY\text{-}I \mid CKY\text{-}R \mid 0)$$

$$SKEYID\_a = prf(SKEYID,SKEYID\_d \mid g^{ir} \mid CKY\text{-}I \mid CKY\text{-}R \mid 1)$$

$$SKEYID\_e = prf(SKEYID,SKEYID\_a \mid g^{ir} \mid CKY\text{-}I \mid CKY\text{-}R \mid 2)$$

其中,"0"、"1"和"2"分别表示字符"0"、"1"和"2"。三个密钥用作不同目的:SKEYID_d 用于衍生加密素材;SKEYID_a 用于 ISAKMP 完整性校验及数据源认证;SKEYID_e 用于 ISAKMP 消息加密。

2. 野蛮模式

野蛮模式是 ISAKMP 野蛮交换的实例,它的认证思想与主模式下相应的认证思想相同。下面仅以数字签名认证方式为例,介绍野蛮模式的流程。

使用数字签名认证方式的野蛮模式报文交换流程如图 5-8 所示。

图 5-8 使用数字签名认证方式的野蛮模式报文交换流程

野蛮模式交换包括三条消息。前两条消息通过 SA 载荷、KE 载荷、随机数载荷、身份载荷的交换,完成密钥协商;第二条消息还包含响应方的身份认证信息,第三条消息包含发起者的验证信息,这两条消息共同完成双方身份认证。野蛮模式效率高,但部分安全参数和属性只能由通信的一方指定,且对于共享认证方式,预共享密钥存在被离线求解的风险。

3. 快速模式

快速模式是第二阶段使用的协商模式,用于建立保护用户数据流的会话密钥,每条消息都包含了一个散列值,用于数据源认证和完整性校验。快速模式报文交换流程如图 5-9 所示。

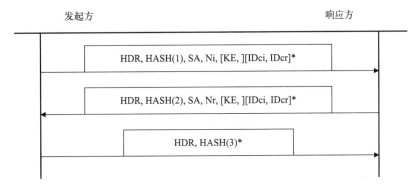

图 5-9 快速模式报文交换流程

快速模式的载荷均由第一阶段协商的密钥加密。前两条消息协商用于保护用户数据流的算法参数，其中包含的密钥交换信息 KE 为可选项，实现完美前向安全性。此外，前两条消息包含了可选项身份载荷 IDci 和 IDcr。最后一条消息用于确认协商完成。

快速模式涉及 3 个散列值，其计算方法如下：

$$HASH(1) = prf(SKEYID\_a, Message\_ID \mid SA \mid Ni \,[\mid KE]\,[\mid IDci \mid IDcr])$$

$$HASH(2) = prf(SKEYID\_a, Message\_ID \mid Ni\_b \mid SA \mid Nr \,[\mid KE]\,[\mid IDci \mid IDcr])$$

$$HASH(3) = prf(SKEYID\_a, 0 \mid Message\_ID \mid Ni\_b \mid Nr\_b)$$

其中，Message_ID 是当前报文首部的序列号。

5.3.3　IKE v2 协议

IKE v2 发布于 2005 年，在 IKEv1 基础上进行了改进，IKE v2 简化了安全关联的协商过程，增加了认证和完整性校验的方式。IKE v2 定义了四种不同的交互类型以实现相关功能：

（1）初始化交互（IKE_INIT）；

（2）认证交互（IKE_AUTH）；

（3）创建子 SA 交互（CREATE_CHILD_SA）；

（4）通知交互（INFORMATIONAL）。

IKE_INIT 用于 IKE 算法协商和密钥交换，并建立一个用于密钥交换的安全关联，记为 IKE SA；IKE_AUTH 完成双方身份认证，并协商建立一个子安全关联用于后续通信，记为 IPSec SA；CREATE_CHILD_SA 用于更新当前 IKE SA 或 IPSec SA 的密钥或者创建新的 IKE SA 或 IPSec SA；INFORMATIONAL 用于通信信息的交互，如删除 IKE SA 或 IPSec SA。

IKE v2 的协商流程如图 5-10 所示。

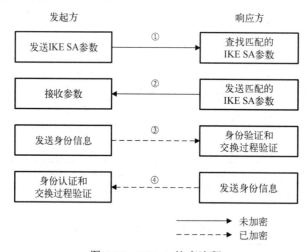

图 5-10　IKE v2 协商流程

前两条消息实现 IKE_INIT，双方完成 SA 算法及策略协商、DH 密钥交换和随机数协商，建立起 IKE SA，其密钥的计算方法与 IKE v1 有所不同，各种认证方式下基准密钥的计算方法是一致的：

$$SKEYSEED = prf(Ni \mid Nr, g^{ir})$$

SKEYSEED 是生成所有密钥的种子，通过伪随机函数 prf+生成足够长度的衍生密钥 DerivedKey：

$$DerivedKey = prf+(SKEYSEED,Ni \mid Nr \mid SPIi \mid SPIr)$$

其中，

$$prf+(K,S) = T1 \mid T2 \mid T3 \mid T4 \mid \cdots$$
$$T1 = prf(K,S \mid 0x01)$$
$$T2 = prf(K,T1 \mid S \mid 0x02)$$
$$T3 = prf(K,T2 \mid S \mid 0x03)$$
$$T4 = prf(K,T3 \mid S \mid 0x04)$$
$$\vdots$$

从 DerivedKey 中，按照密码算法密钥依次截取密钥 SK_d、SK_ai、SK_ar、SK_ei、SK_er、SK_pi、SK_pr，其中 SK_d 与 IKE v1 中 SKEYID_d 含义相同，SK_ai 和 SK_ar 分别是发起方和响应方的认证密钥，SK_ei 和 SK_er 分别是发起方和响应方的加密密钥，SK_pi 和 SK_pr 分别是发起方和响应方用于生成其他认证信息的密钥。

第三条和第四条消息实现 IKE_AUTH。双方在 IKE SA 的保护下进行加密通信，通过身份认证载荷中的信息进行身份认证，并进一步进行 IPSec 通信算法协商，产生 IPSec SA。此外，TSi 和 TSr 为双方流选择符，为可选项，用于决定 SA 保护的粒度和对象。至此，双方建立了 IKE SA 和 IPSec SA，可以进行安全通信。

此外，双方可以通过 CREATE_CHILD_SA 创建或更新 SA，以获取前向安全性；可以通过通知交互(INFORMATIONAL)删除 SA，以结束通信。

IKE v2 保留了 IKE v1 的基于数字签名和预共享密钥的两种认证方式，增加了对 EAP 身份认证的支持，因此 IKE v2 可以借助认证服务器对远程接入的个人计算机(Personal Computer，PC)、手机等进行身份认证、分配私网 IP 地址。

5.4　认证头 AH 协议

认证头 AH 协议为 IP 通信提供数据源认证和数据完整性认证服务，并提供抗重放保护，但并不对数据包进行加密。AH 协议在每一个数据包的 IP 报头和传输层报头之间添加一个 AH。AH 通过消息认证码对原 IP 报文的数据部分和 IP 头部中的不变部分进行校验，提供真实性和完整性保护。AH 头的报文格式如图 5-11 所示。

(1)下一个报头(Next Header)：识别下一个使用 IP 协议号的报头，例如，Next Header 等于"6"，表示紧接其后的是 TCP 报头。

(2)载荷长度(Payload Length)：AH 报头长度。

(3)安全参数索引(SPI)：标识 SA 的 32 位伪随机数，该字段为 0 时，表示不存在对应的 SA。

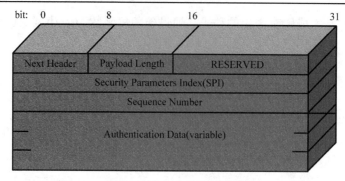

图 5-11　AH 头的报文格式

（4）序列号（Sequence Number）：从 1 开始的 32 位递增序列号，不允许重复，唯一地标识了每一个发送的数据包，为 SA 提供抗重放保护。接收方校验序列号为该字段值的数据包是否已经被接收过，若是，则拒收该数据包。

（5）认证数据（Authentication Data）：消息完整性认证码 HMAC。接收方接收数据包后，首先计算消息认证码，将其与发送方所计算的该字段值比较，若两者相等，表示数据包完整，若在传输过程中数据包遭修改，两个计算结果不一致，则丢弃该数据包。

为保证互操作性，AH 强制所有的 IPSec 必须实现两个 HMAC 算法：HMAC-MD5 和 HMAC-SHA-1，消息校验码长度依赖于所使用的 HMAC 算法。计算 HMAC 时需要密钥，该密钥在 SA 中定义，由通信双方协商生成。

AH 协议支持两种操作模式：传输模式（Transport Mode）和隧道模式（Tunnel Mode）。采用何种操作模式是由 SA 指定的。传输模式主要面向上层协议提供认证服务，同时增加了 IP 包载荷的保护；隧道模式则对整个 IP 包提供认证保护，如图 5-12 所示。在传输模式下，AH 头被插入到原始 IP 报头之后，对原始 IP 报文的载荷部分提供认证服务；在隧道模式下，AH 头插在原始 IP 头之前，对整个原始 IP 包提供认证服务，另外生成一个新 IP 头放到 AH 报头之前。

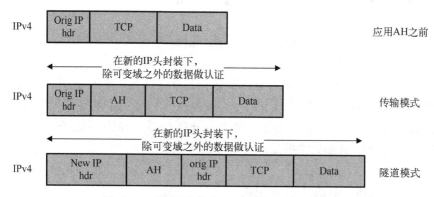

图 5-12　不同操作模式下 AH 报文封装示意图

传输模式和隧道模式各有特点。传输模式典型应用场景是两台主机之间的端到端的通信，在实现主机间安全通信的同时，各主机分担了 IPSec 处理开销。隧道模式典型应用场景是 VPN 安全网关之间的加密通信，如图 5-13 所示，IPSec 协议在两个网关间建立安全通道，网关后的子网内部主机与对方子网主机间的通信都通过这条隧道进行保护，子网内的所有用户都可以透明地享受安全网关提供的安全保护。

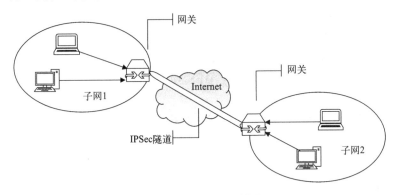

图 5-13　IPSec 隧道模式

5.5　封装安全载荷 ESP 协议

封装安全载荷 ESP 协议为 IP 通信提供机密性保护，同时也提供可选的数据完整性和数据源认证功能。ESP 协议在每一个数据包的 IP 报头和传输层报头之间添加一个 ESP 报头，其后是有效载荷，即经加密的传输层数据或者 IP 包。如果选用了完整性服务，还会添加 ESP 认证报尾，认证报尾的添加是在加密完成之后。ESP 报文格式如图 5-14 所示。

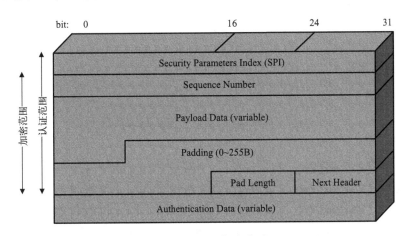

图 5-14　ESP 报文格式

(1) 安全参数索引 (SPI) (32 位)：用来标识用于处理该数据包的安全关联。

(2) 序列号 (Sequence Number) (32 位)：唯一地标识了每一个发送的数据包，为 SA 提供抗重放保护。

(3) 载荷数据 (Payload Data)：待加密的传输层数据或者 IP 包，长度不固定。

(4) 填充项 (Padding) 及填充长度 (Pad Length)：对待加密数据进行填充，满足加密算法要求；填充长度标记填充数据的字节数目。

（5）下一个报头（Next Header）：标识下一个使用 IP 协议号的报头。该字段也作为加密域的一部分被加密。

（6）认证数据（Authentication Data）：消息完整性认证码 HMAC，对 ESP 报文中该字段以外的数据进行完整性校验。字段长度由选择的认证算法确定。验证数据字段是可选的，只有 SA 选择验证服务时，才包含验证数据字段。

ESP 支持的加密算法有 DES、3DES、AES 等对称加密算法，支持的 HMAC 算法包括 HMAC-MD5 和 HMAC-SHA-1 等。

ESP 协议同样支持传输模式和隧道模式两种操作模式。如图 5-15 所示，在传输模式下，ESP 头被插入到原始 IP 报头之后，对原始 IP 报文的载荷部分提供加密服务和可选的认证服务，不包括 IP 报头；在隧道模式下，ESP 头插在原始 IP 头之前，对整个原始 IP 包提供加密及可选的认证服务，另外生成一个新 IP 头放到 ESP 报头之前。

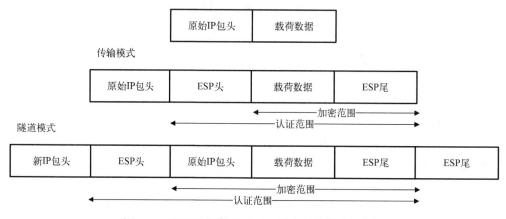

图 5-15　不同操作模式下 ESP 报文封装格式示意图

在 IPSec 实际应用中，AH 和 ESP 可以单独使用，也可以同时使用。

5.6　IPSec 协议实现及应用

IPSec 为 IP 层通信提供加密和认证服务，可以透明地保护所有的网络应用，包括远程登录、客户/服务器应用、E-mail、文件传输、Web 访问等。Windows 操作系统家族中 Windows 2000 以上的系统都集成了 IPSec 组件，可以通过系统提供的"IP 安全策略"等配置功能来设置和启用 IPSec 安全通道。目前各主流品牌路由器、防火墙等通用网络安全设备通常均提供 IPSec VPN 功能。

在开源工程方面，John Gilmore 创建了名为 FreeS / WAN 的 GNU/Linux 环境下的 IPsec 实现开源项目，该项目在 2004 年 4 月发布 FreeS / WAN 2.06 版本后被终止。在 FreeS / WAN 2.04 版本上，分叉形成两个项目：Openswan 和 Strongswan。由于一些非技术方面的原因，Openswan 在 2012 年被重命名为 Libreswan。这些开源项目对 IPSec 的应用和技术研究做出了突出的贡献。

5.7　IPsec 协议安全分析案例

IPSec 协议在路由器、防火墙等各类网络通用设备中广泛部署，其安全问题一直是业界关注的焦点。本节从 IPSec 密码安全角度，介绍 2 个 IPSec 协议安全分析案例。

5.7.1　中间人条件下的 PSK 求解

2018 年,安全分析人员公开了一种对 IPSec IKE v1 主模式预共享密钥(Per-Shared Key, PSK)的求解方法(CVE-2018-5389)。在 5.3.1 节中详细介绍了 IKE v1 的主模式预共享密钥认证的通信过程,在第五个报文中,发方发送加密后的身份载荷和 HASH 载荷给响应方,加密数据是用 SKEYID 生成的 SKEYID_e 密钥素材进行加密处理的。在计算 SKEYID 时,预共享密钥(PSK)是输入之一, SKEYID 和 HASH 载荷 HASHi 的计算公式如下:

$$SKEYID = prf(PSK, Ni\_b | Nr\_b)$$

$$HASHi = prf(SKEYID, g^i | g^r | CKY\text{-}I | CKY\text{-}R | SAi\_b | IDii\_b)$$

其中, prf 为定义的伪随机函数;Ni_b 和 Nr_b 发起方和响应方随机数载荷中的随机数;g^i 和 g^r 为双方密钥交换载荷中的 Diffie-Hellman 密钥交换数据;CKY-I 和 CKY-R 是双方 ISAKMP 报文头部中的 Cookie 值;SAi_b 为发起方提议的 SA 载荷去掉通用首部;IDii_b 为发起方身份载荷去掉通用首部。

由上述分析可见,若具备中间人条件,通过对 Diffie-Hellman 密钥交换的中间人攻击,可以达成对 PSK 求解所需的验证条件。设 IPSec 通信的发起方为 A,响应方为 B,A 和 B 之间的通信流量经过中间人 C,中间人攻击过程如下。

(1)第 1、2 条消息中间人不需要处理,只需转发即可。需要记录 CKY-I 和 CKY-R,便于以后计算 HASHi 值。

(2)对第 3、4 条消息,攻击者利用中间人条件截获双方通信消息,伪造发起方的 Diffie-Hellman 密钥交换数据 $g^{i'}$ 发给响应方,伪造响应方的 Diffie-Hellman 密钥交换数据 $g^{i'}$ 发给发起方。

(3)中间人分别计算和发起方拥有 Diffie-Hellman 密钥交换的共享密钥 $g^{ir'}$、和响应方拥有 Diffie-Hellman 密钥交换的共享密钥 $g^{i'r}$。

(4)中间人截获第 5 步发起方数据包,使用 SKEYID_e(由共享密钥 $g^{ir'}$ 和预共享密钥衍生)解密消息,解密正确即可得到 IDii 和 HASHi,此时 HASHi 表达式中 IDii_b 已知,且 HASHi 中所有参数均已知。

(5)对预共享密钥进行暴力穷尽,生成 SKEYID。

① 计算出 SKEYID_e:

$$SKEYID\_d = prf(SKEYID, g^{ir'} | CKY\text{-}I | CKY\text{-}R | 0)$$

$$SKEYID\_a = prf(SKEYID, SKEYID\_d | g^{ir'} | CKY\text{-}I | CKY\text{-}R | 1)$$

$$SKEYID\_e = prf(SKEYID, SKEYID\_a | g^{ir'} | CKY\text{-}I | CKY\text{-}R | 2)$$

② 以 SKEYID_e 解密，解密正确后应为身份载荷(IDii)+HASH 载荷。而 HASH 载荷中 SKEYID 已知，可以通过 HASHi 再次进行验证，若验证通过，则得到正确的预共享密钥。

5.7.2　针对 IKE 协议中 RSA 加密的 Oracle 攻击

在 2018 USENIX 会议上，德国波鸿鲁尔大学和波兰奥波莱大学的研究员发表的论文 "The Danger of Key Reuse: Practical Attacks on IPsec IKE"分析了针对 IKE v1 协议和 IKE v2 协议中 RSA 加密(签名)的 Bleichenbacher Oracle 攻击，并通过实验论证了攻击的有效性。该攻击覆盖了思科(CVE-2018-0131)、华为(CVE2017-17305)、阿姆瑞特(CVE-2018-8753)、合勤科技(CVE-2018-9129)等应用厂商设备，相应的厂商也通过及时发布补丁的方式响应了作者的观点。

该攻击方法最早起源于1998年Bleichenbacher提出的对PKCS#1标准的一种攻击方案。PKCS 是由美国 RSA 公司及其合作伙伴制定的一组公钥密码标准，其中 PKCS#1 定义了 RSA 公钥函数的基本格式标准。

设 RSA 公钥为(n,e)，RSA 私钥为 d，n 的字节长度为 k。PKCS#1 标准对消息的填充方式定义如图 5-16 所示。

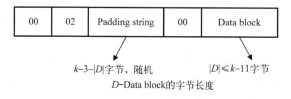

图 5-16　PKCS#1 标准消息填充

记填充后的消息为 m，加密的计算为 $c = m^e \bmod n$，解密的计算为 $m = c^e \bmod n$。对任意的密文 c，Bleichenbacher 攻击过程如下。

(1)随机选择整数 s。

(2)计算 $c' = cs^e \bmod n$。

(3)若 c'是 PKCS 格式的，则可知 ms 的前两个字节为 00、02，设 $B = 2^{8(k-2)}$，则有 $2B \leqslant ms \bmod n < 3B$。

(4)重复(1)～(3)，获得多个不等式关系，求解计算出 m。

在上述攻击过程中，由于攻击者没有解密能力，因此判断 c'是否为 PKCS 格式的依赖于外部能力，学术界将这种对外部能力的获取称为"对谕示(Oracle)的访问"。这类攻击方案通常也称为"Oracle 攻击"。对 1024bit 的 RSA 模数 n，求解一个目标明文 m 一般需要尝试的 c'量级为 2^{20}，因此该攻击也称为百万消息攻击。

在 IKE 协议中，Bleichenbacher 攻击的目标是猜测或构造会话的认证信息，从而完成身份仿冒。由于在 IKE 的各种认证方式下，这些认证信息都是基于当前会话生成的，因此一套成功的攻击只能用于当前会话的身份仿冒，而对其他会话无效，这需要攻击者在目标会话攻击完成前尽可能维持会话的窗口期，以期在窗口期结束前得到认证信息并完成身份认证。此外，由于 IKE 协议会话密钥生成采用 Diffie-Hellman 密钥交换协议，会话密钥具有前向安全性，因此一次成功的攻击只对身份仿冒期间创建的会话有效。下面以 IKE v1 公钥加密认证为例，介绍 Bleichenbacher 攻击在 IKE 协议中的攻击流程，对 IKE v2 和其他 RSA 认证模式，基于同样的思想也可构造类似的攻击。

在 IKE v1 公钥加密认证模式中，如图 5-17 所示，用户 A 是 IKE 协议响应方，也是攻击对象。攻击者作为 IKE 协议的发起方，主动与 A 建立协商，攻击者的目标是利用用户 B 的回应作为预言机，解密由 A 发送的消息 m_4 中的基于 B 的公钥加密的信息 $c_{nR} = \mathrm{Enc}(\mathrm{pk_B}, n_R, \cdots)$，得到 n_R，进而利用 n_R 计算出正确的 SKEYID 和 HASHi，构造出正确的消息 m_5，实现对用户 B 的仿冒。

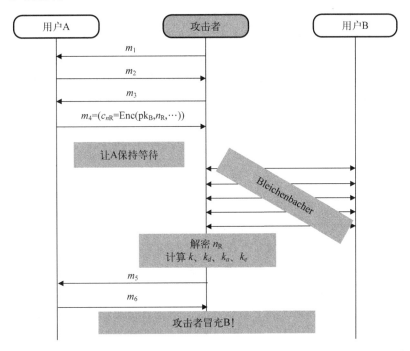

图 5-17　IKE v1 公钥加密认证模式下攻击流程

Bleichenbacher 攻击的流程如下。

(1)攻击者冒充用户 B，发起与用户 A 的 IKE 连接请求，进行正常的 m_1、m_2、m_3、m_4 消息通信，其中 m_4 包含了 $c_{nR} = \mathrm{Enc}(\mathrm{pk_B}, n_R, \cdots)$，即用 B 的公钥加密的随机数 n_R。

(2)攻击者尽最大可能保持与用户 A 的连接。

(3)攻击者与用户 B 发起一些并行的会话。通过这些并行会话，攻击者在其第 3 条协商消息中嵌入针对 c_{nR} 构造的谕示访问请求，利用用户 B 的响应构造谕示响应，并最终解密得到 n_R。

(4)如果在会话有效窗口期内，攻击者能够得到 n_R，便可利用 n_R 完成与用户 A 的 IKE 协商，达到冒充用户 B 的目的。

针对 IPsec IKE 协议的 Bleichenbacher 攻击只可用于执行在线攻击，以冒充一方身份。在针对思科路由器的实验中，使用的 RSA 模数长度为 1024bit，IKE v1 和 IKE v2 的窗口期分别为 60s 和 240s。经过测试，对于 IKE v1，在 439 次攻击实验中，有 115 次在规定限制内完成了攻击，成功率约 26%。对于 IKE v2，在 542 次攻击实验中，有 121 次在规定限制内完成了攻击，成功率约 22%。

延伸阅读：Turmoil 数据监控网络

斯诺登曾曝光一个代号为"Turmoil"的数据监控网络。该网络监控整个互联网上传送的数据包，能根据一系列流量分拣器自动识别被监控目标的数据，包括 IPSec 协议流量，将数据发回后进行分析和破解。该网络通过各种途径收集用户信息和密码素材，形成 IPSec VPN 的破解能力，具体的能力形成方式没有公开。

在 CCS 2015 年会上，法国国家信息与自动化研究所相关学者对互联网上 IKE 协议应用的安全情况进行分析，结果表明：31.8%的 IKE v1 和 19.7%的 IKE v2 支持 Oakley Group1（768bit 的 Diffie-Hellman 密钥交换参数），86.1%的 IKE v2 和 91%的 IKE v2 采用的是 Oakley Group2（768bit 的 Diffie-Hellman 密钥交换参数）。从目前来看，对离散对数的求解，最有效的算法是数域筛法，其中主要的计算是筛法的预计算。因此对 Oakley Group1 和 Oakley Group2 中定义的参数进行预计算，将会发挥持久的效益。

习　　题

1. 说明 IPSec 的作用，并给出一个 IPSec 在现实中的应用实例。
2. IPSec 具有哪些优点？在网络中能够提供哪些服务？存在哪些不足？
3. 安全关联 SA 在 IPSec 中所起的作用是什么？一个具体的 SA 由哪些参数来刻画？
4. IPSec 中的传输模式和隧道模式有什么区别？分别起什么作用？
5. IPSec 中的会话密钥通过 IKE 协议建立，请查阅相关资料，了解 IKE v1 和 IKE v2 的区别与联系。
6. IKE 协议中的主模式和野蛮模式有什么区别？在协议中分别起什么作用？
7. 什么是 IPSec 中的 ISAKMP？其作用是什么？
8. 在两个传输模式 SA 结合使用的情况下，当双方端到端交互消息的时候，允许 AH 和 ESP 协议结合使用，IPSec 构架文档中建议先实施 ESP 协议再实施 AH 协议；为什么不采用先实施 AH 协议后实施 ESP 协议的模式（即先认证后加密的模式）？
9. 查阅资料了解 Oakley 密钥交换协议，并说明该协议每条消息的参数与 ISAKMP 载荷类型的对应关系。
10. 查阅资料实际配置 IPSec VPN。

第 6 章　传输层 SSL/TLS 协议原理与分析

1994 年，网景公司为解决 Web 安全通信问题，设计提出安全套接字层(SSL)协议。1999
年，IETF 在 SSL 3.0 的基础上，制定发布传输层安全(Transport Layer Security，TLS)协议。
本书将这两个协议统称为 SSL/TLS 协议。SSL/TLS 协议为网络应用提供数据加密、认证和
完整性保护等安全服务，是当前网络空间中应用最为广泛的密码协议。

6.1　SSL/TLS 协议简介

SSL 协议旨在为通信双方提供安全可靠的通信服务。网景公司先后推出了该协议的 3
个主要版本，SSL 1.0 因为自身安全存在一些问题，并没有得到真正意义上的应用，SSL 2.0
和 SSL 3.0 在互联网中得到了非常广泛的应用。IETF 在 SSL 3.0 的基础上提出传输层安全
规范 TLS 1.0，其在一定意义上可以看作 SSL 3.0 的一个后续版本。随后，IETF 陆续发布
了 TLS 1.1 和 TLS 1.2 版本。SSL 3.0 和 TLS 1.2 之前的版本在协议结构和实现上差别不明
显，本书对 SSL/TLS 协议的原理介绍和安全分析主要针对这一系列协议。IETF 在 2014 年
开始制定 TLS 1.3 标准，并于 2018 年正式发布。与前期版本相比，TLS 1.3 在协议流程和
安全性方面有显著变化。

SSL/TLS 协议包括握手(Handshake)协议、密码规格变更(Change Cipher Spec)协议、
告警(Alert)协议和记录(Record)协议层四个子协议。从协议栈角度来看，其可分成上下两
层，如图 6-1 所示。

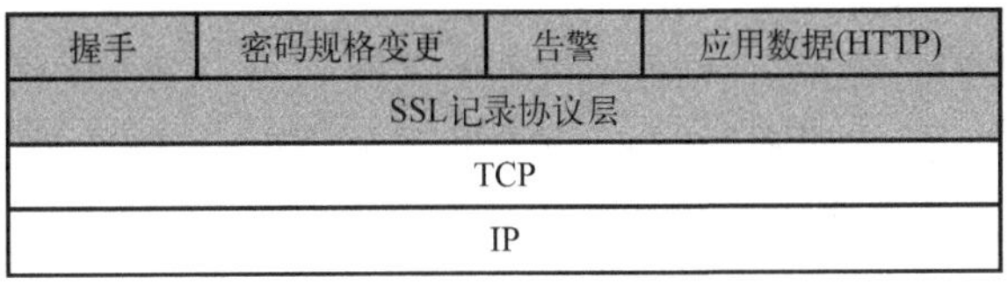

握手	密码规格变更	告警	应用数据(HTTP)
SSL记录协议层			
TCP			
IP			

图 6-1　SSL/TLS 协议栈

上层的握手协议、密码规格变更协议和告警协议用于对 SSL/TLS 交换进行管理；底层
的 SSL/TLS 记录协议层建立在可靠的传输协议之上，为超文本传输协议(Hypertext Transfer
Protocol，HTTP)等上层应用提供安全封装服务。握手协议使得客户端和服务器在传输应用
层的数据之前，进行彼此的身份认证，并协商密码算法和密钥；密码规格变更协议负责向
通信对象传达变更密码套件的信号；告警协议负责在发生错误的时候将错误类型编号传达
给对方；记录层协议通过加密来保证数据的机密性，通过消息认证码保证数据的完整性，
其中加密和消息认证的密钥是由 SSL/TLS 握手协议为每次会话独立产生的。下面重点介绍
SSL/TLS 握手协议和记录层协议。

6.2　SSL/TLS 握手协议

SSL/TLS 握手协议使得客户端和服务器能够进行身份认证、协商后续通信所使用的密码算法，并且建立一个共享的主会话密钥。握手协议是 SSL/TLS 协议栈中最复杂、最重要的子协议。

SSL/TLS 协议的"会话(Session)"是客户端和服务器之间的一个关联关系，通过握手协议来创建 Session，确定会话的一组密码算法和参数。Session 维护客户端和服务器的一组安全参数，可以被多个连接共享，从而避免为每个连接协商新的安全参数而带来昂贵的开销。SSL/TLS 协议的"连接(Connection)"与底层协议的点到点连接相关联，每个 Connection 都与一个 Session 相关联，每个连接维护本次通信连接的个性化安全参数。

下面以 TLS 1.0 和 TLS 1.3 两个版本为例介绍协议具体过程。

6.2.1　TLS 1.0 握手协议

TLS 1.0 握手消息格式如图 6-2 所示。

图 6-2　TLS 1.0 握手消息格式

类型字段表示握手消息类型；长度字段表示消息长度字节数；内容字段表示消息的具体内容和参数。目前 TLS 握手协议定义了十种不同的消息类型，具体消息类型及用途将结合协议过程做具体介绍。

TLS 1.0 握手协议过程如图 6-3 所示，可分为三个阶段。

第一阶段：Hello 消息交换。

本阶段客户端(Client)和服务器(Server)之间通过 Client Hello 消息和 Server Hello 消息交换，完成协议版本、算法协商，并交换随机数。

(1)客户端向服务器发送 Client Hello 消息，消息的结构如下：

```
struct {
    ProtocolVersion client_version;
    Random random;
    SessionID session_id;
    CipherSuite cipher_suites<2..2^16 -1>;
    CompressionMethod
        compression_methods<1..2^8 -1>;
} Client Hello;
```

ProtocolVersion 为协议版本号字段，通过该字段将客户端所使用的版本号通知给服务器。Random 为随机数字段，包含用于新鲜性标识作用的 4 字节时间戳和 28 字节随机序数。SessionID 为会话标识字段，是 SSL/TLS 会话的唯一标识符。SessionID 字段不为空，表示

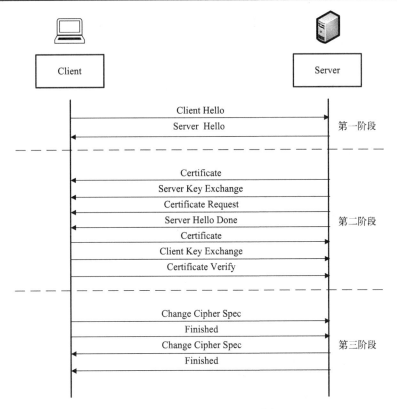

图 6-3　TLS 1.0 握手协议过程

客户端希望基于该 session_id 标识的会话来更新已有连接的安全参数或者创建一个新的连接；SessionID 字段为空，则表示客户端希望在一个新的会话上建立一个新的连接。CipherSuite 为密码套件字段，该字段是一个数组，数组的每个元素标识一个密码套件(满足 SSL/TLS 安全通信需求的若干不同类密码算法组合)，整个数组表示客户端可以支持的一系列密码套件。CompressionMethod 为压缩算法字段，为客户端所支持的压缩方法列表。

　　(2)服务器接收到 Client Hello 消息后，向客户端发送 Server Hello 消息。Server Hello 消息结构与 Client Hello 消息类似，具体如下：

```
struct {
    ProtocolVersion server_version;
    Random random;
    SessionID session_id;
    CipherSuite cipher_suite;
    CompressionMethod compression_method;
} Server Hello;
```

　　ProtocolVersion 协议版本号字段，确定本次通信双方使用的协议版本。Random 为随机数字段，包含 4 字节时间戳和 28 字节随机序数。SessionID 为会话标识字段，若客户端发来的 Client Hello 的会话 ID 非空，则服务器从缓存中查找该 ID，若该会话状态有效，则采用该 ID；否则服务器产生一个新的 ID 作为后续会话的 ID。CipherSuite 为密码套件字段，服务器根据客户端发来的 Client Hello 中的密码套件数组，选取其中一个套件编号填入该字段，后续采用该编号对应的密码套件进行安全通信。CompressionMethod 为压缩算法字段，服务器从客户端所支持的压缩方法列表中选择一种压缩方法用于后续通信。

(3)通过客户端 Client Hello 消息和服务器 Server Hello 消息的交换，客户端和服务器对于 SSL/TLS 协议版本、会话 ID、密码套件、压缩算法达成一致，并且交换了彼此的随机数。

第二阶段：认证与密钥交换。

本阶段通过服务器和客户端的消息交换，实现服务器认证和可选的客户端认证，并生成双方共享的主会话密钥，具体过程如下。

(1)服务器向客户端发送以下的四条消息。

① Certificate 消息：服务器证书消息，包含服务器 X.509 数字证书，或者一条证书链。在超文本传输安全协议(Hypertext Transfer Protocol Secure，HTTPS)应用中，通过证书与服务器域名的绑定，实现对服务器的认证。

② Server Key Exchange 消息：服务器密钥交换消息，传递服务器的密钥交换材料。这条消息是可选的，只有当服务器的证书密钥没有加密功能时才发送此消息，结构如下：

```
struct {
    select(KeyExchangeAlgorithm)
    {
        case diffie_hellman:
            ServerDHParams  params;
            Signature signed_params;
        case rsa:
            ServerRSAParams params;
            Signature signed_params;
        case fortezza_dms:
            ServerFortezzaParams params;
    };
} Server Key Exchange;
```

③ Certificate Request 消息：证书请求消息。这条消息是可选的，向客户请求一个证书，要求实现客户端认证。

④ Server Hello Done 消息：表示服务器本轮数据发送完成，将等待客户端的响应。

(2)客户端收到 Server Hello Done 消息后，根据需要检查服务器提供的证书的有效性，并判断 Server Hello 的参数是否可以接收，如果都没有问题，向服务器发送以下响应消息。

① Certificate 消息：客户端证书消息。这条消息是可选的，如果服务器发送了证书请求消息，则客户端首先发送自身的公钥证书；若客户端没有证书，则发送一个 No Certificate 警告。

② Client Key Exchange 消息：客户端密钥交换消息，传递客户端的密钥交换材料，结构如下：

```
struct {
    select(KeyExchangeAlgorithm)
    {
```

```
            case rsa:
                EncryptedPreMasterSecret;
            case diffie_hellman:
                ClientDiffieHellmanPublic;
            case fortezza_dms:
                FortezzaKeys;
        } exchange_keys;
    } Client Key Exchange;
```

具体消息内容取决于 Hello 消息交换过程确定的密钥交换协议的类型。例如，若采用 RSA 加密进行密钥交换，则由客户端产生 48 字节的预主密钥(pre_master_secret)，用服务器证书中的公钥或由服务器密钥交换消息中得到的临时 RSA 密钥对其进行加密。

③ Certificate Verify 消息：证书验证消息。本消息是可选的，包含一个签名，对从第一条消息以来的所有握手消息的 HMAC 进行签名。本消息与客户端 Certificate 消息一起，实现客户端认证。

至此，本阶段结束，通过证书消息及证书验证消息，实现了服务器认证和可选的客户端认证；通过密钥交换消息，生成了一个 48 字节的双方共享的预主密钥。由预主密钥进一步产生 SSL/TLS 主密钥，进而生成用于加密和认证的会话密钥，相关细节将在 6.2.3 节介绍。

第三阶段：握手结束交换。

本阶段通过客户端和服务器的消息交换，启用协商的密码算法和密钥，并对握手过程进行校验。

(1)客户端向服务器发送一个 Change Cipher Spec 消息，并在当前连接中启用密码套件及密钥。

(2)客户端向服务器发送一个加密的 Finished 消息。Finished 消息是用密码套件定义的算法、密钥参数及密钥交换生成的密钥对握手过程消息进行校验，通过这条消息可以检查密钥交换和认证过程是否已经成功。服务器同样发送 Change Cipher Spec 消息和 Finished 消息，完成响应的功能。

至此，握手过程完成，客户端和服务器可以交换应用层数据。

6.2.2　TLS 1.3 握手协议

TLS 1.3 版本从 2014 年开始开发，至 2018 年 8 月 IETF 正式宣布 TLS 1.3 规范才真正落地，历经了四年，一共有 28 个草案，是非常大的一个工程。TLS 1.3 版本在安全性方面做了显著加强：不再支持静态的 RSA 密钥交换，必须使用带有前向安全性的 Diffie-Hellman 交换进行密钥协商；废弃了 3DES、RC4、AES-CBC 等加密组件，废弃了 SHA-1、MD5 等哈希算法；Server Hello 之后的所有握手消息采取了加密操作，可见明文大大减少；不再允许对加密报文进行压缩，不再允许双方发起重新协商；DSA 证书不再允许在 TLS 1.3 中使用。标准规范正式文档为RFC 8446。

6.2.3　SSL/TLS 密钥派生

SSL/TLS 握手协议结束后，为客户端和服务器生成的共享预主密钥(pre_master_secret)

并不直接用于后续的应用层数据传输，而是作为种子密钥通过密钥派生函数为客户端和服务器产生共享的主密钥(master_secret)，并由主密钥进一步生成密钥块，密钥块按需要分割为对称加密算法密钥、消息认证码(MAC)密钥以及对称加密的初始化向量(IV)。需要注意的是，服务器给客户端发送消息和客户端给服务器传输消息的加密密钥、MAC 密钥以及初始化向量均是不同的，如图 6-4 所示。

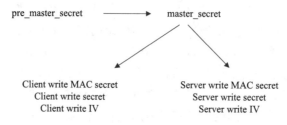

图 6-4　TLS 会话的会话密钥

由预主密钥计算主密钥的过程如下：

```
master_secret = MD5(pre_master_secret || SHA('A' || pre_master_secret ||
                Client Hello.random || Server Hello.random))||
                MD5(pre_master_secret || SHA('BB' || pre_master_secret ||
                Client Hello.random || Server Hello.random))||
                MD5(pre_master_secret || SHA('CCC' + pre_master_secret ||
                Client Hello.random || Server Hello.random));
```

由主密钥计算密钥块的过程如下：

```
key_block = MD5(master_secret || SHA('A' || master_secret ||
            Server Hello.random || Client Hello.random))||
            MD5(master_secret || SHA('BB' || master_secret ||
            Server Hello.random || Client Hello.random))||
            MD5(master_secret || SHA('CCC' || master_secret ||
            Server Hello.random || Client Hello.random))||
            [...];
```

由主密钥通过上述过程计算得到足够长的密钥块后，从密钥块按顺序分割出加密通信所需的会话密钥。

6.3　SSL/TLS 记录协议

SSL/TLS 记录层协议建立在可靠的 TCP 之上，为 HTTP 等上层应用提供安全封装服务。记录层协议利用握手协议生成的会话密钥，为应用数据提供加密和完整性保护，工作流程如图 6-5 所示。

(1)将应用层的数据进行分块，每块的大小不得超过 2^{14} 字节。

(2)对数据块利用握手阶段协商的压缩算法进行压缩，压缩时必须采用无损压缩方法。若协商的压缩算法为空，则不压缩。

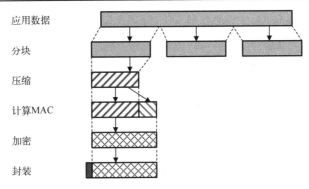

图 6-5　记录层协议工作流程

（3）计算消息认证码 MAC，附加在数据块之后，实现完整性保护。

（4）使用握手协议协商的算法及会话密钥，对压缩后的消息块及其 MAC 进行加密。

（5）附加上 SSL/TLS 记录层协议头部。

MAC 计算定义如下：

```
Hash(MAC_write_secret || pad_2||
    Hash(MAC_write_secret+pad_1+seq_num+SSLCompressed.type+
SSLCompressed.length+SSLCompressed.fragment))
```

其中，"+" 表示连接；MAC_write_secret 表示共享认证密钥；Hash 表示哈希算法，通常为 MD5 或者 SHA-1；pad_1 由哈希算法决定，对于 MD5 算法其取值为重复的 48 字节的 0x36，对于 SHA_1 算法其取值为重复的 40 字节的 0x36；pad_2 的取值与 pad_1 类似，对于 MD5 算法其取值为重复的 48 字节的 0x5c，对于 SHA_1 算法其取值为重复的 40 字节的 0x5c；seq_num 表示消息序号；SSLCompressed.type 表示上层协议类型；SSLCompressed.length 表示压缩后的长度；SSLCompressed.fragment 表示压缩块，无压缩时为原始明文消息。

SSL/TLS 记录层协议对数据的封装格式如图 6-6 所示。

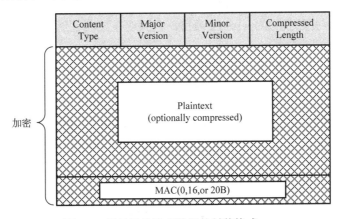

图 6-6　记录层协议对数据的封装格式

SSL/TLS 记录层协议头部包括以下字段：类型字段（Content Type，8bit）为上层协议类型；主版本字段（Major Version，8bit）为 SSL/TLS 协议的主版本号，例如，对于 SSL 3.0，该字段为 3；次版本字段（Manor Version，8bit）为 SSL/TLS 协议的次版本号，例如，对于 SSL 3.0，该字段为 0；长度字段（Compressed Length，16bit）为加密后数据的长度。

6.4　告警协议和密码规格变更协议

告警协议实现在发生错误的时候将错误类型编号传达给对方的功能。告警协议将告警消息分为两个错误级别，即警报（Warning）和致命（Fatal）。每个告警消息的错误类型编号包括 2 字节，第 1 字节表示告警级别，第 2 字节为告警类型编码。如果是警报错误，则告警级别为 1；如果是致命错误，则告警级别为 2，此时应立即关闭本 TLS 连接。

密码规格变更协议负责向通信对象传达变更密码方式的信号。该协议只包含一条消息，由一个值为 1 的字节组成。通过该消息告知消息接收方对该 TLS 连接上应用的密码算法、密钥等进行更新，后续消息将采用新算法、新密钥进行安全通信。

6.5　SSL/TLS 协议典型实现

SSL/TLS 协议可为 HTTP、FTP、Telnet 等各种网络应用提供数据加密、认证和完整性保护等安全服务，在互联网中应用非常广泛。与 IPSec 相比，SSL/TLS 协议应用和配置更为简单便捷。以 Web 应用为例，因为 SSL/TLS 协议内嵌在浏览器中，任何安装浏览器的终端都可以使用 SSL/TLS 协议安全访问远程 HTTPS 服务器。

目前各主流品牌路由器、防火墙、安全网关等通用网络安全设备，通常均提供 SSL/TLS VPN 功能。同时，由于 SSL/TLS 协议应用开放灵活，大量的网络应用软件和系统均使用 SSL/TLS 协议保障通信安全，涌现出一些流行的 SSL/TLS 实现库。

1. OpenSSL

OpenSSL 是一个非常优秀的 SSL/TLS 协议开放源码软件包。1995 年，Eric A. Young 和 Tim J. Hudson 开始发布 OpenSSL 项目，直到现在该项目仍在持续的版本更新维护。最新的版本可以从 OpenSSL 的官方网站 http://www.openssl.org 下载。OpenSSL 主要是作为提供 SSL/TL 算法的函数库供其他软件调用而出现的。

2. JSSE

Java 安全套接字扩展（Java Secure Socket Extension，JSSE）使用 Java 实现，为 Java 网络应用程序提供 SSL/TLS 协议的 Java API 以及参考实现。JSSE 封装了协议底层实现细节，使得开发人员能专注开发网络应用程序。

3. GnuTLS

GnuTLS 项目致力于提供一个安全的通信后端，可以灵活方便地与其他基本 Linux 库集成。GnuTLS 使用 C 语言实现，提供了用于访问安全通信协议的简单 C 语言应用程序接口，目前支持 TLS 1.0、TLS 1.1、TLS 1.2、TLS 1.3 和 SSL 3.0（可选）等主流版本。

4. NSS

NSS(Network Security Services)是一套为网络安全服务而设计的软件包。NSS 初由网景公司开发,支持 SSL 2.0/3.0、TLS 1.0/1.1,现在主要被浏览器和客户端软件使用。

著名的 Web 服务软件 Apache 和 nginx 中 SSL/TLS 实现库为 OpenSSL,微软的 IIS 和 IE 浏览器则使用了 SChannel,火狐 Firefox 浏览器和 Chrome 浏览器则使用了 NSS 库。

6.6　SSL/TLS 协议安全分析案例

SSL/TLS 协议是当前互联网应用最为广泛的密码协议,其安全问题备受业界关注。本节从密码分析、协议分析、协议实现等不同角度,介绍若干 SSL/TLS 协议的安全分析案例。

6.6.1　SSL/TLS 协议 Heartbleed 漏洞

2014 年,OpenSSL 的 Heartbleed(心脏出血)漏洞被曝光,在网络信息安全领域造成了很大影响。利用该漏洞,黑客坐在自己家里计算机前,就可以实时获取到约 30% 的以 https 开头的网址的网站用户登录账号和口令,包括大批网银、购物网站、电子邮件等。该漏洞遍及全球互联网公司,中国超过 3 万台主机受其波及,该漏洞影响的版本有 OpenSSL 1.0.1、1.0.1a、1.0.1b、1.0.1c、1.0.1d、1.0.1e、1.0.1f、Beta 1 of OpenSSL 1.0.2 等,辐射范围已经从开启 HTTPS 的网站延伸到了 VPN 系统和邮件系统。

Heartbleed 是 OpenSSL 实现心跳协议时存在的漏洞。心跳协议是通过发送特定的心跳包 Heartbeat 给服务器,来查看服务器是否在线,当服务器在线时,会发送回复信息给主机,然后允许进行安全通信,服务器和主机会间断性地发送心跳包以确保对方在线。心跳包设计之初是为了解决及时检测连接状态的问题,相比 TCP 的 keepAlive 机制具有更大的灵活性,可以自己控制检测的间隔和检测的方式。

造成该漏洞的原因主要是 OpenSSL 代码实现中的心跳处理逻辑没有检测心跳包中的长度字段是否和后续的数据字段相符合,攻击者能够利用 Heartbeat 构造异常数据包发送给服务器,读取心跳数据所在的内存区域的后续数据,一次可以收到 64KB 的服务器内存数据,通过多次请求,攻击者能够得到更多的服务器内存信息,有可能包括大量的邮件地址、密码等敏感信息。

该漏洞没有用到 SSL/TLS 协议设计本身的缺陷,而是用到协议程序实现中的缺陷。但是,正是这个简单的代码实现缺陷,导致了整个安全防线的坍塌,该漏洞曝光后,造成的现实影响非常广泛。

6.6.2　重新协商攻击

推特(Twitter,现名为 X)是一个美国社交网络及微博客服务网站,是全球互联网上访问量巨大的十个网站之一。它可以让用户更新不超过 140 个字符的消息,这些消息也称作"Tweet"。Twitter 在全世界都非常流行,Twitter 被形容为"互联网的短信服务"。

每个 Twitter 用户都拥有一个公开的个人状态信息,用户可以通过网页向 API 发送

SSL/TLS 协议加密的 POST 指令来更新自己的状态。POST 指令中包含用户的用户名和口令信息。图 6-7 是一个正常的更新状态过程。

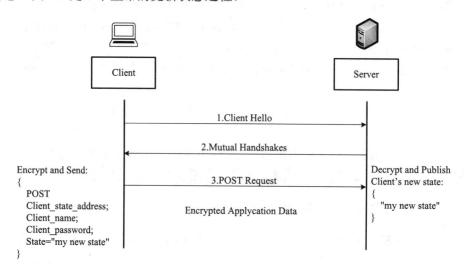

图 6-7　Twitter 用户更新状态过程

　　建立 SSL/TLS 连接之后，用户发送经过加密的 POST 指令，指令中包含用户主页的地址、用户名和口令。State 字段是用户的新状态。服务器收到数据之后，对其进行解密，并将解密后 POST 指令中的 State 字段公开在地址为 client_state_address 的用户主页上。

　　2009 年 11 月，土耳其研究人员 Anil Kurmus 公开了针对 Twitter 的一种攻击，该攻击称为重新协商（Renegotiation）攻击。该攻击利用了 SSL/TLS 协议的一种"重新协商"机制。在一个 SSL 连接建立之后，客户端或服务器可以在加密信道上协商新的密钥，称为"重新协商"。具体发起方式是客户端发送一个 Client Hello，或服务器发送一个 Hello Request。SSL/TLS 协议重新协商机制的两个特性导致了攻击的可能性。

　　（1）重新协商的消息交互与初次协商完全相同，仅更新了 SessionID。这就使得服务器难以区分 Client Hello 消息是原有信道上的重新协商请求还是新的客户端开始通信的请求。

　　（2）重新协商的优先级高于应用数据。服务器发起或收到重新协商的请求后立即停止响应其他消息，并将这些消息缓存，直到重新协商的握手过程完成后再依次处理这些消息。这就给攻击者插入非法消息的机会。

　　正是利用上述特点，研究人员发现了一种破坏 SSL/TLS 协议认证性的重新协商攻击方式（CVE-2011-1473）。该攻击方式属于中间人攻击，基本原理如图 6-8 所示。

　　第 1 步：客户端（Client）向服务器（Server）发起 SSL 握手消息 Client Hello，中间人（Middle）将该消息截获。

　　第 2、3 步：中间人向服务器发起 SSL 握手并完成握手过程。

　　第 4 步：中间人向服务器发起重新协商请求，并继续向服务器发送一些精心构造的消息。

　　第 5 步：服务器收到重新协商请求后，向中间人发送 Hello Request 消息，同时立即停止响应其他消息，并将这些消息缓存。

　　第 6 步：中间人将第 1 步截获的客户端的 Client Hello 消息发送给服务器。

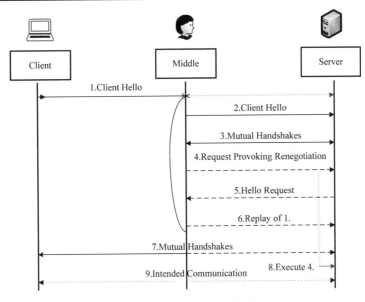

图 6-8 重新协商攻击基本原理

第 7 步：服务器和客户端完成一个正常的握手过程。

第 8 步：服务器执行第 4 步中间人精心构造的、因重新协商流程缓存的消息。

在服务器看来是进行了一次协议的重新协商过程，中间人和客户端是同一个对象。由于该攻击破坏了协议的认证性，因此也称为认证鸿沟（GAP）攻击。

对 Twitter 而言，攻击者实施重新协商攻击的方案如图 6-9 所示。在用户的 POST 指令（消息 8.）之前插入一条伪造的 POST 指令，伪造指令的地址、用户名和密码属于攻击者，而状态字段为空白。当服务器恢复处理消息时，解密后的消息 8 和消息 9 合并为一条 POST 指令，服务器将用户的合法 POST 指令全文作为攻击者的新状态更新在攻击者的主页上。

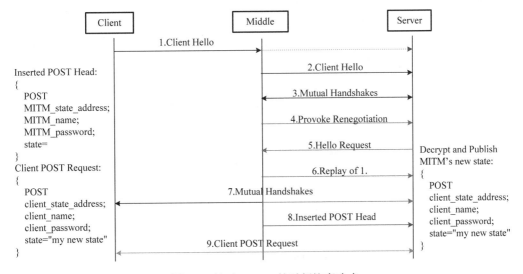

图 6-9 针对 Twitter 的重新协商攻击

由此可见，若攻击成功，则攻击者即可获得合法用户的用户名和口令。

6.6.3　POODLE 攻击

2014 年 10 月 15 日，Google 研究人员公布 SSL 3.0 协议存在一个非常严重的漏洞，该漏洞可被黑客用于截取浏览器与服务器之间传输的加密数据，如网银账号、邮箱账号、个人隐私等。该攻击方案采用了 Oracle 攻击的思路，针对的是 SSL 3.0 协议版本，对采用高版本协议进行通信的对象需要先进行降级攻击，因此 Google 将其称为 POODLE 攻击（Padding Oracle On Downgraded Legacy Encryption，CVE-2014-3566）。POODLE 漏洞影响范围同样广泛，包括银行等最流行的互联网网站。

POODLE 攻击的漏洞原理与 SSL 记录层数据加密和 MAC 校验时的填充方案有关。假设分组长度为 128bit，即 16 字节。对于待加密的明文数据，分组处理过程如下。

（1）计算明文签名消息认证码 MAC 值，长度为 20 字节。

（2）将 MAC 值附在明文数据之后组成新的明文（Plaintext），将 Plaintext 的长度填充至 16 字节的整数倍。填充方式为：如果原始 Plaintext 长度不是 16 字节的整数倍，则在它后面附加零个、一个或多个 Padding 字节，再附加 1 字节，其值为 Padding 长度；如果原始 Plaintext 长度正好是 16 字节的整数倍，则在它后面附加 15 字节的 Padding 序列，再附加 1 个 Padding 长度，其值为 15。

（3）将填充后的 Plaintext 按 16 字节分块，称为明文块（Plaintext Block），使用符号 $P_1, P_2, \cdots, P_n$ 表示。

（4）初始化向量（IV）用于首次加密，此时使用 P_0 表示。采用 CBC 模式进行加密，记 $C_1, C_2, \cdots, C_n$ 为密文，即

$$C_i = E_k(P_i \oplus C_{i-1}), \quad C_0 = \mathrm{IV}$$

该攻击原理在于：如果明文数据的长度加上 20 字节的 MAC 序列正好是 16 字节的整数倍，明文 Padding 算法会在明文的最后附加 15 字节的 Padding 序列和 1 字节 Padding 长度（值为 15），此时最终的明文的最后一个分块是附加部分，加密后对应最后一个密文块 C_n，而这个密文块并不受 MAC 的保护。假设攻击者希望解密密文 C_i，则攻击者可用 C_i 密文块替换 C_n，服务器认为填充有效的依据是解密后最后一个字节的值为 15。

此时，

$$P_n' = D_k(C_n') \oplus C_{n-1} = D_k(C_i) \oplus C_{n-1} \; \text{且} \; P_n'[15] = 15$$

即

$$D_k(C_i)[15] \oplus C_{n-1}[15] = 15$$

又由于

$$P_i[15] = D_k[C_i] \oplus C_{i-1}[15]$$

所以

$$P_i[15] = 15 \oplus C_{n-1}[15] \oplus C_{i-1}[15]$$

攻击者通过 JavaScript 脚本等方式反复发送精心构造的数据包，直到解密后的 $C_n[15]$ 碰巧为 15（因为每次连接密钥都不同），收到解密成功的反馈信息。

上述过程解密了 1 字节的数据，以同样的过程，攻击者可以逐步推断出攻击目标的如 Cookie 的敏感信息。Google 安全研究员在其发布的分析报告 This POODLE Bites: Exploiting The SSL 3.0 Fallback 中给出了一个针对 HTTPS 的攻击场景及其攻击效果。

POODLE 攻击是针对 SSL 3.0 中的 CBC 模式加密算法的一种 Oracle 攻击。从本质上来说，这是 SSL 设计上的问题，是由 SSL 加密和认证过程先后顺序导致的安全漏洞。

6.6.4　伪随机数生成器攻击

SSL/TLS 协议的设计多处使用了随机数，特别是其握手协议的预主密钥协商与随机数密切相关。在实际实现中，通常用伪随机数生成器(Pseudo Random Number Generation，PRNG)来近似生成各种密码学操作中所需的随机数。伪随机数由于缺乏随机数不可预测的性质，常常成为攻击的目标，本书将利用一定的手段对 RPNG 生成的随机数进行预测的行为称作 RPNG 分析。

在 SSL 协议的客户端和服务器的 Hello 报文中，随机数字段 Random 包含用于新鲜性标识作用的 32 字节时间戳和 28 字节随机序列，这种设计对以时间为种子的伪随机数生成器构成致命威胁。在早期 Netscape v1.1 版本中，伪随机数生成器就存在可利用的弱点，即 PRNG 分析。下面是该版本的伪随机数生成器代码：

```
global variable seed;

RNG_CreateContext()
 (seconds,microseconds)=time of day;/*Time elapsed since 1970*/
 pid=process ID;ppid=parent process ID;
 a=mklcpr(microseconds);
 b=mklcpr(pid+seconds+(ppid<<12));
 seed=MK5(a,b);

mklcpr(x)    /*not crptographically significant; shown for completeness*/
 return((0xdeece66d*x+0x2bbb62dc)>>1);
```

从上面的代码可以看出，Netscape v1.1 版本 PRNG 的种子由 pid、ppid、seconds、microseconds 产生，具有关联性。攻击者在一定条件下可以获取 pid 和 ppid 信息，而通过 Client Hello 或 Server Hello 报文可确定时间范围，因此虽然由 MD5 计算得到的随机数看起来是随机的，但预测伪随机数生成器的输出是完全可行的。

2005 年，Simonsen 等对 Sun 公司为手机开发所提供的移动信息设备配置文件(Mobile Information Device Profile，MIDP)的 SSL 模块实施了 PRNG 分析。MIDP 为在存储空间、处理能力和图形性能受限的设备上运行的 Java 程序提供了一种开发平台。通过反编译 MIDP 的 SSL.jar 包，可以明确 MIDP 中随机数生成的实现过程，如图 6-10 所示。

该伪随机数生成器(PRNG)以 16 字节的常值和当前时间为种子，用 MD5 算法迭代生成伪随机数。16 字节的常值可以通过反编译确定。针对 Sun 公司 MIDP，通过 PRNG 分析求取握手协议协商的预主密钥的过程如下。

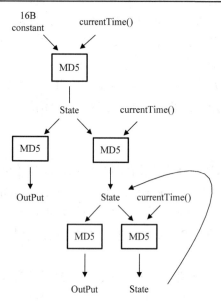

图 6-10　MIDP 的随机数生成过程

（1）嗅探 SSL 会话并记录会话开始时间。

（2）从握手信息中提取客户端和服务器的 Nonce。

（3）确定开始和结束时间。

（4）PRNG 的前两个输出可从通信信道中获得，通过穷举找出开始和结束时间之间的用来生成客户端 Nonce 前 16 字节的当前时间。

（5）设置 PRNG 的正确状态（State），用与（4）相同的方法确定 Nonce 的下一个 16 字节。

（6）穷举并验证预主密钥。

K.I.Simonsen 等在 SUN J2ME 模拟器上进行了实验，不考虑通信时间，在 1.6GHz 主频的奔腾 M 笔记本电脑上 1s 内得到了预主密钥。

现实中，针对 SSL/TLS 的伪随机数生成器攻击发生过一个很有意思的事。2006 年，Debian Linux 发布版本中的 OpenSSL 增加了一个漏洞修复，但这个漏洞修复引入了一个新的漏洞：把生成随机数选择种子过程的代码删掉了，这导致初始选种时使用到的唯一的随机数是当前进程 ID。Linux 平台默认最大进程号是 32768，所以生成随机数的种子值范围很小。这个漏洞到 2008 年才被发现，受影响的 Debian Linux 版本产生的公私钥对是可预测的。加利福尼亚大学圣地亚哥分校的研究人员在该漏洞发布不久后对流行的 SSL 服务器进行扫描，发现 1.5%左右的服务器使用了这种弱密钥证书。

延伸阅读：SSL/TLS 协议实现状态机推演

随着网络规模日渐扩大、网络应用和服务种类持续增多，不断出现的网络安全威胁使得对协议安全漏洞的挖掘与分析成为各个国家的重点研究领域。当前针对网络安全协议的脆弱性分析出现了许多技术，其中基于自动机理论的模型学习技术是一种较为新颖与有效的技术。该技术在黑盒状态下对协议实现状态机进行推演，从而进一步寻找攻击路径。下面针对 SSL/TLS 协议实现状态机推演的原理与过程进行介绍。

1987 年，Angluin 针对主动性黑箱学习提出了 MAT（Minimally Adequate Teachers）框架，表明使用成员查询进行模型学习可以得到有限状态机，通过反复使用等价查询进行一致性检测可以确保模型的推断结果符合要求。在 MAT 框架中，学习器必须通过询问预言机来推断和修正未知状态机的行为，图 6-11 为 MAT 框架示意图。

MAT 框架主要分为模型推断和模型修正两部分。在模型推断过程中，学习器不断向预言机进行成员查询，预言机根据其知识返回相应的肯定或否定回答，学习器根据返回结果推断出初始状态机模型。学习器根据学到的状态机向预言机发送等价查询请求，在初始状态机模型的基础上进行模型修正，预言机根据其与目标是否一致返回肯定回答或反例，若

46é

返回反例，则学习器根据反例重新推断模型并继续进行一致性检测，直到学习得到的模型与真实模型一致，然后整个推断过程结束。

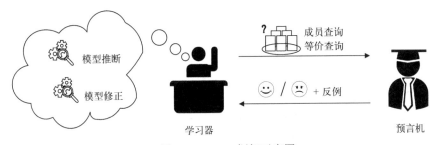

图 6-11　MAT 框架示意图

在 MAT 框架下，Angluin 提出的 L*算法能够保证在多项式时间内学习得到 Mealy 机。因此，在现实网络中可以将 MAT 框架应用到协议的脆弱性分析研究中，通过自动推演出目标安全协议具体实现的状态机，分析检测目标系统与协议标准之间的差异性，进一步寻找可能存在的脆弱点。

基于 MAT 框架，模型推断与一致性检测系统架构图可抽象为图 6-12，学习器提供了一个可以发送给目标 SSL/TLS 被测服务器(Server Under Test，SUT)的消息符号列表(输入符号表)以及一条重置测试目标到初始状态的命令。测试程序可以将输入符号表中的抽象消息符号转换为可以发送给 SUT 的请求消息，也可以将 SUT 反馈的响应消息转换为学习器可识别的抽象消息符号。因此，测试程序相当于在学习器和预言机之间进行翻译转换的转换器(Mapper)。而实现测试程序就需要根据 SSL/TLS 协议规范构造具体的消息集。

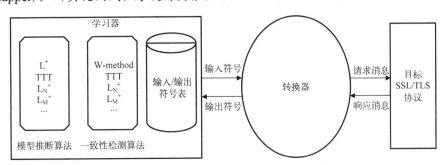

图 6-12　模型推断与一致性检测系统架构

状态机推断使用的经典有限状态机学习算法主要包括由 Angluin 提出的 L*算法、改进 L*后去除大量冗余成员查询的 TTT 算法等；由于在真实的系统实现中无法得到具备无穷知识的预言机，因此采用 Chow 提出的 W-method 算法、改进的 MW-method 算法等近似等价查询算法，通过有限数量的成员查询检测推断是否与实际的状态机近似等价来实现预言机的作用。

2015 年，Joeri de Ruiter 提出了通过模型学习的方法分析具体 TLS 实现的安全性，该方法在仅采用黑盒测试的情况下应用状态机学习技术自动推断出了协议实现的状态机，并通过观察推断出来的状态机来检测可能由程序逻辑漏洞引起的异常行为；Beurdouche 等也提出了类似的通过系统测试非正常 TLS 消息流来检测协议实现中是否存在脆弱性的方法，并在测试中发现了新漏洞。2016 年，Ruiter 带领团队在其前期工作的基础上继续进行了许多相关研究：Ruiter 进一步对过去 14 年以来的 OpenSSL 以及 LibreSSL 的具体实现进行了并行测试，通过自动化模型学习为 145 个不同版本的服务器和客户端构建了状态机并分析相关实现的安全性。

习　　题

1. SSL/TLS 协议运行在网络的哪一层？其作用是什么？

2. 简述 SSL/TLS 协议的发展历程。

3. TLS 记录层协议和 TLS 握手协议有什么区别？分别有什么作用？

4. TLS 握手协议共有几个流程？每个流程分别起什么作用？

5. 查阅资料利用 6.5 节的 SSL/TLS 实现库搭建 SSL/TLS 连接。

6. 查阅资料掌握 TLS 1.1 和 TLS 1.2 协议的区别和联系，说明 TLS 1.2 的改进主要体现在哪些方面。

7. 什么是 OpenSSL 的心脏出血(Heartbleed)漏洞？如何解决？

8. 什么是 TLS 协议的重新协商？其作用是什么？

9. 图 6-13 是针对 TLS 协议的重新协商攻击，阐述攻击原理。

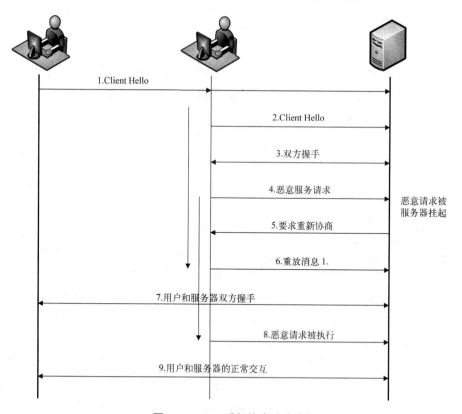

图 6-13　TLS 重新协商攻击实例

10. 查阅资料掌握 TLS 1.3 协议标准的制定进展并了解 TLS 1.3 协议，指出 TLS 1.3 协议的优势体现在哪些地方。

第 7 章　SSH 协议原理与分析

1995 年，芬兰研究人员 Tatu Ylonen 首次设计并实现了一种安全 Shell 协议，即 SSH 协议，其在短时间内迅速风靡全球。之后，Tatu Ylonen 创立了 SSH 通信安全公司，提供企业级的 SSH 安全方案和产品。SSH 是一种应用层密码协议，实现了在不安全的网络上提供安全远程登录及其他安全网络服务。

7.1　SSH 协议简介

SSH 通信安全公司于 1998 年重写协议规范，推出了 SSH2，并将其提交给 IETF 的 SecSh 工作组进行标准化。2005 年，SSH 通信安全公司又推出了 SSH G3，该版本的体系结构与 SSH2 兼容，但引入了一些优化和扩展，主要用以提高 SSH 的通信效率。2006 年 1 月，SSH2 正式成为 IETF 标准，由 RFC 4250～RFC 4256 这 7 个文档共同规定。随着密码技术的不断发展，SSH 协议标准也在发展更新。2008 年 2 月，SecSh 工作组又公布了两个草案，一个描述 SSH 如何使用 ECC，另一个描述 SSH 如何使用 UMAC（Message Authentication Code using Universal Hashing，使用通用哈希函数的消息验证码）。

SSH 客户端和服务器应用程序对大多数操作系统都可用，它可以作为远程登录或者远程执行 X 应用的隧道技术的备选方法。SSH1 完全免费，而后续推出的 SSH2 和 SSH G3 实现的是商业产品，因此，很多公司转而使用基于 SSH 标准的开源软件 OpenSSH。

用户通过 SSH 加密所有传输数据，避免了"中间人"攻击，而且也能够防止 DNS 和 IP 欺骗。另外，SSH 对传输的数据进行了压缩，提高了传输的速度。SSH 应用广泛，既可以代替 Telnet，又可以为 FTP、POP，甚至 PPP 提供一个安全的"通道"。

7.2　SSH 协议规范

7.2.1　SSH 协议框架

SSH 协议是应用层协议，基于 TCP，使用端口 22，提供机密性、完整性保护及身份认证功能，规定了算法协商、密钥交换、服务器身份认证、用户身份认证以及应用层数据封装处理等内容，主要由以下三种协议组成。

1）传输层协议

传输层协议综合了协商和数据处理两大功能，定义了密钥交换方法、公钥算法、对称加密算法、消息认证算法、散列算法和压缩算法协商的步骤和报文格式，定义了密钥计算方法以及数据封装处理等内容。它位于 SSH 协议套件的最底层，为套件中的其他协议和高层应用提供安全保护。

2）用户认证协议

用户认证协议规定了服务器认证客户端身份的流程和报文内容，它依托传输层协议。由于保护远程登录和文件传输等应用的用户账号口令安全是 SSH 设计的主要目标之一，所以它定义了专门的协议完成这项功能。

3）连接协议

连接协议将安全通道多路分解为多个逻辑通道，以便多个高层应用共享 SSH 提供的安全服务。

SSH 协议基本框架层次关系如图 7-1 所示。同时，SSH 协议还为许多高层的网络安全应用协议提供扩展支持。连接协议运行的前提是实现了用户认证协议，并成功完成了客户端身份认证。各种高层应用协议相对独立于 SSH 协议基本框架，并依靠这个基本框架，通过连接协议使用 SSH 的安全机制。

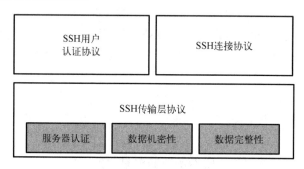

图 7-1　SSH 协议基本框架层次关系

7.2.2　SSH 协议交互过程

在 SSH 的整个通信过程中，传输层协议封装了用户认证协议和连接协议，并为它们提供安全保护，因此，首先由传输层协议完成版本协商和密钥交换过程，之后由用户认证协议完成身份认证，最后通过连接协议进行数据通信传输。

在使用 SSH 协议时，客户端首先通过三次握手与服务器的 22 号端口建立 TCP 连接，之后需要经过以下四个阶段完成 SSH 的通信过程。

1. 版本协商阶段

SSH 协议有多个版本，而且 SSH1 与 SSH2 之间是不兼容的，版本协商的目的是协定最终使用的 SSH 版本。在这个阶段中，通信双方以 ASCII 文本的形式向对方通告自己所使用的 SSH 版本信息。

（1）服务器向客户端发送第一个报文，以 ASCII 文本的形式向客户端通告自己所使用的 SSH 版本信息。形式为"SSH-protoversion-softwareversionSPcomments CR LF"，其中，protoversion 是协议版本号，由主版本号和次版本号组成；softwareversion 为软件名称和版本号；SP 为空格字符；comments 可选，可包含对当前使用版本的描述信息；CR LF 为回车换行字符。

(2) 客户端收到报文后，解析该数据包，如果服务器的协议版本号比自己的低，且客户端能支持服务器的低版本，就使用服务器的低版本协议号，否则使用自己的协议版本号。

(3) 客户端回应服务器一个报文，包含了客户端决定使用的协议版本号。服务器比较客户端发来的版本号，决定是否能同客户端一起工作。

(4) 如果协商成功，则进入密钥交换阶段，版本号协商信息也将用于随后的 DH 交换，否则服务器断开 TCP 连接。

在该阶段中，版本号协商报文都是采用明文方式传输的。

2. 密钥交换阶段

SSH 的密钥交换需要完成三项功能，即算法协商、DH 交换和计算密钥。服务器的认证信息包含在 DH 交换报文中。

SSH 支持预共享密钥和数字签名两种认证方法，使用预共享密钥方法时，报文中包含利用预共享密钥计算的 MAC；使用数字签名方法时，报文中包含数字签名。

SSH 默认使用数字签名的方法，此时，客户端必须获取服务器公钥，SSH 称该公钥为主机密钥(Host Key)。实现这一目标可采用两种途径：一是为每个服务器维护一个"名字/公钥"对；二是使用 CA 颁布的证书，并在本地保存 CA 的公钥。

(1) 算法协商：服务器和客户端分别发送算法协商报文给对端，报文中包含自己支持的公钥算法列表、加密算法列表、消息认证码算法列表、压缩算法列表等；服务器和客户端根据对端和本端支持的算法列表得出最终使用的算法。

(2) DH 交换：服务器和客户端互相发送包含 DH 交换公开值的报文，除此之外，服务器发送的报文中还包含服务器证书以及用该证书中的公钥对应的私钥所做的签名。

(3) 计算密钥：SSH 的两个通信方向以及加密和认证两项功能都要使用不同的密钥，这些密钥都是通过 DH 交换后双方所共享的密钥以及双方交互信息的哈希值等推导产生的。

通过以上步骤，服务器和客户端就协商出了共享会话密钥和会话 ID。对于后续传输的数据，两端都会使用会话密钥进行加密和解密，保证了数据传输的安全；在身份认证阶段，两端会使用会话 ID 支持认证过程。在协商阶段之前，服务器需要先生成 RSA 或 DSA 密钥对，以用于参与会话密钥的生成。

3. 身份认证阶段

服务器对客户端进行认证。

(1) 客户端向服务器发送认证请求，认证请求中包含用户名、服务名、认证方法名、与该认证方法相关的内容(例如，采用口令认证方法时，内容为口令)。"用户名"标识了被认证用户；"服务名"描述了认证成功后所需的服务；"认证方法名"指示所使用的认证方法，这三个字段都是字符串类型。

(2) 服务器对客户端进行认证，如果认证失败，则向客户端发送认证失败消息，其中包含可以用于再次认证的方法列表。

(3) 客户端从认证方法列表中选取一种认证方法再次进行认证。

(4) 该过程反复进行，直到认证成功或者认证次数达到上限，服务器关闭连接为止。

如果在 10min 之内没有成功完成认证，或重试次数已经超过 20 次，服务器会返回断开连接的消息并断开连接。

SSH 支持 4 种用户身份认证方法，即 publickey、password、hostbased 和 none，它们分别代表公钥认证、口令认证、基于主机的认证以及不使用认证。

使用公钥认证时，服务器利用基于 RSA 和 DSA 两种公钥算法的数字签名方法来认证客户端。客户端发送包含用户名、公钥和公钥算法的公钥认证请求给服务器；服务器对公钥进行合法性检查，如果不合法，则直接发送失败消息，否则，服务器利用数字签名对客户端进行认证，并返回认证成功或失败的消息。使用口令认证时，客户端向服务器发出口令认证请求，将用户名和口令加密后发送给服务器；服务器解密后与设备上保存的用户名和口令进行比较，并返回认证成功或失败的消息。

上述两种都是用户级的身份认证，如果一台主机上有多个用户且由宿主机代理用户完成身份认证，则会采用基于主机的认证方法，使用这种方法的前提是主机已经验证了用户的身份。

4. 数据通信阶段

身份认证通过后，客户端与服务器之间进行数据通信。

(1)客户端向服务器发送会话请求。

(2)服务器处理客户端的请求。请求被成功处理后，SSH 进入交互会话阶段；否则，服务器处理请求失败或者不能识别请求。

(3)客户端和服务器之间进行双向通信。

7.3　SSH 协议应用及工具

SSH 的应用方式可以分为两种：一种为用于安全的交互式会话或远程执行指令；另一种为用于保护各种应用安全。

1. SFTP

SFTP 基于 SSH2，但并未使用 TCP/IP 端口转发，而是作为 SSH 的一个子系统实现，名字为"sftp"。SFTP 并未使用 FTP 的框架，它自定义了文件传输协议，未区分控制连接和数据连接，可以同时保护控制命令和文件数据。

在用 SSH_MSG_CHANNEL_OPEN 消息建立通道，并用 SSH_MSG_CHANNEL_REQUEST 消息请求启动子系统后，就可以执行 SFTP 了。该协议的报文由 4 字节的长度字段、1 字节的类型字段、4 字节的请求 ID 字段以及变长的数据字段构成，其中请求 ID 字段用以匹配请求和响应，同时能够给每个报文唯一的标识。SFTP 报文作为 SSH 传输层协议报文的数据区进行传输。

SFTP 定义了 29 种报文类型，分别用于版本协商、文本表示方法通告(如换行的表示方法等)、文件传输属性协商(如最大的文件块尺寸等)、文件操作(如文件打开、关闭、删除、传输等)以及各种厂商自定义操作(用扩展请求报文和扩展响应报文完成该功能)。

2. 基于 SSH 的 VPN

基于 SSH 的 TCP/IP 端口转发功能可构建 VPN 并保护网络中所有进入和外出的通信量，原理如图 7-2 所示。

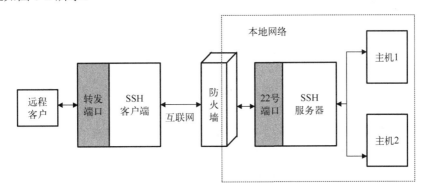

图 7-2　基于 SSH 的 VPN

远程客户安装 SSH 客户端软件，之后发往本地网络的所有通信量都由 SSH 安全通道投递，最后由服务器转发到目的地。使用这种结构，防火墙的访问控制列表（Access Control List，ACL）可配置为仅允许目标端口号为 22 的通信量通过，安全性得以保证，配置和管理也相对简单。

3. OpenSSH

SSH 通信安全公司同时提供商用的和免费的 SSH 产品。一个知名的 SSH 实现是 OpenSSH，它同时支持 SSH1 和 SSH2。OpenSSH 免费且开源，最初于 1999 年年底发布，之后被集成于 Linux、OpenBSD 和各种 UNIX 系统中。由于 SSH 通信安全公司的产权限制，很多企业和个人转而使用 OpenSSH。OpenSSH 是 OpenBSD 项目的产物。它同时包含了用以替代 Telnet 和 rlogin 的 ssh、用以替代 rcp 和 scp 以及用于替代 ftp 的 sftp 等客户端工具和 sshd 服务器系统。此外，它还包括 SFTP 服务器和密钥生成等一系列工具包。OpenSSH 可用于各种 UNIX 和 Linux 系统，在 Windows 下可以通过构建 Linux 仿真环境来使用它。

4. PuTTY

PuTTY 是英国剑桥大学 Simon Tatham 编写的一款免费开源 SSH 客户端产品，它同时支持各种 UNIX 和 Windows 平台。目前，很多免费及商用 SSH 产品都使用了 PuTTY 的源码，如用于 DOS 环境的 SSHDOS、用于 Windows Mobile2003 的 PocketPuTTY、用于 Palm 操作系统的 pssh、用于 Symbian 的 PuTTY 以及用于精简指令集计算机（Reduced Instruction Set Computer，RISC）的 NettleSSH 等。

5. 其他 SSH 工具

在商用产品中，AppGate 安全公司的 MindTerm 是一个应用广泛的 SSH 系统，它同时支持 SSH1 和 SSH2，并且完全基于 Java 实现。该产品对于无营利目的的个人用户也是免费的。VANDYKE 公司则给出了 3 个 SSH 产品，包括：用作 SSH 服务器，支持 SSH2，并同时支持 UNIX 和 Windows 系统的 VShell；同时支持 SSH1 和 SSH2，用于 UNIX、Windows 和 VMS 的 SSH 客户端 SecureCRT；用于安全文件传输客户端的 SecuteFX。

此外，MidSSH 是用于移动设备的 SSH 客户端，RBrowser 是用于 MAC OS 的 SSH 客户端。其他 SSH 免费和商用产品还有很多。

延伸阅读：SSH 分析案例

SSH 协议本身的安全性是可以得到保证的，但是在各种应用工具针对 SSH 协议的实现过程中，会因为各种原因存在很多被攻击的风险。比如，2016 年 12 月曝出了一个针对 OpenSSH 的中危漏洞，漏洞编号为 CVE-2016-10009，可致远程代码执行。漏洞出现在 ssh-agent 中，这个进程默认不启动，只在多主机间免密码登录时才会用到。sshd 服务器可以利用转发的 agent-socket 文件欺骗本机的 ssh-agent 在受信任的白名单路径以外加载一个恶意 PKCS#11 模块，任意执行代码。换句话说，是恶意服务器在客户端的机器上远程执行代码。当然，这个漏洞的利用条件是比较严苛的，要求攻击者控制转发 agent-socket，而且需要有主机文件系统写权限。因此，官方把该漏洞等级评为中危。基于 OpenSSH 庞大的用户量，可能有少部分主机会受此影响。

下面列举一些 2018 年以来曝出的 SSH 应用工具的漏洞（更多的漏洞可以在国家信息安全漏洞共享平台 http://www.cnvd.org.cn 上查阅）。

（1）Vobot Clock root 权限硬编码 SSH 凭证漏洞。

漏洞编号为 CVE-2018-6825。Vobot Clock 是配备有 Amazon Alexa、Sleep Coach 及 Daily Routine 程序的智能床头闹钟，Vobot Clock 0.99.30 之前的版本存在 root 权限硬编码 SSH 凭证漏洞。SSH 服务器存在具有完整 root 权限的硬编码 Vobot 用户账户和密码。

（2）OpenSSH sshd 拒绝服务漏洞。

漏洞编号为 CVE-2016-10708。sshd 是 OpenSSH 中的一个独立守护进程，OpenSSH 7.4 之前的版本中的 sshd 存在拒绝服务漏洞。远程攻击者可借助乱序的 NEWKEYS 消息利用该漏洞造成拒绝服务（空指针逆向引用和守护进程崩溃）。

（3）FreeSSHd 权限提升漏洞。

漏洞编号为 CVE-2017-1000475。FreeSSHd 是 Windows 平台下的一款免费 SSH 服务器，FreeSSHd 1.3.1 版本中存在安全漏洞。攻击者可利用该漏洞提取以启动进程。

（4）AsyncSSH 认证绕过漏洞。

漏洞编号为 CVE-2018-7749。AsyncSSH 是一个在 Python asyncio 框架中提供了 SSH 2 协议的异步客户端和服务器实现的 Python 包，AsyncSSH 1.12.1 之前的版本中的 SSH 服务器实现存在安全漏洞，该漏洞源于程序在处理其他请求之前，未能正确地检测身份认证是否完成。攻击者可利用该漏洞绕过身份认证。

（5）Paramiko SSH 服务器身份认证查询漏洞。

漏洞编号为 CVE-2018-7750。Paramiko 是一个基于 Python 的 SSH 协议库。SSH server 是其中的一个 SSH 服务器，Paramiko 中的 SSH 服务器实现的 transport.py 文件存在安全漏洞，该漏洞源于程序在处理其他请求之前未能正确地检测身份认证是否完成。

习　　题

1. SSH 传输层协议与连接协议的关系是什么？

2. SSH 用户认证协议的功能是什么？

3. SSH1 和 SSH2 的区别是什么？

4. 描述 SSH 用户认证协议的 4 种身份认证方法的原理。

5. SSH 用户认证协议支持基于口令的认证方法，且不对口令进行加密处理，为什么能够如此实现？

6. SSH 协议中采用 DH 密钥交换协议进行密钥交换，描述原始的 DH 密钥交换协议易遭受中间人攻击的原因，并指出 SSH 如何防止这种攻击。

7. SSH 客户端采用数字签名方式对服务器进行认证时，有几种方式？针对每种方式描述中间人可能的攻击方法。

8. 描述利用 SSH 协议端口转发功能构建 VPN 的过程。

9. 查找相关资料，了解开源软件 OpenSSH 的使用方式，并基于它搭建 SSH 服务器。

10. 利用 OpenSSH 开发简单的 SSH 协议脆弱性分析工具。

第8章　无线局域网密码协议原理与分析

无线局域网(Wireless Local Area Network，WLAN)给人们生活带来极大的便利，但无线局域网的开放特性也方便了攻击者物理接触网络。无线局域网国际标准由 IEEE 802 委员会制定，802 委员会从 1990 年成立 802.11 工作组，负责制定无线局域网相关协议标准，但具体的商业标准是由 Wi-Fi 联盟(Wi-Fi Alliance，WFA)推动的。WFA 主要致力于对无线设备进行严格测试，解决符合 802.11 标准的产品的生产和测试问题。Wi-Fi 本是 WFA 拥有的一个无线网络技术品牌，随着 Wi-Fi 设备在生活中的普及，人们习以为常将无线局域网称为 Wi-Fi 网络。本章围绕 802.11i 相关标准，介绍 WLAN 密码协议原理及安全分析。

8.1　802.11i 标准和 WPA/WPA2 概述

1. 802.11i

为适应不同的需求，IEEE 802.11 工作组提出了一系列持续扩展的标准。

最初，无线网络中使用有线对等保密(Wired Equivalent Privacy，WEP)协议来保护无线网络安全，不久后 WEP 协议由于自身缺陷而宣告失败。802.11i 通过引入 TKIP(Temporal Key Integrity Protocol)和 CCMP(Counter CBC-MAC Protocol)协议来保证数据机密性和完整性，网络认证则由 802.1X 实现。TKIP 是为了兼容 WEP 协议进行的改进，但未能从根本解决问题。CCMP 则是一种基于 AES 的高级数据加密认证算法，安全性较高。802.11i 标准中与之对应的安全体系如图 8-1 所示。具体可参考 802.11i 标准文档。

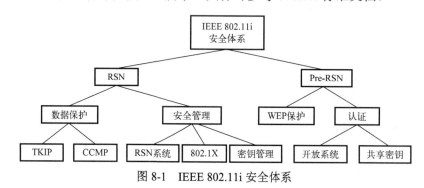

图 8-1　IEEE 802.11i 安全体系

2. WPA 和 WPA2

TKIP 和 CCMP 先后被 Wi-Fi 联盟制定的 WPA(Wi-Fi Protected Access)以及 WPA2 规范所采纳。WPA 是到 WPA2 的过渡标准，在安全性上二者的主要不同点在于 WPA2 支持安全性较高的 CCMP。简而言之，80211i 是 IEEE 制定的标准规范，WPA/WPA2 属于 Wi-Fi 联盟推行的实际商业标准。WPA2 中整合了所有 IEEE 802.11i 无线局域网安全规范的特性。

　　WPA/WPA2 分为两种模式：预共享密钥模式即 WPA/WPA2-PSK 以及企业模式 WPA/WPA2-Enterprise。WPA/WPA2-PSK 模式为一般家庭小型企业所采用的简易模式，也是日常生活中普遍采用的模式。这种模式中，AP(Access Point，无线接入点)在所有用户之间预设一个共享密钥来实现身份认证。WPA/WPA2-Enterprise 采用 802.1X 的认证框架，通常具有专门的 AS(Authentication Server，认证服务器)参与，每个用户通过不同的用户名和密码进行身份认证。WPA/WPA2 企业级模式的身份认证通过 802.1X+EAP 的方式实现，而数据通信的机密性和完整性保护方面，和 WPA/WPA2-PSK 的模式一样，都是基于 TKIP 或 CCMP 协议的。这种模式不存在预共享密钥，而是借助于 RADIUS 服务器。802.1X 本身只是一种认证框架，认证依赖于扩展认证协议(EAP)和用于认证的具体 EAP 方法。扩展认证协议(EAP)是一个通用的协议。EAP 可以支持多种认证机制，它利用后端的认证服务器来实现各种认证机制的具体操作，认证者只需传递认证信息，这样使得 EAP 具有良好的可扩展性和灵活性。其可以支持包括 LEAP、EAP-TLS 和 PEAP 等多个安全认证方式。

8.2　802.11i 基础框架

　　首先介绍 802.11 规范中定义的无线局域网中的基础概念。

　　站点(Station，STA)：像笔记本电脑或手机这类携带无线网卡的设备。

　　接入点：为关联的 STA 提供接入到分布式服务功能的 STA，如无线路由器。

　　基础服务集(Basic Service Set，BSS)：802.11 标准中定义的无线网络基本构建组件。BSS 主要分为两类：Independent BSS 和 Infrastructure BSS。两者的区别在于 Independent BSS 中没有无线接入点(AP)参与，各 STA 之间直接交互，又称为 Ad-Hoc BSS，而 Infrastructure BSS 中所有 STA 之间通过 AP 进行通信，家庭中的 Wi-Fi 网络就属于这种类型。一般无特殊说明情况下，BSS 代指 Infrastructure BSS。

　　扩展服务集(Extended Service Set，ESS)：由一个或多个 BSS 构成的网络。

　　基础服务集标识符(Basic Service Set Identification，BSSID)：每个 BSS 唯一的身份号码，一般为无线 AP 的 MAC 地址。

　　服务集标识符(Service Set Identification，SSID)：可以理解为网络名，表示为一个 UTF-8 编码的可读字符串。

　　IEEE 802.11 通信场景有以下四种情况。

　　(1)同一基础服务集(BSS)的两个无线站点(STA)通过该单元的 AP 进行通信。

　　(2)同一独立 BSS 的两个 STA 直接进行通信。

　　(3)不同 BSS 的两个 STA 通过各自单元的 AP 进行通信，AP 通过分布式系统 (Distributed System，DS)连接。

　　(4)一个 STA 通过 AP 和 DS 与有线网络的站点进行通信。

　　IEEE 802.11i 只关心 STA 及其 AP 之间的通信安全。在上述情况(1)中，如果每个 STA 和 AP 之间建立安全连接，就能确保通信的安全性，与情况(2)类似，只是 AP 相当于在 STA 中。对于情况(3)，IEEE 802.11i 并不能保证途经 DS 的通信安全，而只能保证各自 BSS 环境中的局部通信安全。端到端的安全服务(如果需要)由更高层次来提供。同样，情况(4)

中，安全服务只能在 STA 及其 AP 之间提供。

图 8-2 描述了 IEEE 802.11i 的操作过程，矩形框表明网络媒体协议数据单元(Media Protocol Data Unit，MPDU)的交换。

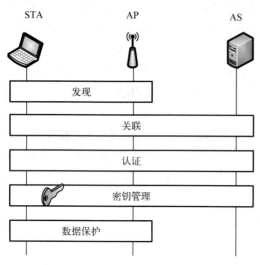

图 8-2　IEEE 802.11i 的操作过程

发现(Discovery)：便于 STA 和 AP 之间的互相识别。AP 会通过广播信标 beacon 帧告知无线信号覆盖范围内的 STA 关于此站点的 SSID 等基本信息；STA 通过监听 beacon 帧获取到 SSID 等信息，发送 probe request 帧请求探查某个网络是否存在，AP 以 probe response 帧回应 STA。

当 AP 设置隐藏 SSID 时，其不会对外广播 beacon 帧。此时 STA 可以通过手动设置 SSID 等信息来发送 probe 帧进行发现操作。

关联(Association)：目的是让 STA 和 AP 相互协商安全功能配置，建立安全关联。在发现阶段的 probe response 帧中，AP 会提供支持的安全策略，STA 会从建议中选择认证和密钥管理等安全策略，放在 association 请求帧中，同时 AP 以 association 响应确立关联。

认证(Authentication)：目的是只允许授权基站使用网络，并且向 STA 保证连接网络的合法性。STA 和 AS 相互向对方交换证明自己的标志。认证交互成功之前，AP 会阻塞 STA 和 AS 之间非认证的流量。除了转发 STA 和 AS 之间的通信消息，AP 并不参与认证交互的过程。认证阶段使得一个 STA 与 DS 的一个 AS 能够相互认证。IEEE 802.11i 利用了一个标准 IEEE 802.1X，即基于端口的网络访问控制。IEEE 802.1X 是 802.11 范围之外的标准，主要为局域网提供访问控制功能，详见 8.3 节。

需要特别说明的是，802.11i 在发现和关联消息之间，还会有开放系统认证 open system authentication 帧的交换，但这些帧仅交换了 STA 和 AP 之间的身份标识，并不提供真正的认证功能。

密钥管理(Key Management)：AP 和 STA 执行一系列操作，以生成加密密钥并置于 AP 和 STA，而帧交换只在 AP 和 STA 之间进行，详见 8.4 节。

数据保护(Data Protection)：通过密钥管理产生的一系列密钥对在 STA 和 AP 之间的数据帧进行机密性和完整性保护。IEEE 802.11i 中定义了兼容 WEP 协议的 TKIP 和 CCMP 两个方案以保护 MPDU 中的数据传输，详见 8.5 节。

8.3　认 证 机 制

8.3.1　企业级认证

企业级认证是 802.11i 的一个核心组件，其使用了 802.1X 认证机制，以确保只有经过授权的用户和设备才能够访问网络资源。企业级认证是 802.11i/WPA2 中一种更为安全的认证模式,它通过使用 802.1X 认证机制来实现用户身份验证和动态密钥分配。该动态密钥将用于密钥管理过程中密钥的派生,详见 8.4 节。企业级认证模式的核心原理是使用动态密钥对无线网络数据进行加密和解密。动态密钥是一个仅在用户连接到网络时生成的临时密钥,每个用户连接到网络时生成的动态密钥都是不同的,这可以提高网络的安全性。在该认证模式中,认证服务器将验证用户身份信息,并向用户分配一个动态密钥,即成对主密钥(Pairwise Master Key,PMK)。

如图 8-3 所示,用户设备和接入点通过 802.1X 协议交换四个 EAP 消息(EAPOL-Start、EAP-Request/Identity、EAP-Response/Identity、EAP-Success/Failure),以确认双方的身份。

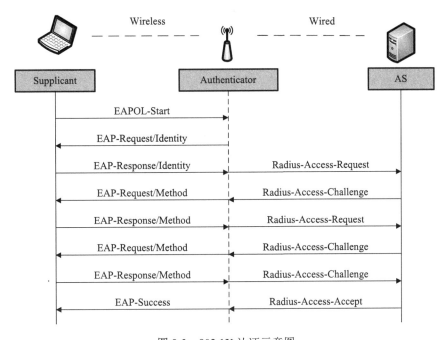

图 8-3 802.1X 认证示意图

EAP 是一种可扩展的、通用的、开放的认证协议,它不依赖于任何特定的身份验证方法,而是通过在 EAP 包中携带身份验证信息来实现身份验证。EAP 支持多种身份验证方法,如基于证书的身份验证、基于令牌的身份验证、基于密码的身份验证等。在企业级认证模式下,常用的 EAP 身份验证方法包括 PEAP、EAP-TLS、EAP-TTLS 等。

其中,PEAP 是一种基于 TLS 协议的 EAP 扩展协议。在 PEAP 中,客户端首先向认证服务器发送 EAP-Request/Identity 请求包,以获取认证服务器的身份信息。认证服务器回应 EAP-Response/Identity 包,其中包含认证服务器的身份信息。然后,客户端向认证服务器发送 EAP-Request/PEAP 包,该包中包含一个 TLS 握手协议的开始。之后,客户端和认证服务器之间建立一个安全的 TLS 通道,用于传输加密的认证信息。在该通道中,客户端通过 TLS 协议向认证服务器发送自己的身份验证信息,认证服务器通过 TLS 协议向客户端发送认证结果。如果认证成功，认证服务器会向客户端发送 EAP-Success 响应包，如果认证失败，认证服务器会向客户端发送 EAP-Failure 响应包。

另一种常用的 EAP 身份验证方法是 EAP-TLS。在 EAP-TLS 中，客户端和认证服务器之间也通过 TLS 协议建立一个安全的通道，用于传输加密的身份验证信息。在该通道中，客户端首先向认证服务器发送一个证书请求，认证服务器回应一个证书。之后，客户端和认证服务器通过 TLS 协议进行身份验证。

EAP-TTLS 是一种将 EAP 和 TTLS 结合起来的协议，它将 TLS 封装在 EAP 中，以提供一种强大的身份验证机制。在 EAP-TTLS 认证流程完成后，如果服务器验证成功，它将向客户端发送一个四次握手密钥管理消息，用于生成会话密钥。接下来的数据传输将使用该会话密钥进行加密和解密。此时，客户端可以正常连接到网络并开始数据传输。如果服务器验证失败，将断开客户端连接并禁止访问网络。

这些认证方法提供了不同的安全性和可扩展性，可以根据自己的需求选择最合适的认证方法。

8.3.2　预共享密钥认证

预共享密钥模式属于应用最为广泛的 Wi-Fi 认证模式。在预共享密钥模式中，双方的认证基于预先共享的密钥。用于后续派生临时密钥的成对主密钥（PMK）即是预共享密钥（PSK）。而预共享密钥则由如下公式派生而来：

$$PSK = PBKDF2(PassPhrase, ssid, ssidLength, 4096, 256)$$

具体派生算法 PBKDF2 流程如下。

PSK 生成算法

输入：口令 passPhrase，无线网络名 ssid
输出：PSK
Begin
   1   psk_1 = HMAC-SHA1(passPhrase，ssid||0x00000001)
   2   for i = 1 to 4095
   3   psk_1 = HMAC-SHA1(password，psk_1)
   4   end for
   5   psk_2 = HMAC-SHA1(passPhrase，ssid||0x00000002)
   6   for i = 1 to 4095
   7   psk_2 = HMAC-SHA1(passPhrase，psk_2)
   8   end for
   9   PSK = psk_1 || psk_2
  10   截取 PSK 前 256 位作为最终 PSK
  11   return PSK
End

预共享密钥模式在这一阶段没有数据帧交互，而是基于 8.4.2 节中的 EAPOL 四次握手密钥派生过程实现了双方身份的验证。

8.4　密钥管理

8.4.1　密钥结构

在密钥管理阶段,各种加密密钥被生成并分发给各个 STA。有两种类型的密钥:对密钥及组密钥。

对密钥:用于一对设备之间的通信,通常是 STA 和 AP。这些密钥形成一个层次结构,如表 8-1 所示,开始于一个动态派生其他密钥的主密钥,并且在有限时间内使用。

表 8-1　PTK 结构

成对临时密钥(PTK)		
(X bit)		
密钥认证密钥	密钥加密密钥	临时密钥
L(PTK,0,128)	L(PTK,128,128)	L(PTK,256,TK_128)
(KCK)	(KEK)	(TK)

组密钥:用于多播通信,一个 STA 可以发送网络媒体协议数据单元(MPDU)给多个 STA。在组密钥层次结构的最上层是组主密钥(Group Master Key,GMK)。GMK 是生成密钥的密钥,和其他输入一起使用派生组临时密钥(Group Transient Key,GTK)。

对密钥分发:用于对密钥分发的 MPDU 交换称为四次握手。STA 和 AP 使用这个握手来确认成对主密钥(PMK)的存在性,验证加密套件的选择,为接下来的数据会话派生一个新的成对临时密钥(PTK)。

组密钥分发:对于组密钥分发,AP 生成一个 GTK 并将其分发给多播组的每个 STA。和每个 STA 交换的两条消息如下。

(1)AP→STA:这条消息包括 GTK,使用 RC4 或者 AES 加密。用于加密的密钥是 KEK。这条消息中附加一个消息完整性码(Message Integration Code,MIC)值。

(2)STA→AP:STA 确认对 GTK 的接收。消息包括一个 MIC 值。

8.4.2　EAPOL 四次握手协议

本小节讲述 PTK 和 GTK 的具体派生过程,即 EAPOL 四次握手协议交互过程,如图8-4 所示。

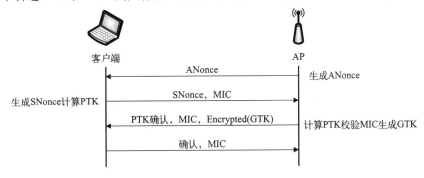

图 8-4　EAPOL 四次握手过程

（1）AP 向客户端发送 ANonce 随机数。

（2）客户端收到 ANonce 后产生 SNonce，根据 PTK 生成算法生成临时密钥，并用 KCK 作为密钥对消息 2 进行 HMAC 认证生成 MIC，将 SNonce 和 MIC 附在消息 2 中发送给 AP。

（3）AP 收到消息 2 后根据同样算法生成 PTK，同时验证 MIC 正确性，发送 PTK 确认，若使用组临时密钥（GTK），则 AP 本地生成 GTK 并用 KEK 对它进行加密发送给客户端。

（4）客户端发送对消息 3 的确认消息，附带该条消息的完整性认证 MIC。

通信双方根据 PMK 生成 PTK 的具体公式为

$$PTK = prf(PMK, A, R, X)$$

$$R = Min(AA, SPA) \| Max(AA, SPA) \| Min(ANonce, SNonce) \| Max(ANonce, SNonce)$$

式中，Min 与 Max 函数分别表示取二者中的最小值和最大值；AA、SPA 分别表示认证者（接入点 AP）的物理地址与连接请求设备 STA 的物理地址；ANonce、SNonce 为双方协商过程中的随机数。因此 R 为一个 76 字节的二进制随机串，A 为固定字符串"Pairwise key expansion"，X 为 PTK 的长度（比特），若采用 TKIP 协议，X 取 384，CCMP 中 X 为 512。prf 为以 HMAC 为基础算法的伪随机函数。

8.5 数据保护

8.5.1 TKIP

TKIP 作为一种对 WEP 协议的临时性替代安全协议，其 MPDU 结构如图 8-5 所示。TKIP 提供两种安全服务。

（1）消息完整性：TKIP 在 802.11 MAC 帧的数据域后面加了一个消息完整性码（MIC）。MIC 由 Michael 消息摘要算法生成，该算法使用源和目的 MAC 地址和数据域再加上密钥作为输入，计算出一个 64 位的值。

（2）数据保密：通过加密 MPDU 加上使用 RC4 的 MIC 值来进行数据保密。

TKIP 相对 WEP 协议做了以下修改。

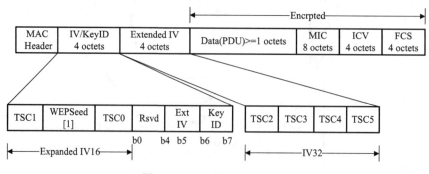

图 8-5 TKIP 的 MPDU 结构

增加 MIC 值的计算。接收方对收到的数据包解密并校验 ICV 值后会用 PTK 中的 MIC key 对 MIC 值进行重计算，与数据包中的 MIC 值进行对比判断数据包是否正确，不正确的包将被直接丢弃。消息完整性码主要用于防止消息伪造篡改攻击。TKIP 定义了一种新的消息完整性算法，即 Michael 算法。

Michael 算法是一种 Hash 函数，它是由 TKIP 的设计者 Michael Johnston 命名的，旨在提高数据的安全性。

Michael 算法的具体细节如下。

在使用 Michael 算法之前，需要选择一个密钥。这个密钥是由 802.11i 密钥管理协议生成的，可以是预共享密钥(PSK)或使用 IEEE 802.1X 认证生成的动态密钥 PMK。Michael 算法使用的是一个 32 位的哈希函数，它是由 HMAC-SHA1 和 RC4 加密算法组成的。在每个数据包中，TKIP 都会计算一个 32 位的 MIC 值，以确保数据的完整性。计算 MIC 值的过程如下。

(1)将数据包的帧控制字段、持续时间字段、目标地址、源地址、转发地址和载荷字段按照特定的顺序排列，形成一个连续的字节流。

(2)使用 Michael 算法对这个字节流进行哈希计算，得到一个 32 位的哈希值。

(3)使用 RC4 加密算法对上步得到的哈希值进行加密，得到一个 32 位的 MIC 值。

接收方在接收到一个数据包后，需要使用同样的密钥和数据包的内容重新计算 MIC 值，并将其与接收到的 MIC 值进行比较，以判断数据包是否被篡改过。如果两个 MIC 值不相等，说明数据包已被篡改，应该被丢弃。

因为考虑 TKIP MIC 的 Michael 的机制设计安全强度有限，TKIP 也实现了一种应对策略。这种应对策略综合考虑了成功伪造和攻击者已知密钥的大量信息的情况。TKIP 用 TKIP 序列计数器(TKIP Sequence Counter，TSC)来为每个 MPDU 包计序。对于序号错乱或未按照递增序号的 MPDU 包将会被接收方直接丢弃。TSC 的目的在于防止重放攻击。TKIP 从发送方到接收方的 WEP IV 和附加 IV 中对 TSC 值进行编码。

TKIP 采用了一个密码学上的混淆函数来将临时密钥 TK、TA 和序列计数值 TSC 用于 WEP 种子的计算。接收方从接收的 MPDU 中恢复 TSC 值，重新通过混淆函数计算 WEP 种子，然后利用该种子解密数据。这个混淆函数的设计目的在于抵抗 WEP 的弱密钥攻击。

TKIP 详细的加解密过程参考图 8-6 和图 8-7。

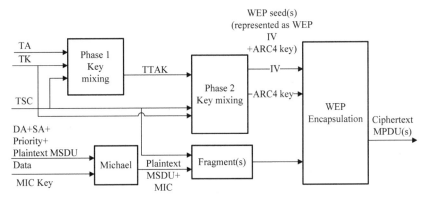

图 8-6　TKIP 加密过程

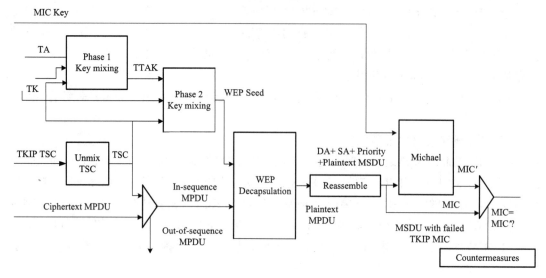

图 8-7　TKIP 解密过程

8.5.2　CCMP 协议

　　由于 TKIP 核心算法仍旧采用 RC4 算法,而 RC4 算法的安全性如前所述已经广受争议,因而注定 TKIP 只能作为安全协议中的过渡者,于是便有了 CCMP 标准的制定。在 802.11i 标准文档中规定 RSN 强制要求支持 CCMP。

　　CCMP 的 MPDU 格式如图 8-8 所示。

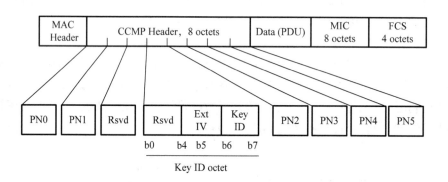

图 8-8　CCMP 的 MPDU 格式

　　CCMP 协议加解密实现基于 AES-128-CCM 算法,如图 8-9 所示。CCM 算法组合了 AES-CTR 模式用于数据加密和 CBC-MAC 用于完整性保护和认证。

　　CCM 要求每次会话都必须用全新的临时密钥,并且规定每个数据包加密都有一个 48bit 的随机数 PN 参与。对于同一个 TK,PN 重用,则本次会话失败。PN 还应用于解包过程中的重放检测,以防止重放攻击。

　　CCMP 详细的加解密过程参考图 8-10 和图 8-11。

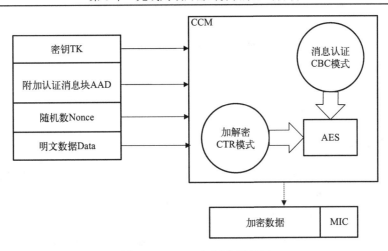

图 8-9　CCMP 加解密示意图

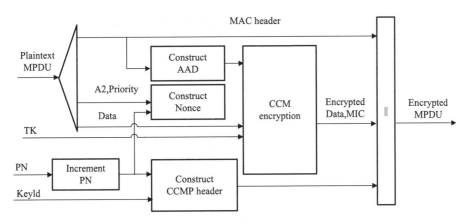

图 8-10　CCMP 协议 MPDU 加密过程

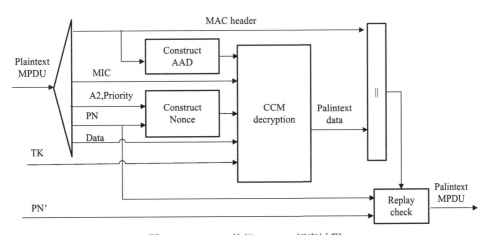

图 8-11　CCMP 协议 MPDU 解密过程

8.6　无线局域网安全分析案例

无线局域网的开放特性为其安全带来挑战，在应用过程中，出现了一些针对无线网络的攻击方式，本节做简单结束。

8.6.1　De-Authentication 攻击

De-Authentication 帧属于 802.11i 标准中定义的管理帧的一种，用来实现解除认证功能。802.11i 官方规定中 AP 或 STA 都可以主动向对方发送 De-Authentication 帧来表示需要解除之前的认证。需要指出的一点是，De-Authentication 帧属于一种通告消息，而并非请求消息，因此发送方与接收方之间并无交互。换言之，发送方在发送 De-Authentication 帧后不等待接收方回应，同样接收方在收到 De-Authentication 帧后只能被动重新去认证连接。接收方无法对 De-Authentication 帧的发送方进行实体认证，因为 802.11i 中并无 De-Authentication 帧的认证功能。因此，任何无线信号覆盖范围内的恶意攻击者都可以通过模拟 AP 向特定用户 STA 构造并发送 De-Authentication 帧，从而诱骗合法用户重新进行认证连接，甚至持续阻塞其正常连接 AP 上网。这种攻击称作 De-Authentication 攻击，原理如图 8-12 所示。

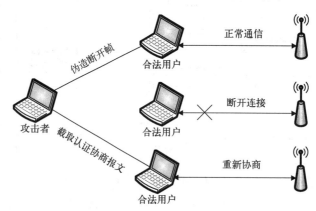

图 8-12　De-Authentication 攻击原理示意图

8.6.2　伪基站攻击

伪基站攻击可以轻易诱骗目标设备连接到攻击者预先设定的可控接入点。在无线客户端进行 EAP 认证数据包交换之前，会先进行与无线 AP 的关联。在此利用无线网络自动连接的特点来达到诱骗的目的。市场上的很多无线设备都默认基于之前连过的首选网络列表（Preferred Network List，PNL）自动选择曾经连过并保存的信号较强的网络进行接入认证。这种默认设置对用户来说非常方便实用，但同时也使得用户容易接入到钓鱼网络。因此将可控 AP 的 SSID 设置成与目标网络一致，此 AP 会广播 beacon 帧来供范围内的客户端搜索到。当可控的 AP 离目标客户端相对更近一些，并且信号功率比之更强时，便可诱导受害用户接入到钓鱼网络以进行用户认证信息的窃取，或者对其通信进行嗅探窃听。

8.6.3　WPA/WPA2-PSK 模式 Wi-Fi 口令分析

WPA/WPA2-PSK 模式是生活中最常见的无线网络配置,通过共享在合法用户之间的预设用户口令来实现接入身份的认证。针对 PSK 模式,可以采用无线嗅探加离线字典攻击的方式获取无线网络共享口令,以达到接入无线网络的目的。

PSK 模式的离线字典攻击基本原理如图 8-13 所示:基于 De-Authentication 攻击,攻击者在目标 AP 无线信号覆盖范围内便可实现让目标 AP 中的特定 STA 进行重新认证连接,同时将无线网卡设置成 Monitor 工作模式,便可嗅探到合法用户 STA 与 AP 之间的 EAPOL 四次握手数据包。PSK 模式离线破解原理如图 8-13 所示。攻击者通过解析数据包中密钥协商过程中的计算要素:1/4 数据包中的 AP 发给 STA 的随机数 ANonce、1/4 数据包中的 STA 发给 AP 的随机数 SNonce,以及数据包中 AP 与 STA 的 MAC 地址,便可在本地离线条件下不断重复 2/4 数据包的计算过程,将通过一条猜测口令计算得到的 MIC 值与 EAPOL 2/4 数据包中的 MIC 值进行比对来判定猜测正确与否。具体流程如图 8-14 所示。基于此原理可以通过字典攻击获取无线网络的预共享口令,进而实现对无线网络中的合法用户的通信数据的解密还原。因为可以根据口令和目标用户四次握手信息计算出用于通信加密的密钥 TK,进而依据 CCMP/TKIP 解密过程还原原始通信数据。其攻击框架如图 8-14 所示。

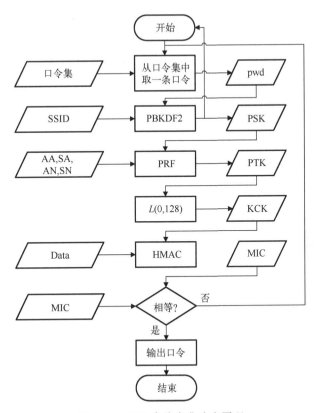

图 8-13　PSK 离线字典攻击原理

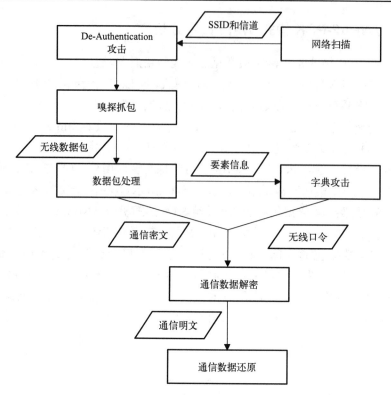

图 8-14 WPA/WPA2 口令攻击与通信解密基本原理示意图

8.6.4 企业模式的认证突破

1. LEAP 认证突破

现有 LEAP 认证突破方案如图 8-15 所示。在无线网络覆盖范围内，攻击者首先使用嗅探技术，监听得到目标网络基本信息，如 SSID、BSSID 以及工作信道等。在得到目标网络

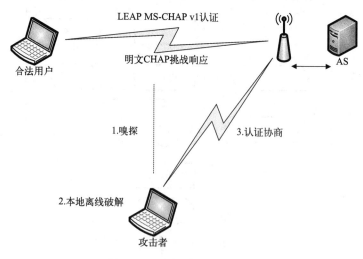

图 8-15 LEAP 认证突破

基本信息之后，攻击者将网卡信道设置成与目标网络一致，并且在监听模式下监听。当目标网络中有合法用户通过 LEAP 进行身份认证时，攻击者抓取到 LEAP 认证过程中的用户名，以及 CHAP 对应的挑战响应，在本地便可利用 CHAP 破解工具进行暴力破解，破解得到对应用户口令的 NThash 值。最后攻击者主动与目标网络进行连接，以截获的用户名身份要求接入网络。在 LEAP 认证过程中，攻击者收到 MS-CHAP v1 的挑战，因为其已拥有该用户口令的 NThash 值，所以可以构造出对应的正确的响应，发送给认证者。认证者通过其连接请求，攻击者成功实现非授权接入 LEAP 认证保护的网络。

2. PEAP 认证攻击

PEAP 利用 TLS 安全隧道传输 MS-CHAP 认证通信过程来克服 CHAP 容易遭受离线攻击的安全性缺陷。

目前针对 PEAP 认证的有效攻击手段包含中间人攻击手段。最简单的一种攻击方案便是伪 AP 攻击。脚本 freeradius-wpe 可以在开源项目 freeradius 的基础上利用伪 AP 收集 EAP 认证信息。

最典型的攻击方案是双面恶魔攻击（Evil Twin Attack）。该方案针对 PEAP 网络中服务器证书未严格绑定问题，通过伪造服务器证书并结合无线网络阻塞等手段，诱骗受害者连接到伪造的无线网络中，从而实施中间人会话劫持到 MS-CHAP v2 认证的破解素材。此种方案由于伪造服务器证书会导致终端安全提示，对于安全意识较高的用户难以实施。

另一种更为巧妙的方案是针对 PEAP 配置中未对客户端强制进行证书认证，以及 MS-CHAP v2 的认证响应可以被 MS-CHAP v1 的响应经过特定的变形构造得到等问题，利用中间人攻击手段，在客户端与伪 AP 之间进行不安全的 LEAP 认证，通过构造转换的方式，成功生成 PEAP 认证的挑战响应，从而非授权接入 PEAP 网络。

延伸阅读：KRACK 攻击和 WPA3 标准

2017 年，比利时研究人员 Mathy Vanhoef 发现了 WPA2 协议存在一个密钥重装漏洞，称为 KRACK（Key Reinstallation Attack，密钥重新安装攻击）。该漏洞主要出现在 WPA2 的 EAPOL 四次握手逻辑中。四次握手消息用于协商后续数据通信的加密密钥，其中交互的第 3 个消息报文被篡改重放，可导致中间人攻击重置重放计数器及随机数值 Nonce，重放给客户端，使其安装上不安全的加密密钥。几乎所有支持 WPA2 协议的 Wi-Fi 设备都存在这一漏洞。

Wi-Fi 联盟于 2018 年推出 WPA3 标准。WPA3 的目标是提供更高级别的安全保护，以应对现代网络环境中更加复杂和难以预测的网络攻击和威胁。

个人模式中 WPA3 使用 SAE（Simultaneous Authentication of Equals）协议提供更强的密码学保护。SAE 是一种新的密码协议，它基于 Diffie-Hellman 密钥交换协议和密码哈希函数来提供更强大的安全性，可以更好地防止暴力破解攻击和字典攻击。同时，个人模式中 WPA3 可以防止攻击者利用 Wi-Fi 漏洞来窃取数据和信息。例如，在 WPA3 中，对于公共 Wi-Fi 网络的连接，用户可以选择使用 OWE（Opportunistic Wireless Encryption）协议，它可以自动加密用户的数据流量,以保护用户的隐私。企业模式中 WPA3 引入了更安全的加密技术,如 256bit GCMP-256 和 AEAD 等,以提供更强大的保护。

　　总的来说,WPA3 是一种更加安全和强大的 Wi-Fi 保护协议,它可以更好地保护个人和企业网络的数据和隐私。WPA3 引入了新的加密和身份验证机制,以提供更高级别的安全保护,这些机制可以更好地应对现代网络环境中更加复杂和难以预测的网络攻击和威胁。

习　　题

1. 无线网络与传统以太网相比,在安全性方面最主要的问题是什么?
2. 无线网络安全协议要解决的两个关键问题是什么?
3. 试解释 password 和 PSK、PMK、PTK、KCK、KEK 的作用。
4. 阐述 EAPOL 四次握手交互过程,以及该协议存在的问题。
5. De-Authentication 攻击形成的原因是什么?
6. 从双方协议数据交互的角度阐述公开 SSID 的 Wi-Fi 网络连接交互过程。
7. 假设处在公共场所中,如 KFC 或星巴克,该场所 Wi-Fi 采用口令认证方式。试阐述如何获取他人连接 Wi-Fi 所浏览的 HTTP 网站内容。
8. 描述 Wi-Fi 口令破解的完整流程操作及相关原理,并以 Kali 系统中提供的相关工具为基础,进行 Wi-Fi 口令破解实验验证。
9. 通过查阅资料了解无线局域网鉴别和保密基础结构(Wireless LAN Authentication and Privacy Infrastructure,WAPI)的相关原理。

第三部分 网络密码系统分析实践

当前，密码已广泛应用到生活的各个角落。密码技术理论和工程联系紧密，在当前网络空间安全对抗博弈的大环境下，仅从密码算法或密码协议层面考虑安全问题显然是不够的，网络密码系统安全需要体系化设计和分析。

本部分针对典型操作系统、即时通信、压缩加密等密码应用场景，介绍其加密机制及安全分析技术，包括4章内容。第9章介绍Windows操作系统身份认证、数据保护和密码服务接口。第10章介绍Telegram安全机制、Telegram用户注册与通信加密、Telegram用户口令认证，以及Telegram相关的安全研究。第11章介绍WinRAR加密原理与分析、WinZip加密原理与分析、口令分析研究。第12章介绍OpenSSL功能和组件、编译安装、命令行应用、编程环境配置和常用编程接口。

第9章 Windows操作系统密码应用

Windows操作系统（简称Windows系统）是全球应用最广泛的操作系统之一，其安全机制实现中大量应用密码技术。本章将围绕身份认证、数据保护等关键环节，介绍Windows操作系统中的密码应用安全相关知识。

9.1 Windows身份认证

9.1.1 Windows身份认证概述

Windows 系统中的身份认证过程涉及多个步骤和技术，包括 NTLM 验证、SAM（Security Accounts Manager，安全账户管理器）文件验证、Kerberos认证和访问控制等。这些步骤和技术可以帮助保障Windows系统的安全性和保密性，防止未授权用户访问系统资源。

Windows 系统中的身份认证过程包括多个步骤，其大致处理逻辑为用户提供凭据、LSA（Local Security Authority，本地安全机构）处理验证、验证成功后LSA创建安全令牌用于后续访问资源等，同时还会伴有访问授权、记录审计信息等相关过程。

（1）用户提供凭据：用户在登录时提供用户名和密码等凭据，这些凭据会传递给 LSA 进行处理。用户在登录 Windows 系统时需要输入用户名和密码，这些信息将用于验证用户的身份。在 Windows 系统中，用户名可以是本地账户或者域账户，密码则由用户自己设定。

（2）LSA 处理验证：LSA 是 Windows 系统的核心组件之一，负责处理与安全相关的任务。当用户提供凭据后，LSA 会对其进行验证，具体的验证方式可能涉及多种协议和技术，如 NTLM、Kerberos 等。

① NTLM 认证：在用户输入用户名和密码后，Windows 系统会将这些信息传递给本地计算机或域控制器进行验证。如果使用的是 NTLM 验证，则会通过 LM Hash 和 NTLM Hash 等方式将用户的密码转换成哈希值进行验证。SAM 文件是 Windows 系统中用于存储本地账户和密码的文件。如果用户输入的账户是本地账户，则系统会在 SAM 文件中查找匹配的账户和密码信息。

② Kerberos 认证：如果用户输入的账户是域账户，则会使用 Kerberos 协议进行身份认证。在这种情况下，Windows 系统会将用户输入的用户名和密码发送给域控制器，域控制器使用 Kerberos 协议进行验证，并返回一个票据给客户端。

（3）创建安全令牌：当用户通过身份验证后，LSA 会创建一个安全令牌，该令牌包含用户的身份和权限信息，并用于授权用户访问系统资源。令牌中包含的信息有：

① 用户的 SID（Security Identifiers，安全标识符），用于标识用户；

② 用户所属的组的 SID；

③ 用户的权限信息，包括用户可以访问的资源以及对这些资源的操作权限；

④ 令牌的有效期，令牌会在一定时间后自动失效。

（4）访问授权：在用户尝试访问系统资源时，系统会对用户进行访问授权。具体的授权方式可能涉及多个因素，如安全策略、访问控制列表等。系统会根据用户的安全令牌中包含的权限信息，判断用户是否有权访问该资源。

（5）记录审计信息：如果用户访问系统资源成功或失败，系统会记录相应的审计信息，以便管理员进行安全审计和监控。

9.1.2　NTLM 认证

如果用户登录的是本地计算机，或者域环境中的计算机无法使用 Kerberos 进行身份验证，LSA 会使用 NTLM 协议进行身份验证。在这个过程中，LSA 会将用户提供的凭据发送给本地计算机或域控制器进行验证，验证成功后，LSA 会生成一个安全令牌。在本地登录中，NTLM 是 Windows Msv1_0.dll 中包括的一系列身份验证协议。NTLM 计算的详细过程如下。

（1）用户输入用户名和密码。

（2）客户端计算出用户密码的 NTLM 哈希值。

（3）客户端将用户名和 NTLM 哈希值发送到本地计算机。

（4）本地计算机将用户的用户名和哈希值与本地计算机上存储的用户账户数据库中的哈希值进行比较，以验证用户的身份。

（5）如果用户通过验证，则本地计算机会为该用户创建一个安全令牌，其中包含用户的安全标识符（SID）和所属组的 SID。该令牌还包含用户的权限和其他安全信息。

（6）本地计算机会将安全令牌传递给登录会话进程，该进程会使用该令牌作为用户的身份验证信息。

　　NTLM 主要使用了 LM Hash、NT Hash 等哈希算法，详细可参考 2.3.1 节相关内容。

　　在 Windows 系统中，本地计算机上的用户账户信息通常存储在一个名为 SAM 的数据库中。SAM 是一个系统级别的组件，它维护了本地计算机上所有用户和组的安全信息，包括用户密码的哈希值。在 NTLM 验证过程中，当用户输入其用户名和密码时，客户端会将这些值发送到本地计算机。然后本地计算机将这些值与存储在本地 SAM 数据库中的用户账户信息进行比较。如果信息匹配，则表示用户已通过验证。因此，SAM 数据库是 NTLM 验证过程中非常重要的组成部分。它存储了本地计算机上的所有用户账户信息，并提供了用户身份验证所需的哈希值和其他安全信息。

9.1.3　Kerberos 认证

　　如果用户登录的是域环境中的计算机，LSA 默认会使用 Kerberos 协议进行身份验证。这个过程中，LSA 会向域控制器发送一个 TGT（Ticket Granting Ticket，票据认可凭据）请求，域控制器会根据用户提供的凭据来验证用户身份，并返回一个 TGT。LSA 使用 TGT 来获取其他资源的访问票据（Ticket），从而实现访问授权。

　　Kerberos 是由 MIT 提出的一种网络身份验证协议，旨在通过使用密钥加密技术为客户端/服务器应用程序提供强身份验证。在 Kerberos 协议中主要是有三个角色的存在：

　　（1）访问服务的客户端（Client）；

　　（2）提供服务的服务器（Server）；

　　（3）密钥分发中心（Key Distribution Center，KDC）。

　　其中，KDC 服务默认会安装在一个域的域控中，而用户和服务器为域内的用户和服务器，如 HTTP 服务器、SQL 服务器。在 Kerberos 中 Client 是否有权限访问服务器的服务由 KDC 发放的票据来决定。

　　Kerberos 认证过程如图 9-1 所示，整个认证过程由三个类型的消息交换组成：验证服务交换、票据授予服务交换和客户端/服务器交换。验证服务交换包括 KRB_AS_REQ 和 KRB_AS_REP 消息（消息 1 和消息 2），该验证服务交换在用户登录，或者 TGT 过期时发生。票据授予服务交换包括 KRB_TGS_REQ 和 KRB_TGS_REP 消息（消息 3 和消息 4）。客户端/服务器交换包括 KRB_AP_REQ 和 KRB_AP_REP 消息（消息 5 和消息 6）。用户与服务器都有各自的密钥，KDC 作为可信第三方，在数据库中存有域内所有用户和服务器的密

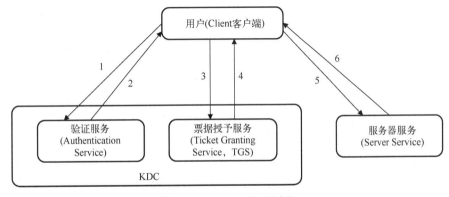

图 9-1　Kerberos 认证过程

钥,且拥有自己的密钥。Kerberos 认证的核心目的在于验证身份,并建立短期可靠的会话密钥,以确保通信的安全性。

Kerberos 详细的验证过程如下。

(1)KRB_AS_REQ:用户向 KDC(密钥分发中心)的验证服务申请 TGT。这条消息包括用户主体名称、域名和预认证信息。其中预认证信息的目的在于向 KDC 证明用户身份,并使用用户的密钥进行加密。

(2)KRB_AS_REP:验证服务会生成 TGT,并生成一个会话密钥(Session Key)。KDC 在收到 KRB_AS_REQ 消息之后,将从数据库中获得该用户的密钥,然后利用该密钥解密预认证信息,验证用户身份。验证通过后,KDC 中的 AS 生成 TGT 和登录会话密钥。用户将使用此登录会话密钥与 KDC 进行通信,此登录会话密钥由用户与 KDC 共享。TGT 中包括登录会话密钥和特权属性证书(Privilege Attribute Certificate,PAC)。TGT 由 KDC 的密钥加密,登录会话密钥则由用户密钥加密,将两者合并成 KRB_AS_REP 返回给用户。KDC 为节省资源,不会存储当前会话密钥,但后续可通过使用 KDC 自身的密钥解密 TGT 来获取会话密钥。

(3)KRB_TGS_REQ:用户通过提供 TGT、认证器和服务主体名向 TGS 申请服务票(Service Ticket)。用户收到 KRB_AS_REP 消息之后,使用自身的用户密钥解密登录会话密钥,保存登录会话密钥在证书缓存中。用户准备一个用登录会话密钥加密的认证器(Authenticator),连同 TGT 和服务主体名发送给 KDC。认证器的目的在于向 KDC 证明此时发送 TGT 的用户是有效的。

(4)KRB_TGS_REP:TGS 生成服务票。KDC 收到 KRB_TGS_REQ 消息之后,首先用自己的密钥将 TGT 解密,获得登录会话密钥,然后用它解密认证器,验证用户的有效性。当用户通过验证之后,KDC 会生成一个用户与服务器共享的会话密钥和一个服务票。服务票中包含用户与服务器共享的会话密钥的副本和用户 PAC,该票用服务器的密钥加密,而会话密钥用登录会话密钥加密,KDC 最后将两者返回用户。

(5)KRB_AP_REQ:用户将服务票和新的认证器发给服务器,申请访问。用户在收到 KRB_TGS_REP 消息之后,用登录会话密钥解密用户与服务共享的会话密钥,并将该会话密钥保存在证书缓存中。然后,用户准备一个用会话密钥加密的认证器,连同服务票和一些标志位发送给服务器。认证器的目的在于向服务器证明当前用户的有效性。

(6)KRB_AP_REP:可选,当用户希望验证提供服务的服务器时,服务器返回该消息。服务器收到 KRB_AP_REQ 消息之后,会用服务器的密钥解密服务票以获得会话密钥,然后利用会话密钥解密认证器以获得时间戳,最后验证用户。用户验证通过之后,服务器将生成访问令牌。同时,服务器会检查相互验证标志位是否置位,假如置位,则会利用从认证器中获得的时间戳生成一个新的认证器,然后用会话密钥给认证器加密,最后将其返回给用户。

(7)用户收到 KRB_AP_REP 消息之后,会用会话密钥解密认证器,验证服务的正确性。后续用户与服务器间的通信则在会话密钥的加密下进行。

以上即为标准的 Kerberos 认证及授权过程。微软在自己的产品中实现 Kerberos 的过程与以上过程略有不同,关键区别就在于 KDC 所返回的 KRB_AS_REP 中将包含一组 PAC 的信息。

PAC 中所包含的是各种授权信息，如用户所属的用户组、用户所具有的权限等。

在用户与 KDC 之间完成了认证过程之后，当用户需要访问服务器所提供的某项服务时，服务器为了判断用户是否具有合法的权限，必须将用户的用户名传递给 KDC，KDC 通过得到的用户名查询用户的用户组信息、用户权限等，然后将得到的信息返回给服务器，服务器再将此信息与用户所索取的资源的 ACL 进行比较，最后决定是否给用户提供相应的服务。然而这种方法导致服务器与 KDC 之间需要频繁通信，开销较大，因此在 Windows 的 Kerberos 实现中引入 PAC 进行改进。

在 Windows 的 Kerberos 实现中，默认情况下，KRB_AS_REP 信息中将包含一组 PAC 信息，也就是说，用户所得到的 TGT 会包含用户的授权信息。用户再使用包含授权信息的 TGT 去申请相应的 Service Ticket（服务票），KDC 在收到这个 KRB_AP_REQ 消息时，解析出 TGT 里的 PAC 信息，并将其加入到 Service Ticket 中进行返回。后续，当用户向服务器程序提交 KRB_AP_REQ 消息时，服务器程序将其中所包含的 PAC 信息传送给操作系统以得到一个访问令牌，同时将此 PAC 的数字签名以 KRB_VERIFY_PAC 的消息形式传输给 KDC，KDC 验证此 PAC 的数字签名并将结果以 RPC（Remote Procedure Call，远程过程调用）返回码的形式传输给服务器，服务器便可根据此结果判断 PAC 信息的真实性和完整性，并做出对 KRB_AP_REQ 的判断。

9.2　Windows 数据保护

Windows 中的数据保护机制包括加密文件系统（Encrypting File System，EFS）和 BitLocker 驱动器加密。EFS 可以对文件和文件夹进行加密，BitLocker 可以对整个驱动器进行加密。

9.2.1　EFS 加密文件系统

EFS 是 Windows 操作系统的一种文件级加密技术，用于以保护其机密性。EFS 使用公开密钥加密（Public Key Cryptography）技术来对文件进行加密和解密。当文件或文件夹被加密之后，对于合法 Windows 用户来说，操作经 EFS 加密的文件或文件夹与操作普通文件或文件夹没有任何区别，所有的用户身份认证和解密操作由系统在后台自动完成。而对于非法 Windows 用户来说，则无法打开经 EFS 加密的文件或文件夹。在多用户 Windows 操作系统中，不同的用户可通过 EFS 加密自己的文件或文件夹，实现对重要数据的安全保护。

在默认情况下，EFS 使用 256 位的对称加密算法 AES 和 2048 位的非对称加密算法 RSA 实现文件加密。用户可直接加密单个文件或整个文件夹（包含文件夹内所有内容）。当文件被加密时，EFS 将生成一个名为文件加密密钥（File Encryption Key，FEK）的随机数。EFS 使用 FEK 作为对称加密密钥，再使用用户的公钥加密 FEK，并将加密后的 FEK 存储在 EFS 的备用数据流中。用户公钥的来源可以是 X.509 格式的证书，或随机生成的公私钥对（公私钥对随后会被添加进用户的证书管理中）。这些步骤完成后，其他用户在未获取解密的 FEK 的情况下无法获取被加密的数据，同时由于没有私钥，其他用户也无法解密 FEK。

EFS 的加密策略合理地运用了对称加密算法和非对称加密算法的特点。由于非对称加密算法开销大、速度慢，因此直接将其用于加密数据并不合理。EFS 利用了对称加密算法速度快的特点，将其用于加密数据。然而保存 FEK 又是一个难题，并且若用户需要共享文件，直接传输明文 FEK 显然是不合理的。EFS 采取使用非对称密码加密存储 FEK 的方式，EFS 可使用被共享用户的公钥加密 FEK，再进行传输。任何人都可获取公钥，但无法使用公钥解密，对数据具有访问权限的用户可通过私钥解密获得 FEK，再通过 FEK 解密获取数据。EFS 的加密机制确保了文件的共享性和安全性。

对 EFS 的支持被合并到 NTFS（New Technology File System，新技术文件系统）驱动中。当 NTFS 遇到一个加密文件时，便调用其中的 EFS 函数，EFS 作为可与加密文件交互的应用对其进行解密。在加解密数据过程中，EFS 需要调用 Windows 用户模式下的 CNG APIs（Cryptography Next Generation APIs，下一代密码应用接口）来完成。

EFS 为一个加密文件存储一个信息块，该信息块包含一个条目（即密钥条目），EFS 将它们存储在 EFS 数据的数据解密域（Data Decryption Field，DDF）中。一个由多个密钥条目组成的集合称为一个密钥环。图 9-2 显示了一个文件的 EFS 信息格式和密钥条目格式。EFS 在密钥条目的第一部分存储了足够的信息来精确地表述用户的公钥，相关数据包括用户 SID、存放公钥的容器的名称、加密提供者的名称以及公钥（EFS）证书 Hash 值。在解密过程中只有公钥证书 Hash 值会被使用。密钥条目的第二部分存放了加密的 FEK。EFS 使用 CNG 和公钥密码算法加密 FEK。此外，EFS 将数据恢复密钥条目存放于数据恢复域（Data Recovery Field，DRF）中。数据恢复域的格式和其中条目的格式与数据解密域中相同。数据恢复域的作用在于使特定账户需要对用户数据进行操作时对用户数据解密。例如，在某公司中一个雇员忘记其登录密码时，管理员可重新设置其登录密码，但并不能恢复其加密的数据。

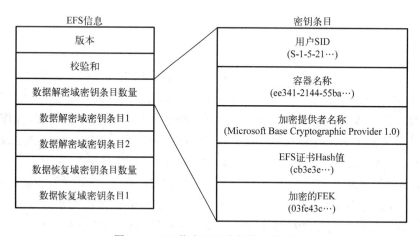

图 9-2　EFS 信息以及密钥条目的格式

当用户使用 EFS 加密某个文件时，加密过程如下。

（1）EFS 服务打开当前文件。

（2）此文件的数据流以明文形式暂存至系统的缓存目录。

（3）生成一个随机 FEK 并对此文件进行 AES 加密（默认情况）。

(4) 生成一个数据解密域 (DDF) 用于存储被用户公钥加密的 FEK, EFS 自动从用户 X.509 版本的证书中获取用户公钥。

(5) 若通过组策略指定了一个恢复代理, 则数据恢复域 (DRF) 将被创建用于存放被 RSA 加密的 FEK 和恢复代理的公钥。

(6) EFS 将加密数据、数据解密域和数据恢复域一同写入文件, 由于使用对称加密算法对文件数据进行处理, 且加密后的 FEK 通常小于 1KB, 故加密后的文件大小一般和未加密时是相同的。

(7) 删除明文缓存文件。

当某个应用需要调用被 EFS 加密的文件时, 解密过程如下。

(1) NTFS 识别出当前文件已被加密, 并向 EFS 驱动发送解密请求。

(2) EFS 驱动检索相关的数据解密域并将其发送给 EFS 服务。

(3) EFS 服务从用户的个人资料中检索用户的私钥并将数据解密域解密, 获取 FEK。

(4) EFS 服务将 FEK 传递至 EFS 驱动。

(5) EFS 驱动使用 FEK 对应用所需文件部分进行解密。

(6) EFS 驱动将解密内容返回至 NTFS, NTFS 将其传送至发出请求的应用。

EFS 的技术特点主要体现在以下几个方面。

(1) 对于用户来说, EFS 技术采用了透明加密操作方式, 即所有的加密和解密过程对用户而言是无法感知的。这是因为 EFS 运行在操作系统的内核模式下, 通过操作文件系统, 向整个系统提供实时、透明、动态的文件加密和解密服务。当合法用户操作经 EFS 加密的文件时, 系统将自动进行解密操作。

(2) 由于 FEK 和用户主密钥的生成都与登录账户的用户名和口令相关, 所以用户登录操作系统的同时已经完成了身份验证。在用户访问经 EFS 技术加密的文件时, 用户身份的合法性已经得到验证, 无须再次输入其认证信息。

(3) EFS 允许文件的原加密者指派其他的合法用户以数据恢复代理的身份来解密被加密的文件, 同一个加密文件可以根据需要由多个合法用户访问。

EFS 也存在以下缺陷。

(1) EFS 技术中密钥的生成基于登录账户的用户名和口令, 但并不完全依赖于登录账户的用户名和口令, 例如, FEK 由用户的安全 ID (SID) 生成。当重新安装了操作系统后, 虽然创建了与之前完全相同的用户名和口令, 但此账户非彼账户, 导致原来加密的文件无法访问。为解决此问题, EFS 提供了密钥导出或备份功能, 但此操作需要用户在重装系统前主动实施, 实际上有些用户由于并不具备预判重装系统引发的安全风险的能力, 没有进行密钥导出或备份。

(2) 由于 EFS 将所有的密钥都保存在 Windows 分区中, 攻击者可以通过破解登录账户进一步获取所需要的密钥, 以解密并得到加密文件。

9.2.2 BitLocker 驱动器加密

BitLocker 是 Windows 操作系统的一项全硬盘加密技术, 可保护整个硬盘上存储的数据不被未经授权地访问。BitLocker 可以使用可信平台模块 (Trusted Platform Module, TPM)

或 USB 存储器等硬件组件来保护密钥，并可与 Active Directory 集成以进行管理。

BitLocker 的运行模式有两种：标准模式（Standard）和便携模式（BitLocker To Go）。其中标准模式用于保护系统的固定硬盘，便携模式可保护移动硬盘，包括 U 盘。与可信平台模块（TPM）版本 1.2 或更高版本配合使用时，BitLocker 可提供最大保护。TPM 是计算机制造商安装在许多较新的计算机上的硬件组件，它与 BitLocker 配合使用，有助于保护用户数据，并确保计算机在系统脱机时未被篡改。在标准模式下，BitLocker 结合以下两种方法防止未授权的攻击者获取计算机数据：

（1）对硬盘上的整个 Windows 操作系统卷进行加密；

（2）验证前期启动（Boot）组件和启动配置数据的完整性。

BitLocker 使用全卷加密密钥（Full-Volume Encryption Key，FVEK）作为 AES-128-CBC 或 AES-256-CBC 的密钥对卷中内容进行加密。此外，FVEK 将被卷主密钥（Volume Master Key，VMK）加密并存放至卷的特殊元数据区域。确保卷主密钥的安全相当于变相地保护了卷中数据的安全。卷主密钥的添加使得信任链上游的密钥丢失时可较容易地重新配置密钥。BitLocker 提供了一种基于加密的认证方案以确保驱动器数据的完整性。尽管 AES 很安全，但其无法避免已修改的加密数据被攻击者再次利用。BitLocker 使用一种名为 Elephant 的扩散算法，这种扩散算法使加密后的数据中即使 1bit 的改动都会导致解密出的明文完全随机，确保了修改可执行代码的攻击失败。

BitLocker 在硬盘层面使用全卷加密（Full-Volume Encryption，FVE）驱动器。FVE 驱动器是一个过滤驱动器，其自动查看 NTFS 所有发送至卷的 I/O 请求，并用最初使用 BitLocker 时分配给卷的 FVEK 对其读的块进行加密，对其写的块进行解密。由于加密和解密发生在 I/O 系统的 NTFS 下层，故卷在 NTFS 看来是未加密的，而 NTFS 并不知道系统是否启用了 BitLocker，如图 9-3 所示。BitLocker 还使用了一个额外的措施，使已知某分区的明文攻击

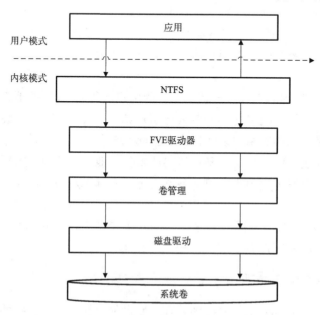

图 9-3　BitLocker 过滤驱动应用

更加困难，其将 FVEK 与分区编号结合，创建用于加密特定分区的密钥，并将加密数据用 Elephant 扩散混淆。BitLocker 确保每个分区都由具有微小差异的密钥加密，使相同的内容在不同的分区下密文不同。

9.3　Windows 密码学接口

9.3.1　CryptoAPI

CryptoAPI（Cryptographic Application Programming Interface，加密应用程序接口）是 Windows 操作系统中的一组 API，用于加密、解密、签名和验证数据。它支持多种加密算法和哈希函数。它提供了一个标准化的接口，使应用程序能够在不了解底层加密细节的情况下使用各种密码算法来保护数据。CryptoAPI 支持多种密码算法和密钥长度，并提供了一个可靠的随机数生成器，以保证密码的随机性和安全性。

CryptoAPI 提供了几个重要的组件。

基本加密函数：主要包括连接 CSP（Cryptographic Service Provider，加密服务提供程序）的上下文函数、用于密钥生成和存储的加密密钥生成函数、用于交换和传输密钥的密钥传输函数以及与 Hash 算法相关的函数。表 9-1 是主要的密钥生成和存储函数，表 9-2 是主要的加解密函数，表 9-3 是主要的 Hash 和数字签名函数。

表 9-1　主要的密钥生成和存储函数

函数	说明
CryptAcquireCertificatePrivateKey	对于指定证书上下文得到一个 HCRYPTPROV 句柄和 dwKeySpec
CryptDeriveKey	从一个密码中派生一个密钥
CryptDestoryKey	销毁密钥
CryptDuplicateKey	制作一个密钥和密钥状态的精确复制
CryptExportKey	把 CSP 的密钥做成 BLOB 传送到应用程序的内存空间中
CryptGenKey	创建一个随机密钥
CryptGenRandom	产生一个随机数
CryptGetKeyParam	得到密钥的参数
CryptGetUserKey	得到一个密钥交换或签名密钥的句柄
CryptImportKey	把一个密钥 BLOB 传送到 CSP 中
CryptSetKeyParam	指定一个密钥的参数

表 9-2　主要的加解密函数

函数	说明
CryptDecrypt	使用指定加密密钥来解密一段密文
CryptEncrypt	使用指定加密密钥来加密一段明文
CryptProtectData	执行对 DATA_BLOB 结构的加密
CryptUnprotectData	执行对 DATA_BLOB 结构的完整性验证和解密

表 9-3　主要的 Hash 和数字签名函数

函数	说明
CryptCreateHash	创建一个空 Hash 对象
CryptDestoryHash	销毁一个 Hash 对象
CryptDuplicateHash	复制一个 Hash 对象
CryptGetHashParam	得到一个 Hash 对象参数
CryptHashData	对一块数据进行 Hash 计算，把它加到指定的 Hash 对象中
CryptHashSessionKey	对一个会话密钥进行 Hash 计算，把它加到指定的 Hash 对象中
CryptSetHashParam	设置一个 Hash 对象的参数
CryptSignHash	对一个 Hash 对象进行签名
CryptVerifySignature	校验一个数字签名

证书存储函数：主要包括用于管理、使用数字证书的函数，表 9-4 即为主要的证书存储函数。

表 9-4　主要的证书存储函数

函数	说明
CertAddCertificateContextToStore	在证书库里增加一个证书上下文
CertAddCertificateLinkToStore	在证书库里增加一个对不同库里的证书上下文的链接
CertAddEncodedCertificateToStore	把编码证书转换成证书上下文并且把它加到证书库里
CertCreateCertificateContext	从编码证书中创建一个证书上下文，但这个上下文并不放到证书库里
CertCreateSelfSignCertificate	创建一个自签名证书
CertDeleteCertificateFromStore	从证书库里删除一个证书
CertDuplicateCertificate	通过增加引用计数来复制证书上下文
CertEnumCertificateInStore	在证书库里枚举证书上下文
CertFindCertificateInStore	在证书库里寻找证书上下文
CertFreeCertificateContext	释放一个证书上下文
CertGetIssuerCertificateFromStore	在证书库里得到指定主题证书的发行者
CertGetSubjectCertificateFromStore	获得主题证书的上下文
CertGetValidUsages	返回所有证书的用法
CertSerializeCertificateStoreElement	串行化编码证书的上下文
CertVerifySubjectCertificateContext	使用发行者来验证主题证书
CryptUIDlgViewContext	显示证书、CRL 或证书信任列表（Certificate Trust List，CTL）
CryptUIDlgSelectCertificateFromStore	从指定库中显示对话框，可以从中选择证书

消息函数：低级消息函数和简化消息函数。低级消息函数直接对 PKCS#7 消息操作。这些函数对传输的 PKCS#7 数据进行编码，对接收到的 PKCS#7 数据进行解码，并且对接收到的消息进行解密和验证。简化消息函数是比较高级的函数，是对几个低级消息函数和证书函数的封装，用来执行指定任务。这些函数在完成一个任务时，减少了函数调用的数量，因此简化了 CryptoAPI 的使用。表 9-5 显示了低级消息函数，表 9-6 显示了简化消息函数。

表 9-5　低级消息函数

函数	说明
CryptMsgCalculateEncodedLength	计算加密消息的长度
CryptMsgClose	关闭加密消息的句柄
CryptMsgControl	执行指定的控制函数
CryptMsgCountersign	标记消息中已存在的签名
CryptMsgCountersignEncoded	标记已存在的签名
CryptMsgDuplicate	通过增加引用计数来复制加密消息句柄
CryptMsgGetParam	对加密消息进行编码或者解码后得到的参数
CryptMsgOpenToDecode	打开加密消息进行解码
CryptMsgOpenToEncode	打开加密消息进行编码
CryptMsgUpdate	更新加密消息的内容
CryptMsgVerifyCountersignatureEncoded	验证 SignerInfo 结构中标记时间
CryptMsgVerifyCountersignatureEncodedEx	验证 SignerInfo 结构中标记时间签名者可以是 CERT_PUBLIC_KEY_INFO 结构

表 9-6　简化消息函数

函数	说明
CryptDecodeMessage	对加密消息进行解码
CryptDecryptAndVerifyMessageSignature	对指定消息进行解密并且验证签名者
CryptDecryptMessage	解密指定消息
CryptEncryptMessage	加密指定消息
CryptGetMessageCertificates	返回包含消息的证书和 CRL 的证书库
CryptGetMessageSignatureCount	返回签名消息的签名者数量
CryptHashMessage	创建消息的 Hash 值
CryptSignAndEncryptMessage	对消息进行签名并且加密
CryptSignMessage	对消息进行签名

总之，CryptoAPI 是 Windows 系统中一个非常重要的密码学 API，它提供了一组标准的接口，使应用程序能够使用各种密码算法来保护数据。CryptoAPI 还提供了一个可靠的随机数生成器和证书服务，以提高密码的安全性和可靠性。

除了基本的密码学功能，CryptoAPI 还提供了一些高级功能，如 CNG 和 CSP。CNG 提供了更高级的密码学算法和安全协议，如椭圆曲线密码算法和 TLS 协议。CSP 是 CryptoAPI 的一个扩展，可以使用第三方密码学模块和硬件安全模块。

9.3.2　CSP

CSP 为 Windows 平台上加解密运算的核心层实现，以 DLL（Dynamic Link Library，动态链接库）形式提供 Windows 服务接口，是真正执行加密工作的独立模块。CSP 的服务体系分层如图 9-4 所示。

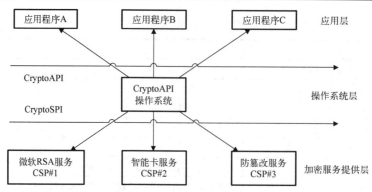

图 9-4　CSP 服务体系分层

CSP 服务体系从系统结构、系统调用层次方面来看，分为相互独立的三层。

(1)加密服务提供层，即具体的一个 CSP，它是加密服务提供机构提供的独立模块，负责真正的数据加密工作，包括使用不同的加密和签名算法产生密钥、交换密钥、进行数据加密以及产生数据摘要、数字签名。其独立于应用层和操作系统层，通过通用的 SPI(Serial Peripheral Interface，串行外设接口)编程接口 El 与操作系统层进行交互；有些 CSP 使用特殊硬件进行加密，而有些 CSP 则通过 RPC 分散其功能，以达到更为安全的目的。

(2)操作系统层，在此是指具体的 Win9X、Windows NT 和 Windows 2000 及更高版本的 32 位操作平台为应用层提供统一的 CryptoAPI 接口，为加密服务提供层提供 Crypto SPI 接口。操作系统层为应用层隔离了底层 CSP 和具体加密实现细节，用户可独立与各个 CSP 进行交互。此外，操作系统层有一定管理功能，包括定期验证 CSP 等。

(3)应用层，是指任意用户通过调用操作系统层提供的 CryptoAPI 使用加密服务的应用程序。

Windows 服务接口 z 根据 CSP 服务体系可知，应用程序不必关心底层 CSP 的具体实现细节，利用统一的 API 接口进行编程，而由操作系统通过统一的 SPI 接口来与具体的加密服务提供者进行交互，由其他的厂商根据服务编程接口 SPI 实现加密、签名算法，有利于实现数字加密与数字签名。

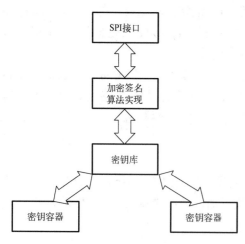

图 9-5　CSP 逻辑组成

CSP 在逻辑上的组成如图 9-5 所示，主要有以下部分。

微软提供的 SPI 接口函数实现。在微软提供的 SPI 接口中，基本密码系统函数由应用程序通过 CryptoAPI 调用，CSP 支持这些函数，为这些函数提供了基本的功能。

加密签名算法实现。如果是纯软件实现的 CSP，并且用存储型的 USB Key，则函数就在 CSP 的 DLL 或辅助 DLL 中实现。如果是带硬件设备实现的 CSP,并且用加密型的 USB Key，则 CSP 的动态库只是一个框架，一般函数的实现在 CSP 的动态库中，而主要函数的核心在硬件中实现，在 CSP 的动态库中只存放函数的框架。

CSP 的密钥库及密钥容器。每一个加密服务提供程序都有一个独立的密钥库，其为 CSP 内部数据库，此数据库包含一个或多个分属于每个独立用户的容器，每个容器都用一个独立的标识符进行标识。不同的密钥容器内存放不同用户的签名密钥对与交换密钥对以及 X.509 数字证书。出于安全性考虑，私钥一般不可以被导出。

微软目前支持的 CSP 如表 9-7 所示。

表 9-7　微软支持的 CSP

提供程序	说明
Microsoft 基本加密服务提供程序	可以导出到其他国家/地区的广泛基本加密功能
Microsoft Strong Cryptographic Provider	Windows XP 及更高版本中提供的 Microsoft 基本加密服务提供程序的扩展
Microsoft 增强 CSP	由 Microsoft 基本 CSP 通过较长的密钥和其他算法实现
Microsoft AES CSP	支持 AES 加密算法的 Microsoft 增强 CSP
Microsoft DSS CSP	使用安全 Hash 算法（SHA）和数字签名标准（DSS）算法提供 Hash 计算、数字签名和签名验证功能
Microsoft Base DSS 和 Diffie-Hellman CSP	DSS CSP 的超集，还支持使用安全 Hash 算法（SHA）、Diffie-Hellman 协议和数字签名标准（DSS）算法进行密钥交换、Hash 计算、数字签名和签名验证
Microsoft 增强型 DSS 和 Diffie-Hellman CSP	支持 Diffie-Hellman 密钥交换（40 位 DES 派生）、SHA Hash 计算、DSS 数字签名和 DSS 签名验证
Microsoft DSS 和 Diffie-Hellman/Schannel CSP	支持 Hash 计算、使用 DSS 进行数字签名、生成 Diffie-Hellman（DH）密钥、交换 DH 密钥和导出 DH 密钥。此云解决方案提供商支持 SSL 3.0 和 TLS 1.0 协议的密钥派生
Microsoft RSA/Schannel CSP	支持 Hash 计算、数字签名和签名验证。算法标识符 CALG_SSL3_SHAMD5 用于 SSL 3.0 和 TLS 1.0 客户端身份验证。此云解决方案提供商支持 SSL 2.0、SSL 3.0 和 TLS 1.0 等协议的密钥派生
Microsoft RSA 签名 CSP	提供数字签名和签名验证功能

由于每种 CSP 提供的算法过多，在此不详细介绍。以 AES CSP 为例，AES CSP 支持的算法如表 9-8 所示。

表 9-8　AES CSP 支持的算法

算法 ID	说明	注释
CALG_3DES	3DES	密钥长度：168 位 默认模式：CBC 块大小：64 位 不允许加盐
CALG_3DES_112	双密钥 3DES 加密	密钥长度：112 位 默认模式：CBC 块大小：64 位 不允许加盐
CALG_AES_128	AES 加密算法	密钥长度：128 位
CALG_AES_192	AES 加密算法	密钥长度：192 位
CALG_AES_256	AES 加密算法	密钥长度：256 位

续表

算法 ID	说明	注释
CALG_DES	DES 加密	密钥长度：56 位 默认模式：CBC 块大小：64 位 不允许加盐
CALG_HMAC	MAC 键控 Hash 算法	HMAC 计算
CALG_MAC	MAC 密钥 Hash 算法	分组密码 MAC
CALG_MD2	MD2 Hash 算法	
CALG_MD5	MD5 Hash 算法	
CALG_RC2	RC2 块加密算法	密钥长度：128 位 默认模式：CBC 块大小：64 位 可设置加盐长度
CALG_RC4	RC4 流加密算法	密钥长度：128 位 可设置加盐长度
CALG_RSA_KEYX	RSA 公钥交换算法	密钥长度：可以设置 384～16384 位 (以 8 位增量为单位) 默认密钥长度：1024 位
CALG_RSA_SIGN	RSA 公钥签名算法	密钥长度：可以设置 384～16384 位 (以 8 位增量为单位) 默认密钥长度：1024 位 签名符合 PKCS #6
CALG_SHA	SHA Hash 算法	
CALG_SHA_1	与 CALG_SHA 相同	
CALG_SHA_256	SHA Hash 算法	密钥长度：256 位 Windows XP：不支持此算法
CALG_SHA_384	SHA Hash 算法	密钥长度：384 位 Windows XP：不支持此算法
CALG_SHA_512	SHA Hash 算法	密钥长度：512 位 Windows XP：不支持此算法
CALG_SSL3_SHAMD5	SSL3 客户端身份验证算法	

延伸阅读：Windows Hello 和 TPM

　　Windows Hello 是 Windows 10 及其更新版本中的一项身份认证技术，支持多种身份认证方式，包括指纹识别、人脸识别和密码等。它可以使用硬件设备(如摄像头和指纹识别器)或虚拟设备(如 PIN)进行身份验证。通过 Windows Hello，用户可以更方便地登录 Windows 系统，同时提高了安全性，避免了使用弱密码等不安全的身份认证方式。

　　TPM 是一种安全芯片，用于存储加密密钥和数字证书等敏感数据。TPM 是一个硬件模块，可以直接集成在计算机的主板上。它提供了一个可信环境，保证了系统的安全性。在 Windows 系统中，TPM 可以用于存储 BitLocker 加密密钥，以提高系统的数据安全性。同时，TPM 还可以用于身份验证与系统的完整性和安全性验证。

　　在 Windows 系统中，Windows Hello 和 TPM 可以一起使用，以提高系统的安全性和保密性。Windows Hello 可以用于登录系统，而 TPM 可以用于存储加密密钥和数字证书等敏感数据，从而保证系统的安全性。通过使用这些技术，可以更有效地保护 Windows 系统的数据和敏感信息。

习　题

1. 分析 NTLM 认证的安全缺陷。

2. 解释 NTLM 和 Kerberos 协议的基本原理和区别。

3. 假设你是一个网络管理员，你将如何选择是使用 NTLM 还是 Kerberos 协议来保护你的网络？列出选择理由。

4. 解释 EFS 加密方法的基本原理，包括如何加密和解密数据。

5. 假设已经使用 EFS 加密了一些重要文件，但私钥已经丢失，如何恢复这些文件？

6. 假设想要将加密文件的访问权限限制为特定的用户或组，如何使用 EFS 来实现这一点？

7. 描述如何使用 CryptoAPI 来生成和管理数字证书。

8. 如何使用 CryptoAPI 来实现数字签名？

第 10 章 Telegram 即时通信软件安全机制分析

Telegram 是一款跨平台的即时通信软件，诞生于 2013 年，由俄罗斯知名社交网站 VKontakte 的创始人 Pavel Durov 和 Nikolai Durov 两兄弟创建。用户可以通过该软件发送消息，以及传递图片、视频等文件。据报道，截至 2022 年 10 月，Telegram 全球的活跃用户数已达到 5 亿。Telegram 对用户隐私提供了高级别的安全保护，能实现完全匿名、阅后即焚、位置不可追踪等特性，Telegram 安全机制分析研究具有重要价值，目前相关公开研究成果较少。本章重点围绕 Telegram 的加密协议(MTProto)阐述了其主要安全机制，并介绍了部分公开文献对其进行安全分析的研究成果。

10.1 Telegram 安全机制简介

Telegram 是一款基于云的移动和桌面消息传输应用软件，专注于安全性和效率。这款即时通信软件号称没人能监控，加密通信是其主打的功能。Telegram 客户端是自由使用并开放源码的软件，服务器使用专有软件。官方提供手机版(Android、iOS、Windows Phone)、桌面版(Windows、macOS、Linux)和网页版等多种平台客户端，同时官方开放应用程序接口(API)，因此用户拥有许多第三方的客户端可供选择。

Telegram 使用了自定义的加密协议 MTProto，可以通过 MTProto 代理绕过各种阻止 Telegram 应用的防火墙。MTProto 协议基于哈希算法 SHA-1、SHA-256、SHA-512，以及对称密码算法 AES、非对称密码算法 RSA 等实现客户端认证和安全的通信。Telegram 有两种通信模式，即常规通信与秘密通信。常规通信是基于云和客户端的通信模式，Telegram 服务器作为云服务器提供通信数据中转业务，为服务器和客户端之间的通信提供加密保护。秘密通信实现两个客户端的端到端通信保密，这是在常规通信加密的基础上又增加了一层加密。当前大部分 Telegram 客户端采用的是 MTProto v2.0，早期版本 MTProto v1.0 正在逐步淘汰。本节将根据 Telegram 官方文件介绍该协议的工作流程。

MTProto 协议旨在从设备上运行的客户端应用程序访问服务器 API。MTProto 协议分为三个几乎独立的组件：高级组件，定义将 API 请求和响应转换为二进制消息的方法；认证与加密组件，定义消息在通过传输协议发送之前进行认证与加密的方法；传输组件，定义客户端和服务器通过其他现有网络协议传输消息的方法。

1)高级组件

客户端和服务器通过高级组件(API)的 RPC(Remote Process Call，远程进程调用)查询语言在会话中交换消息。MTProto 会话关联到客户端设备的应用程序，而不是特定的传输协议接口。此外，每个会话都附加用户密钥 ID，通过这个 ID 完成认证。客户端与服务器可以同时有多个连接，消息能通过任何连接沿任一方向发送，共有如下几种类型的消息。

(1)RPC 调用(客户端到服务器)：对 API 方式的调用。

(2) RPC 响应(服务器到客户端)：返回 RPC 调用的结果。

(3) 消息确认：收到消息时的状态通知信息。

(4) 消息状态查询：消息在处理过程中所处的状态的查询指令。

(5) 消息容器：包含多条消息的数据封装，例如，可以通过 HTTP 连接一次发送多个 RPC 调用。

从较低级别协议的角度来看，消息是按照 4 字节或 16 字节边界对齐的二进制数据流。消息中的前几个字段是固定的，由加密/认证系统使用。每条消息都由消息标识符(64 位)、会话消息序列号(32 位)、消息长度(32 位)和消息正文(任意大小的 4 字节倍数)组成。每个 RPC 函数都有相应的消息类型。

2) 认证与加密组件

在首次启动 Telegram 应用程序时，用户需要进行初始化和注册，然后客户端和服务器之间通过 Diffie-Hellman 密钥协商过程产生一个长期使用的认证密钥，用于后续的认证和加密。在使用传输协议发送消息之前，会以某种方式对消息进行加密，并在消息前添加一个外部报头，该报头由认证密钥标识符和消息密钥构成。用户认证密钥与消息密钥共同定义一个 256 位的数据密钥，再使用 AES-256 加密算法对消息进行加密。要加密的消息初始部分包含变量数据(会话、消息 ID、序列号、随机盐)。客户端应用程序创建的认证密钥通常在首次运行 Telegram 时生成，几乎从不更改。为了提供更高的安全性，MTProto 在常规通信和秘密通信中都支持完全前向保密。

3) 传输组件

MTProto 将加密部分与外部报头构成的有效载荷合在一起从客户端传递到服务器。客户端和服务器之间的消息传输可以应用在多个现有网络传输协议之上，如 TCP、Websocket、HTTP 等。

如果应用 TCP 传输，只需通过端口 80、443、5222 发送 MTProto 生成的有效负载即可，也可以通过其他端口上的普通 TCP 套接字实现。TCP 传输方式必须显式确认所有消息。客户端可以设置仅使用指定端口，还可以在 IPv4 和 IPv6 之间优先考虑使用 IPv6。

Websocket 传输的实现与 TCP 几乎相同，可以通过端口 80 与 MTProto 服务器建立连接。有效负载的长度由 MTProto 协议定义，而不是由单个 Websocket 消息长度定义。通过 Websocket 消息接收和发送的所有数据都被视为单个双工字节流。

HTTP 可以在传统的 TCP 端口 80 上运行实现。消息成帧不受 MTProto 协议的管理，由 HTTP 本身处理。在实现浏览器客户端时，建议使用 Websocket 传输而不是 HTTP，其类似于 TCP 的全双工流逻辑，消除了中继回复时对 HTTP 长轮询和最终延迟的需求。客户端可以打开一个或多个与服务器的活跃 HTTP 连接。HTTP 连接附加到最近收到的用户查询中指定的会话中。如果需要发送一条或多条消息，它们将被组建成有效负载，然后向 URL/API 发出 POST 请求。如果要通过 HTTPS 建立连接，只需使用 TLS URI 格式，其余的与 HTTP 相同。

10.2　Telegram 用户注册与通信加密

为确保用户通信的安全性，Telegram 精心设计了独特的用户注册与通信加密流程。

10.2.1　用户注册及初始化

在首次启动 Telegram 应用程序时,用户需要进行注册和初始化。用户需要输入手机号码,服务器通过短信向手机发送一个五位数的验证码,然后用户通过将该验证码输入客户端程序并发回服务器来验证手机号码。当这个过程完成后,开始一个注册过程。

客户端 C 向服务器 S 发起注册的过程如下。

(1)C 向 S 发送一个 128 位的随机整数 nonce。

(2)S 发回给 C 的相应消息包括另一个 128 位的随机整数 server_nonce、整数 N 和一个 RSA 公钥指纹。其中 $N = PQ$,是两个不同的奇素数 P 和 Q 的乘积。通常,N 小于或等于 $2^{63}-1$。RSA 公钥指纹为 S 的公钥进行 SHA-1 运算后所得值的低 64 位。

(3)C 通过将 N 分解为素数 P 和 $Q(P < Q)$ 来提供一个安全证明。分解运算需要一定的工作量,这将有效防御对服务器的 DOS 攻击。C 在本地存储了几个 RSA 公钥,根据收到的指纹选择一个合适的 RSA 公钥。C 产生一个由 P、Q、N、nonce、server_nonce 和另一个 256 位随机整数 new_nonce 组成的有效载荷,将其使用 RSA 算法进行加密后发送给 S。

(4)S 用 Diffie-Hellman 参数 g、p 和 g_a 来回应,其中 p 是一个 2048 位的安全素数,g 是模 p 的本原元,a 是一个 2048 位的随机数,$g_a = g^a \bmod p$。这些参数用 AES-256 算法 IGE(Infinite Garble Extension)模式加密后发送给 C,密钥为 256 位,由 new_nonce 和 server_nonce 输入一个特殊的密钥导出函数 KDF(Key Derivation Function)产生。

(5)C 生成一个 2048 位的随机数 b,并计算出 $g_b = g^b \bmod p$ 和 $k = g_a^b \bmod p$。g_b 的值同样使用 AES-256 算法 IGE 模式加密后发送给 S。

(6)S 收到 C 的消息后,计算 $k = g_b^a \bmod p$。

至此,C 和 S 共享一个密钥 k,该密钥称为认证密钥。为保证上述注册过程的安全性,客户端还应检查以下要求,这些要求与数字签名标准 FIPS 186-4 DSS 中对数字签名算法的要求类似,具体如下。

(1)$2^{2047} < p < 2^{2048}$。

(2)p 是一个安全素数,即 $(p-1)/2$ 也是素数。

(3)g 等于 2、3、4、5、6 或 7,并产生一个素数阶为 $(p-1)/2$ 的循环群。

(4)$1 < g_a$,$g_b < p-1$。

(5)建议检查 $2^{2048-64} < g_a$,$g_b < p-2^{2048-64}$。

注册过程产生的认证密钥 k 是客户端设备和服务器共享的 2048 位密钥,这是用户注册时直接在客户端设备上通过 Diffie-Hellman 密钥交换协议创建的,不会通过网络传输。认证密钥通常在应用程序首次启动时为每个用户创建一次。用户敲击键盘的间隔被用作生成创建认证密钥所需的高质量随机数的熵源。认证密钥在 Telegram 中记为 auth_key,被用于客户端和服务器之间的安全通信。

IGE 是一种使用较少的分组密码模式,由以下公式定义:

$$c_i = f_k(m_i \oplus c_{i-1}) \oplus m_{i-1}$$

其中,f_k 代表密钥为 k 的加密函数(在本书中是 AES):i 为 1～n,即明文块的数量。如图 10-1

所示，对于第一个输出块，需要两个初始化值 m_0 和 c_0，两者都取自前面描述的 IV 值。m_0 被描述为一个随机块，而 c_0 是它的对应密文。

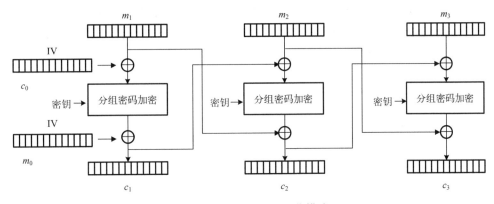

图 10-1　分组密码的 IGE 工作模式

10.2.2　Telegram 常规通信

常规通信又称为云聊天模式，客户端之间的通信都是通过"客户端—服务器—客户端"的模式进行的，通信安全保护机制是对客户端和服务器之间的通信进行加密。在 10.2.1 节中的注册过程之后，客户端和服务器之间已经有了共享的认证密钥，后续的安全通信都是建立在认证密钥基础之上的。

客户端和服务器之间的所有明文消息都会带有由盐和会话标识符组成的内部报头。常规通信消息有效载荷如图 10-2 所示。

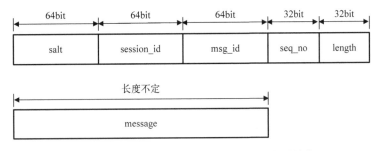

图 10-2　常规通信中加密的单条消息的有效载荷

（1）salt：用于多种保护目的的随机数，64 位。salt 每 30min 必须更新一次，并且每个会话必须独立设置。

（2）session_id：用于识别用户及其设备的唯一标识。

（3）msg_id：会话中消息的唯一标识。

（4）seq_no：消息序列计数器。

（5）length：消息的实际长度。

（6）message：消息的实际内容。

MTProto 协议传输消息时会以某种方式对消息进行加密，在加密后数据前会添加由密钥标识符和消息密钥组成的外部报头。auth_key_id 用来唯一标识服务器和用户的认证密钥，消息密钥 msg_key 实际为消息明文的认证码。认证密钥 auth_key 与消息密钥 msg_key 共同定义实际的 256 位数据加密密钥 aes_key 和 256 位初始化向量 aes_iv，用于在 IGE 模式下使用 AES-256 算法对消息进行加密。Telegram 官方文档给出的云聊天模式下的密钥产生与加密过程如图 10-3 所示。

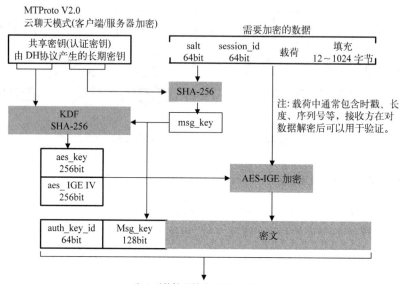

图 10-3 云聊天模式下的密钥产生与加密过程

Telegram 对消息加密前，需要计算消息密钥 msg_key、密钥标识符 auth_key_id 以及 AES 数据密钥和初始化向量(IV)。消息密钥、密钥标识符和加密数据构成加密数据单元。然后，加密数据单元就可以通过其他底层网络协议发送了。

(1)消息密钥。先对数据进行随机位填充，然后计算消息密钥 msg_key。在 MTProto 协议中，基于认证密钥和要加密的消息载荷(包括内部报头和填充数据)进行 SHA-256 哈希运算，选取其中 128 位作为消息密钥。

(2)密钥标识符。MTProto v1.0 采用了 SHA-1 计算密钥标识符，它是认证密钥 SHA-1 哈希值的 64 个低位，用于指示特定认证密钥。在密钥标识符发生冲突时，需要重新生成认证密钥。MTProto v2.0 仍采用 SHA-1 计算密钥标识符，以标识独立于协议版本使用的认证密钥，从而对较低版本的客户端具有兼容性。

(3)将消息密钥 msg_key 与认证密钥 auth_key 一起作为密钥导出函数(KDF)的输入，产生两个 256 位的值，分别作为加密该特定消息的 AES 密钥和 IGE 初始化向量(IV)。

假定 $z[a:b]$ 表示比特串 z 中第 a 位到第 $b-1$ 位，p 指载荷，c 指密文。认证密钥标识符取自认证密钥 SHA-1 哈希值的 96～160 位，共 64bit；消息密钥取自认证密钥部分数据与消息数据 SHA-256 哈希值的 64～192 位，共 128bit，其中认证密钥部分数据由 $704+x$～$960+x$ 位构成，共 256bit。消息密钥实际为消息明文基于双方共享认证密钥计算的消息认证码。

$$\text{auth\_key\_id} = \text{SHA-1}(\text{auth\_key})[96:160]$$

$$\text{msg\_key} = \text{SHA-256}(\text{auth\_key}[704 + x:960 + x] \| p)[64:192]$$

AES 加密密钥和 IV 的计算使用了一个构造精巧的密钥导出函数(KDF)，具体描述如下：

$$A = \text{SHA-256}(\text{msg\_key} \| \text{auth\_key}[x:288 + x])$$

$$B = \text{SHA-256}(\text{auth\_key}[320 + x:608 + x \| \text{msg\_key}])$$

$$\text{key} = A[0:64] \| B[64:192] \| A[192:256]$$

$$\text{IV} = B[0:64] \| A[64:192] \| B[192:256]$$

对数据加密的过程可以表示为 $c = \text{AES-256-IGE}(\text{key}, \text{IV}, p)$。auth_key_id 和 msg_key 放在密文前，这些数据一起发送到接收方，如图 10-4 所示。如果消息是 C 发出的，则 $x = 0$；如果消息是 S 发出的，则 $x = 64$。

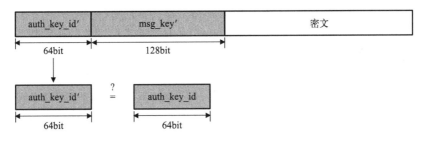

图 10-4　解密过程开始前检查 auth_key_id

接收方收到消息后，在解密过程开始前，对 auth_key_id 进行验证。接收方的 auth_key_id 需要与发送方附加到字节数组的值相匹配。如果不匹配，整条消息将被丢弃。

利用 KDF 产生解密数据的 AES 密钥和 IV 值。解密过程是加密过程的逆过程，计算消息密钥 $\text{msg\_key} = \text{SHA-256}(\text{auth\_key}[704 + x:960 + x] \| p)[64:192]$，再比较两个消息密钥 msg_key 是否相同以决定是否接收消息。

10.2.3　Telegram 秘密通信

与常规通信相比，秘密通信提供端到端的加密保护，旨在带来更强的安全性。秘密通信只能在两个特定的设备之间发起，因此消息只能在这些设备上读取。需要注意的是，秘密通信都是使用 10.2.1 节中已建立的连接完成的。所有数据都被视为常规通信 MTProto 协议的输入，因此将被加密两次。

Telegram 秘密通信的密钥交换是传统的 Diffie-Hellman 密钥交换。DH 参数从 Telegram 服务器获取，客户以与 10.2.1 节中相同的方式验证参数的安全性。假设用户 A 发起了与用户 B 的秘密通信：

(1) A 选择一个随机的 2048 位数字 a，并计算 $g_a = g^a \bmod p$；

(2) B 在所有认证设备上都可以收到该请求，只能在一个设备上接受该请求；

(3) B 产生随机的 2048 位数字 b，并计算 $g_b = g^b \bmod p$；

(4) 两个用户都可以计算出密钥 $k = g_b^a \bmod p = g_a^b \bmod p$，$k$ 是秘密通信中的主密钥，

图 10-5　认证密钥的可视化验证

也称为秘密密钥。

DH 协议本身并不对任何通信方的身份进行认证，因此容易受到主动的中间人攻击。为了缓解这个问题，用户可以选择显示各自秘密密钥的指纹信息。Telegram 提供了一种密钥可视化的方法，如图 10-5 所示，系统创建一个图片来展示密钥指纹信息。为了确保没有恶意的中间人，用户要通过这个图片验证密钥是否相同。在常规通信中没有这种机制。在实际情况下，用户不会实际见面以验证密钥。大多数人可能会忽略验证环节，有些人通过常规通信或其他不安全的渠道发送这种图片。

对于 128 位可视化的密钥指纹信息，有学者指出：基于生日悖论，中间人攻击可能只需要 2^{64} 次运算就可以攻击目标。Telegram 官方目前将可视化的密钥指纹信息提升到 288 位，这种改进使中间人攻击不再可行。

为了保证已完成通信的安全性，Telegram 考虑了提供前向安全性，一旦密钥用于加密超过 100 条消息或者使用超过一周，客户端就要重新协商该密钥，而旧密钥会被妥善安全地擦除，这样即使当前密钥泄露，也无法解密过去的消息。对于重新协商，会使用相同的 DH 参数，并基于已经建立的安全通道发送新产生的 g_a 和 g_b 值。

Telegram 秘密通信的消息有效载荷与常规通信略有不同，如图 10-6 所示。

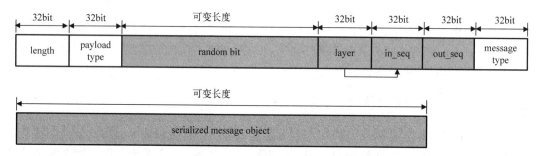

图 10-6　秘密通信中加密的单条消息的有效载荷

（1）length：有效载荷的长度（不包括填充长度）。

（2）payload type：载荷类型，消息头中与协议版本和消息类型相关的信息。

（3）random bit：由发送方生成最多 128 个随机位，然后以字节为单位指定其长度。

（4）layer：指定协议版本的整数。

（5）in_seq：输入顺序，传入消息的消息计数器。

（6）out_seq：输出顺序，传出消息的消息计数器。

（7）message type：消息头中的协议版本和消息类型。

（8）serialized message object：序列化消息对象，包含其他值和消息。

Telegram 官方文档中没有严格描述消息有效期和消息类型，它们都是和协议版本相关的参数，序列化消息对象包含随机数(random_id)、生存时间(ttl)、消息文本(message)和 media 头四部分，如图 10-7 所示。一般假设不存在媒体附件，因此 media 属性总是空的。这个有效载荷序列化为字节数组并加密。

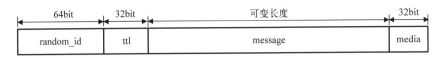

图 10-7　序列化消息对象

(1) random_id：用于识别消息的随机数，以明文形式发送。

(2) ttl：指定消息的生存时间(秒)，这涉及自毁机制。

(3) message：用户提供的实际消息文本。

(4) media：指定 media 附件的头。

Telegram 秘密通信采用协商的密钥 k 作为认证密钥，即 auth_key，对消息的加密过程和解密过程与 10.2.2 节所述相同。

10.3　Telegram 用户口令认证

在初始化过程之后，可以使用短信认证的方式登录账号。为让用户更方便和安全地使用 Telegram，可以通过设置口令进行用户认证，同时用户账号可以绑定常用的 E-mail，这主要是为了在用户忘记口令时进行口令更新。

Telegram 的口令认证采用了安全性较高的 Secure Remote Password 协议，即 SRP 协议。SRP 协议是一个基于口令的身份认证和密钥交换协议。SRP 协议的优点在于认证过程中不会有口令明文传递的现象，用户只需要持有口令即可。SRP 协议中服务器不需要存储用户的口令，而是存储随机盐值和相关参数。即便服务器被敌手攻破，敌手也无法仿冒用户。

Telegram 对用户口令和盐做一系列运算来产生用户的验证值，运算中使用的算法主要是 SHA-256。这个过程中还应用了一个特殊函数 PBKDF2，即利用 SHA-512 算法对口令和随机盐值进行 10000 次循环运算，目的是增加对用户口令攻击的代价。

为描述方便，假定 H 是 SHA-256，盐记为 salt；对每个用户产生两个随机盐 salt1、salt2，用户口令为 password，那么 $H(\text{data}) = \text{SHA-256}(\text{data})$；对盐的哈希运算 SH 定义为

$$\text{SH}(\text{data, salt}) = H(\text{salt} \mid \text{data} \mid \text{salt})$$

对于口令 password，定义了两种哈希运算，即 PH1 和 PH2：

$$\text{PH1}(\text{password, salt1, salt2}) = \text{SH}(\text{SH}(\text{password, salt1}), \text{salt2})$$

$$\text{PH2}(\text{password, salt1, salt2}) = \text{SH}(\text{PBKDF2}(\text{SHA-512, PH1}(\text{password, salt1, salt2}),$$
$$\text{salt1, 100000}), \text{salt2})$$

Telegram 在应用 SRP 协议时做了一些改进，具体过程如下。

假定用户 I 通过客户端 C 生成两个随机盐值 salt1、salt2。客户端 C 和服务器 S 都可以生成参数 k，$k = H(p,g)$，p 是 2048 位的安全素数，g 是 mod p 循环群的生成元，同 10.2.1 节所述。客户端 C 计算 $x = \text{PH2}(\text{password, salt1, salt2})$，$v = g^x \bmod p$。$v$ 作为用户 I 的验证

值，在用户 I 设置口令时加密发送给服务器。服务器存储 I、salt1、satl2、v 以认证用户。

认证和密钥交换过程如下。

(1) 客户端 C 生成一个随机的 2048 位数字 a，并计算 $A = g^a \bmod p$，发送 I、A 到服务器 S。

(2) 服务器 S 产生随机的 2048 位数字 b，并计算 $B = (kv + g^b \bmod p) \bmod p$，发送 B 到客户端 C。

(3) 客户端 C 计算 $u = H(A, B)$，$x = \mathrm{PH2}(\text{password}, \text{salt1}, \text{salt2})$，$v = g^x \bmod p$，$k_C = (B - kv)^{a+ux} \bmod p$。

(4) 服务器 S 计算 $u = H(A, B)$，$v = g^x \bmod p$，$k_S = (Av^u)^b \bmod p$。双方可以得到相同的密钥 k，这是由于 $k_C = (B-kv)^{a+ux} = g^{b(a+ux)} = g^{a(b+bux)} = g^{(a+ux)b} = (Av^u)b = k_S$。

(5) 客户端 C 计算 M1 $= H(H(p) \; x \text{ or } H(g) \,|\, \mathrm{H2}(\text{salt1}) \,|\, \mathrm{H2}(\text{salt2}) \,|\, A \,|B\,|K_C)$，并将 M1 发送到服务器 S。

(6) 服务器 S 计算 M2 $= H(H(p)x \text{ or } H(g) \,|\, \mathrm{H2}(\text{salt1}) \,|\, \mathrm{H2}(\text{salt2}) \,|\, A \,|\, B \,|\, k_C)$，并将 M2 发送到客户端 C。

如果 M1 $=$ M2，则 C 和 S 实现了双向认证，也确认了双方拥有相同密钥。

延伸阅读：Telegram 安全研究

Telegram 常规通信格式的消息只会在传输过程中加密，这意味着当 Telegram 服务器收到消息时，消息将会被解密，然后加密发送。任何有权访问该服务器的人，如 Telegram 工作人员，都可以看到这些消息。因此，默认情况下，Telegram 消息并不安全。为了确保消息的隐私和安全，需要端到端加密以防止内部工作人员窃取信息，采用秘密通信模式的可以提供这种保护。

Telegrams 私有的 MTProto 协议没有像其他标准协议那样经过广泛测试，并且 MTProto 是开源的，任何人都可以对其分析研究。对 Telegram 进行安全分析的公开资料很少，下面简要介绍了伦敦大学 Martin R. Albrecht 团队的研究成果。如果想进一步深入学习和了解这一领域，可以参阅相关文献。

Martin R. Albrecht 等对 Telegram 的 MTProto 协议做了深入研究，并在分析了部分 Telegram 客户端应用程序的开源代码后发现了一些漏洞。尽管这些漏洞都不是特别严重或容易被利用，对于大多数用户来说，直接风险很低，但这表明 Telegram "在一些基本数据安全保证方面存在不足"，无法提供像其他广泛部署的密码协议(如 TLS、SSL 等)那样的安全保证。Telegram 的加密服务"可以通过标准的加密方法做得更好、更安全、更值得信赖"。他们向 Telegram 开发人员披露了这些漏洞，并得到了积极的响应。Telegram 在 Android 7.8.1 版、iOS 7.8.3 版和 Desktop 2.8.8 版中提供了补丁。

Telegram 可能还有不少没有被发现的漏洞，为了保障通信安全需要进一步研究。已经发现的漏洞主要包括以下几个。

(1) 网络上的攻击者可以将从客户端到服务器的消息重新排序。

(2) 在某些特殊条件下，攻击者可以区分客户端或服务器加密的两条信息。Telegram 的消息确认机制可能被攻击者利用，对于接收方没有确认收到的信息会进行重传，这些信息被攻击者用于区分加密的两条信息。当前，这种攻击主要具有理论意义。

(3)通过分析多个 Telegram 客户端的实现，发现其中三个客户端(Android、iOS、Desktop)包含的代码理论上允许从加密消息中恢复一些明文。为了实现这类攻击任务，攻击者必须按数百万条消息的数量级向攻击目标发送许多精心构建的消息。如果攻击成功执行，可能会对 Telegram 消息的机密性造成毁灭性的影响。庆幸的是，这些条件在实践中几乎不可能实现。然而，这些实现弱点的存在凸显了 MTProto 协议的脆弱性。

(4)在客户端和服务器之间的认证密钥协商中可能存在中间人攻击。幸运的是，这种攻击在实践中也很难实现，因为它需要在几分钟内向 Telegram 服务器发送数十亿条消息。虽然用户需要信任 Telegram 服务器，但这些服务器及其实施的安全性不能被视为理所当然。

习　　题

1. Telegram 有哪些通信模式？分别有什么特点？
2. 简述 Telegram 的用户注册流程。
3. 在 Telegram MTProto 协议对消息加密时，AES 算法的加密密钥和 IV 是怎么产生的？
4. 简述 Telegram 中用户基于口令实现身份认证的过程。

第 11 章 典型压缩软件加密机制分析

压缩软件是利用算法将文件有损或无损地进行处理，以保留最多文件信息而令文件体积变小的应用软件。很多压缩软件都提供了基于口令的加密功能，可以让用户方便地实现隐私保护。压缩软件加密是信源类密码研究的重要内容，常用的压缩软件有 WinRAR、WinZip、BandZip 等。本章对 WinRAR 和 WinZip 这两种典型的压缩软件文件格式、加密算法以及加解密过程进行剖析，并进一步介绍口令分析方面的相关理论和技术。

11.1 WinRAR 加密原理与分析

RAR 是一种文件压缩与归档的私有格式，其名称源自作者 Eugene Roshal，为 Roshal ARchive 的缩写。Eugene Roshal 最初编写了 DOS 版本的编码和解码程序，后来移植到很多平台。Eugene Roshal 有条件地公开了解码程序的源代码，但是编码程序仍然是私有的。很多工具软件都可以用来产生 RAR 格式的压缩文件，但目前最常用的是 RARLAB 官方发布的软件 WinRAR。RAR 格式的压缩文件以.rar 后缀结束。由于 RAR 文件头也要占据一定空间，在数据压缩余地不大时，压缩过的文件可能比原文件要大。RAR 的一个主要优点是可以把源文件在压缩过程中分割成多个文件，并且很容易从分割的压缩文件解压出源文件。另外，RAR 也支持紧缩格式，把所有文件压缩到同一个数据区以加大压缩比，代价是解压一个单独的文件时必须解压其前面的所有文件。

WinRAR 能够实现对文件的压缩、加密和分块等功能。WinRAR 不同版本产生的压缩文件格式会有所不同，本章对当前主流的 WinRAR 5.0 格式进行介绍。

11.1.1 WinRAR 压缩文件格式

在介绍压缩文件格式之前，先对一些常用的数据类型进行说明。vint 表示可变长度的整数，包含一个或多个字节，其中每个字节的低 7 位表示整数数据，每个字节的最高位是延续标志位，若该位是 0，则该字节为最后一个字节。unit16、unit32、unit64 分别表示 16 位、32 位、64 位无符号型整数。

WinRAR 5.0 压缩文件格式如图 11-1 所示。一个压缩文件由许多不同的块(头)组成，白色部分表示可选块，灰色部分是必选块。下面分别对主要块的功能进行简要介绍。

(1)自解压块(Self-extracting module)：可选块，表示压缩文件是否可以自行解压。

(2)RAR 5.0 签名块(RAR 5.0 signature)：必选块，该块的作用是区分压缩文件的版本。

(3)档案加密头(Archive encryption header)：可选块，该头保存解密压缩文件所需要的信息，包括加密算法版本、用户口令的验证、盐值等方面的信息。

对档案加密头的各个字段的说明如表 11-1 所示。

图 11-1　WinRAR 5.0 压缩文件格式

表 11-1　档案加密头信息

字段名称	数据类型	说明
Header size	vint	档案加密头的长度，以字节为单位
Header type	vint	用来区分不同的头类型，该头类型为 4
Header flags	vint	所有头文件的通用标识： 0x0001，头部末端有额外的区域； 0x0002，数据区出现在头部的末端； 0x0004，更新归档时必须跳过未知类型和此标识的块； 0x0008，数据区从上一个卷继续； 0x0010，数据区在下一卷中继续； 0x0020，依赖于前面的文件块； 0x0040，修改主块后保留子块事件解释
Encryption version	vint	加密算法版本，目前只支持版本 0，即 AES-256
Encryption flags	vint	0x0001，存在口令验证数据；0x0000，不存在口令验证数据
KDF count	int	PBKDF2 函数迭代次数的二进制对数
Salt	int	对所有档案加密头使用全局 Salt 值，长度为 16 字节
Check value	int	长度为 12 字节，用于验证口令的有效性。只有加密标识为 0x0001 时才有该字段。前 8 字节使用 PBKDF2 计算，后 4 字节是校验和，加上标准报头 CRC32 值，共有 64 位的校验来验证该字段的完整性，能够区分出无效口令和损坏数据

(4) 主头 (Main archive header)：包含整个压缩文件的一些基本属性信息，各个字段的含义如表 11-2 所示。

表 11-2　主头信息

字段名称	数据类型	说明
Header CRC32	unit32	主头的 CRC (Cyclic Redundancy Check，循环冗余校验) 校验值
Header size	vint	主头的长度，单位为字节
Header type	vint	该类型为 1
Header flags	vint	同档案加密头标记的设置

续表

字段名称	数据类型	说明
Extra area size	vint	扩展区域大小，可选字段，仅当 Header flags 为 0x0001 时才存在
Archive flags	vint	0x0001，表示卷，归档是卷集的一部分； 0x0002，卷号字段存在，除第一个卷外，所有卷中都有这个标识； 0x0004，固定归档； 0x0008，存在恢复记录； 0x0010，锁定的归档
Volume number	vint	卷号，可选字段，只有 Archive flags 为 0x0002 时才存在。第一卷没有卷号，第二卷为 1，第三卷为 2，以此类推
Extra area	...	包含附加报头字段的可选字段，只有 Header flags 为 0x0001 时才存在

（5）档案注释头（Archive comment header）：对归档文件进行补充说明。

（6）文件头（File header）和服务头（Service header）：这两种头使用相似的数据结构，对其一并描述，详见表 11-3。

表 11-3　文件头和服务头信息

字段名称	数据类型	说明
Header CRC32	unit32	文件头（或服务头）的 CRC 校验值
Header size	vint	文件头（或服务头）的长度，单位为字节
Header type	vint	文件头类型为 2，服务头类型为 3
Header flags	vint	同加密头的设置
Extra area size	vint	扩展区域大小，可选字段，仅当 Header flags 为 0x0001 时才存在
Data size	vint	Data 区域的大小，可选字段，仅当设置了 0x0002 报头标识时才存在
File flag	vint	0x0001，目录文件系统对象（仅文件头）； 0x0002，出现 UNIX 格式的时间字段； 0x0004，存在 Data CRC32 字段； 0x0008，解压的文件大小未知
Unpacked size	vint	解压的文件或服务数据的大小
Attributes	vint	在文件头下，表示操作系统特定的文件属性，可以用于特定的数据需求；在服务头下，设置为 0
Mtime	uint32	UNIX 格式的文件修改时间，可选，如果 File flag 为 0x0002，则存在该字段
Data CRC32	uint32	解压的文件或服务数据的 CRC32 校验值，可选，如果 File flag 为 0x0004，则存在该字段
Compression information	vint	低 6 位（0x003f 掩码）包含压缩算法的版本，可能产生 0 ~ 63 个值，当前版本的值为 0； 第 7 位（0x0040 掩码）定义固定标识，如果设置了该参数，RAR 将继续使用处理前一个文件后留下的压缩字典，仅在文件头中设置； 第 8~10 位（0x0380 掩码）定义了压算法，目前只使用了 0~5，0 表示没有压缩； 第 11~14 位（0x3c00 掩码）定义提取数据所需最小的字典大小，0 表示 128Kbit，1 表示 256Kbit，…，14 表示 2048MB，15 表示 4096 MB
Host OS	vint	创建归档的操作系统类型： 0 x0000，Windows； 0 x0001，UNIX
Name length	vint	文件头或服务头名称长度

续表

字段名称	数据类型	说明
Name	vint	可变长度字段，包含 UTF-8 格式的名称长度字节，后面不带零
Extra area		包含附加报头字段的可选字段，只有 Header flags 为 0x0001 时才存在。 对于文件头，这是归档文件的名称。 对于服务头，这个字段包含服务头的名称，包含以下现在使用的名称： CMT，归档的注释； QO，归档快速开放数据； ACL，NTFS 文件权限； STM，NTFS 备选数据流； RR，恢复记录
Data area	vint	可选的数据区，只有当 Header flags 为 0x0002 时才存在该字段。在文件头下存储文件数据，在服务头下存储服务数据。根据 Compression information 中压缩算法值的不同，可以是未压缩的数据（压缩方法值为 0）或已压缩的数据

如果选择对文件内容加密，那么 Data area 中保存的就是经过加密的数据，并且文件头中的 Extra area 就会包含一个加密记录块（File Encryption Record），用来保存该加密文件对应的加密相关信息，加密记录块的结构和前面介绍的加密头结构类似，其各个字段如表 11-4 所示。

表 11-4　加密记录块信息

字段名称	数据类型	说明
Size	vint	整个加密记录块的长度，单位为字节
Type	vint	用来区分 Extra area 中不同类型的记录块，对于文件加密，该值为 0x01
Version	vint	加密算法版本。目前只支持 AES-256，值为 0
Flags	vint	0x0001，存在口令验证数据； 0x0002，使用加密校验和而不是明文校验和。 如果存在 0x0002 标识，RAR 将利用加密密钥计算加密校验和以验证文件或服务数据的完整性，依赖于加密密钥
KDF count	1B	PBKDF2 函数迭代次数的二进制对数
Salt	16B	PBKDF2 函数的 Salt 值
IV	16B	AES-256 加密算法的初始化向量
Check value	12B	用于验证口令的有效性。只有加密标识为 0x0001 时才有该字段。前 8 字节使用额外的 PBKDF2 轮数计算，后 4 字节是额外的校验和，加上标准报头 CRC32 值，共有 64 位的校验和来可靠地验证该字段的完整性，并区分出无效密码和损坏数据

（7）结束头（End of archive header）：归档文件的结束标记。解压过程中解压工具不会读取和处理结尾标记头后面的任何信息。该块的各个字段如表 11-5 所示。

表 11-5　结束头信息

字段名称	数据类型	说明
Header CRC32	unit32	归档结束头的 CRC 校验值
Header size	vint	归档结束头的长度，单位为字节
Header type	vint	用来区分不同的头部类型，该类型值为 1
Header flags	vint	同加密头的设置
End of archive flags	vint	0x0001 归档是卷且不是最后一个卷

上面仅对压缩文件格式中一些主要的头(块)进行了描述和解释，其他的可选块由于和文件的加密过程无关，这里不做详细介绍。如果读者感兴趣，可以自行到 RARLAB 官网查阅格式相关规范 RAR 5.0 Archive Format。

11.1.2　WinRAR 加密机制

使用 WinRAR 对文件进行压缩和加密时，根据选择使用的"压缩文件格式"不同以及是否选择"加密文件名"复选框(图 11-2)，文件的加密过程会有所不同，加密后生成的文件格式也会存在差别。在不考虑非 RAR 压缩格式和其他与加密过程无关的选项的情况下，使用 WinRAR 对文件进行压缩时一共有 4 种不同选择：RAR 5.0 压缩格式，不加密文件名；RAR 5.0 压缩格式，加密文件名；RAR 压缩格式，不加密文件名；RAR 压缩格式，加密文件名。这里主要以选择"RAR 5.0 压缩格式，不加密文件名"情况为例，详细介绍其加密和解密过程。

图 11-2　WinRAR 加密选项

(1) RAR 5.0 压缩格式，不加密文件名。

选择"RAR 5.0 压缩格式，不加密文件名"情况下文件的加密过程如图 11-3 所示。如果将 WinRAR 软件看成一个功能黑盒，它的输入是用户提供的口令和需要加密的源文件，输出是加密后的压缩文件。

① 初始化操作。随机产生 16 字节的盐 Salt 和 16 字节的初始化向量(IV)，设置 Count = 32768，KeyLength = 256bit。

② 进行 PBKDF2 计算。以用户输入的口令 password 和步骤①中的 Salt、Count、KeyLength 作为 PBKDF2 函数的输入参数进行计算，产生 32 字节的 AES 加密密钥 Key，即 Key = PBKDF2(Salt, password, Count, KeyLength)。读者可自行查阅 PBKDF2 算法相关介绍来进一步了解。

③ 产生 HashKey。在步骤②中 PBKDF2 运算结果的基础上，额外增加 16 轮迭代，产生 32 字节的 HashKey，该密钥用于在后期产生文件内容的校验值。

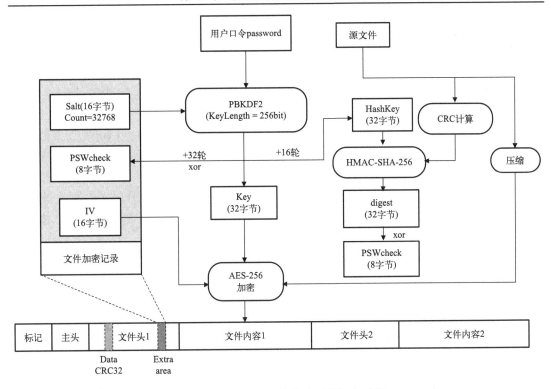

图 11-3 RAR 5.0 压缩格式下的加密过程

④ 产生 PSWcheck。在步骤③HashKey 的基础上，额外增加 16 轮迭代，产生 32 字节的 PswCheckValue，对 PswCheckValue 进行 32 轮异或操作后得到 8 字节的 PSWcheck，所做的操作如下：PSWcheck[i] = PswCheckValue[i]^PswCheckValue[i+8]^……。PSWcheck 随加密文件一起保存，作用是在解密时实现对用户口令的验证。

⑤ 计算源文件校验值。对源文件进行 CRC 计算，得到 4 字节的 CRC 校验值 value。将 value 作为 HMAC-SHA-256 函数的"消息"参数，HashKey 作为 HMAC-SHA-256 函数的"密钥"参数，产生 32 字节的消息摘要 digest，即 digest = HMAC-SHA-256(HashKey, value)。然后对 digest 进行 32 轮特定的异或操作，可以用伪代码表示为

$$\text{for}(\text{int } i = 0; i<32; i++) \text{ CRC32}^\wedge = \text{digest}[i]<<((i\&3)*8)$$

运算之后得到 4 字节的 Data CRC32 校验值。Data CRC32 校验值随加密文件一起保存，既能实现对用户口令的验证，也能实现对文件内容的校验。

⑥ 对文件内容进行压缩。

⑦ 压缩后内容加密。以 IV 为 AES-256 初始化向量，以 Key 为加密密钥，对步骤⑥中压缩后的文件内容进行 AES-256 加密，得到加密后的内容。

⑧ 按照①~⑦相同的步骤对所有文件进行压缩和加密，并按照图 11-1 所示文件格式进行保存，从而得到压缩后的文件。

在经过压缩和加密过程后生成的压缩文件中，需要保存 Salt、Count、IV、PSWcheck 和 Data CRC32 值。其中 Data CRC32 保存在文件头 Header CRC32 中，Salt、Count、IV、PSWcheck 保存在文件头 Extra data 中的文件加密记录中，在解密阶段需要读取这些区域以

对口令进行验证。

解密过程基本上是加密过程的逆过程，对加密压缩文件的解密过程如下。

① 读取加密压缩文件的标记和主头部分，确定 RAR 版本。

② 读取文件头。读取第一个文件对应的文件头，获取 Salt、Count、PSWcheck、IV 和 Data CRC32 值。

③ 进行 PBKDF2 计算。以 Salt、Count、用户口令 password 和 KeyLength 为参数进行 PBKDF2 计算，得到文件解密密钥 Key、PSWcheck 和 HashKey，其步骤和加密过程中步骤 ②～④相同，详见加密过程。

④ 用户口令验证。将步骤③中产生的 PSWcheck 和步骤①中从文件主头读取的 PSWcheck 进行比较，如果相同，则说明验证通过，继续步骤⑤；不同则表明用户输入口令错误，用户重新输入口令转到步骤③，否则结束。

⑤ 文件解密。根据初始化向量(IV)和步骤③中产生的解密密钥 Key，对文件加密后的内容进行解密，得到压缩后的文件内容。

⑥ 文件解压。对⑤中得到的文件内容进行解压，得到文件的原始内容，即源文件。

⑦ 对源文件进行 CRC 计算，将计算得到的校验值作为 HMAC-SHA-256 的输入消息，HashKey 作为密钥，产生消息摘要。然后对消息摘要进行特定的异或运算，得到文件的校验值 Data CRC32。详见加密过程步骤⑤。

⑧ 将⑦中计算得到的 Data CRC32 值和步骤②中读取的 Data CRC32 进行比较，相同则说明用户口令正确并且文件没有损坏，转步骤⑨；否则说明文件损坏，退出。

⑨ 依次对所有文件重复进行步骤②～⑧，直到所有文件均被解密解压。

(2) RAR 5.0 压缩格式，加密文件名。

在压缩过程中，如果不选择"加密文件名"复选框而产生压缩文件，对于任何用户，即使不知道压缩文件的口令，也可以查看压缩文件中包含的文件名、文件大小、修改时间等信息。有时候对文件的保密要求比较高，并不想让非授权用户获得这些信息，因此就需要对这些信息进行加密。由于这些信息保存在压缩文件的主头、文件头等元数据块中，因此要加密文件名等相关信息，就需要对这些元数据块进行加密。

因此，对于"加密文件名"情况，文件的加密过程分为两个阶段，第一阶段是利用文件头中的加密记录实现对文件内容的加密，第二阶段是利用加密头实现对主头、文件头等元数据块的加密，这两个阶段的加密过程如图 11-4 所示。

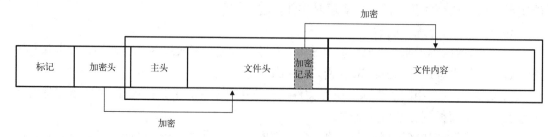

图 11-4　"加密文件名"情况下的两阶段加密过程

对于利用文件头中的加密记录加密文件数据，该过程和前面介绍的"不加密文件名"

的过程是一样的，这里不再赘述，这里主要对加密头加密元数据块的过程进行介绍。加密头对主头、文件头等元数据块的加密过程如图 11-5 所示。

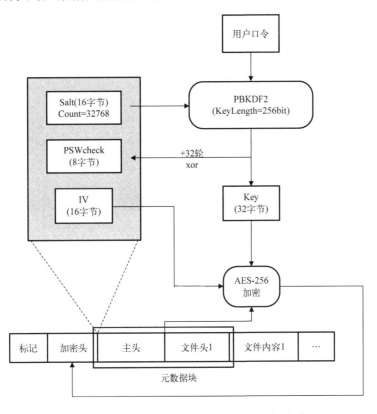

图 11-5　RAR 5.0 压缩格式下的元数据块加密过程

从图 11-5 可以看出，利用加密头对主头、文件头等元数据块加密的过程和前面介绍的对数据部分加密的过程类似，但又有相应的简化。首先通过 PBKDF2 计算得到加密密钥，利用该加密密钥去加密主头、文件头等元数据块，然后将 Salt、Count、PSWcheck、IV 保存在加密头中用于解压缩时对用户口令进行验证。事实上，IV 并不是保存在加密头中，而是保存在元数据块之前，每一个元数据块对应一个 IV。

这里需要特别指出的是，对元数据块和数据部分加密都用到了 PBKDF2 算法，需要用户提供用户口令，但它们实际上采用的是同一个口令，因此在采用压缩工具对文件进行压缩的过程中，只需要提供一个用户口令即可，并且默认情况下加密头和加密记录中保存的 Salt、Count 都一样。因此在文件解压时，只需要在解密元数据块时进行 PBKDF2 计算来对用户口令进行验证，在解密数据部分时不需要再进行 PBKDF2 计算来验证口令，并且直接使用解密元数据块过程中 PBKDF2 算法产生的密钥来解密文件内容，但要注意的是初 IV 发生了改变。

11.2　WinZip 加密原理与分析

ZIP（Zigzag Inline Package，锯齿排列式封包）是另一种数据压缩和文档储存的文件格式，通常使用扩展名 ".zip"。WinZip 是支持 ZIP 格式的使用最为广泛的软件，功能强大并且易用，还支持 CAB、TAR、GZIP、MIME 等更多格式的压缩文件。Microsoft 从 Windows ME 操作系统开始内置对 ZIP 格式的支持，即使用户的计算机上没有安装解压软件，也能打开和制作 ZIP 格式的压缩文件。OS X 和 Linux 操作系统也对 ZIP 格式提供了类似的支持。因此，如果在网络上传播和分发文件，ZIP 格式往往是最常用的选择。

11.2.1　WinZip 压缩文件格式

ZIP 会按一定的顺序和格式存储文件的信息。对于大型的文件，ZIP 可以将其分割成多个压缩部分，用户可以指定切分的数量，也可以指定每个部分的大小。根据公开的 ZIP 格式资料，ZIP 压缩文件格式如图 11-6 所示。

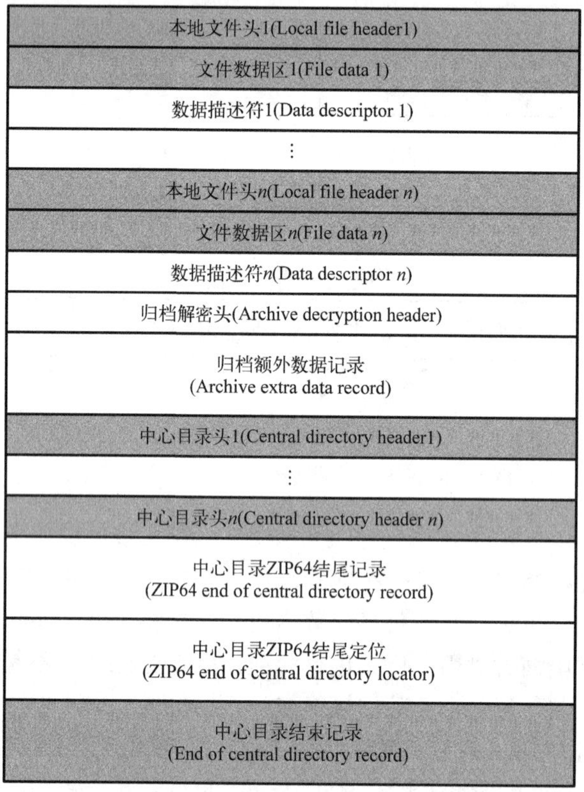

图 11-6　ZIP 压缩文件格式

ZIP 压缩文件由不同的块（头）组成，图 11-6 中白色为可选块，灰色为必选块。接下来对上述 ZIP 压缩文件格式中的主要数据字段进行介绍，对于特定的字段，其具体值通常对应于不同的解释和含义，对于有些字段，其经常包含十几个甚至几十个具体值的解释，由于篇幅有限，在此不做全面介绍。关于 ZIP 压缩文件格式的全面介绍可以参阅 PKWARE 官网给出的 ZIP 压缩文件格式规范官方文档。

（1）本地文件头（Local file header）。

必选字段，包含各目录和文件的基本信息，如表 11-6 所示。

表 11-6　本地文件头必选字段信息

字段名称	长度	说明
本地文件头签名(Local file header signature)	4B	0x04034b50
解压所需版本信息(Version needed to extract)	2B	解压文件所需的 ZIP 规范最低版本
通用位标记(General purposeBit flag)	2B	
压缩算法(Compression method)	2B	
最近修改时间(Last mod file time)	2B	
最近修改日期(Last mod file date)	2B	
CRC32 校验值(CRC32)	4B	
压缩后大小(Compressed size)	4B	
压缩前大小(Uncompressed size)	4B	
文件名长度(File name length)	2B	
额外字段长度(Extra field length)	2B	
文件名(File name)	可变长度	
额外字段(Extra field)	可变长度	如果文件加密,加密的基本信息存储于此

(2)文件数据区(File data)。

必选字段,紧跟着本地文件头的为文件的压缩或加密数据,其长度为压缩后文档大小的字节数,加密的文件数据区具体格式详见 11.2.2 节 ZIP。对于.zip 归档文件中的每个文件,按照[本地文件头][文件数据区][数据描述符]顺序重复排列。

(3)数据描述符(Data descriptor)。

可选字段,仅当设置了通用位标记的第 3 位时才存在该描述符,紧挨着压缩数据的最后一个字节,具体见表 11-7。

表 11-7　数据描述符可选字段信息

字段名称	长度	说明
CRC32	4B	
压缩后大小(Compressed size)	4B	
压缩前大小(Uncompressed size)	4B	

(4)归档解密头(Archive decryption header)。

可选字段,ZIP 格式规范 6.2 版本中引入归档解密头,该部分用于支持中心目录的加密特性。当中心目录被加密时,该解密头位于加密数据之前,加密数据包括归档额外数据记录(如果存在)和加密的中心目录数据。该解密头与位于压缩文件数据之前的解密头。如果中心目录已经加密,则通过中心目录 ZIP64 结尾记录中的中心目录开始字段确认该解密头的起始位置,具体见表 11-8。

ZIP 的格式规范规定的加密算法包括 DES、3DES-112/168、AES-128/192/256、RC2、RC4 等,但在实际的 WinZip 软件实现中,仅使用 AES-128/256 加密算法。

(5)归档额外数据记录(Archive extra data record)。

可选字段,ZIP 格式规范 6.2 版本中引入归档额外数据记录,该记录用于支持中心目录的加密特性。当该记录存在时，其位于中心目录之前，其长度将在中心目录结束记录的中心目录大小字段中表示。如果中心目录压缩，但没有加密，则使用中心目录 ZIP64 结尾记录中的中心目录开始字段确定该记录的起始位置，具体见表 11-9。

表 11-8 归档解密头字段信息

字段名称	长度	说明
初始化向量大小(IV Size)	2B	
初始化向量(IV Data)	IVSize	该文件加解密使用的初始化向量
大小(Size)	4B	归档解密头剩余数据的大小
格式(Format)	2B	该解密头格式定义，当前唯一值为整数 3
算法标识(AlgID)	2B	加密算法的标识
比特长度(Bitlen)	2B	加密密钥的比特长度
标识(Flags)	2B	处理标识
加密的随机数据长度(ErdSize)	2B	
加密的随机数据(ErdData)	ErdSize	
保留字段 1(Reserved1)	4B	证书处理预留字段
保留字段 2(Reserved2)	可变长度	证书处理预留字段
口令验证数据大小(VSize)	2B	
口令验证数据(VData)	Vsize-4	
CRC32 验证字段(VCRC32)	4B	口令验证数据的 CRC32 校验值

表 11-9 归档额外数据记录信息

字段名称	长度	说明
归档额外数据标识 (Archive extra data signature)	4B	0x08064b50
额外字段长度(Extra field length)	4B	
额外字段数据(Extra field data)	可变长度	

（6）中心目录(Central directory)。

必选字段，中心目录记录了整个 ZIP 文件的相关信息，中心目录的结构主要包括中心目录头和数字签名两个部分，如图 11-7 所示。

图 11-7 中心目录结构

下面介绍中心目录结构中的中心目录头和数字签名的结构(见表 11-10、表 11-11)。

表 11-10　中心目录头信息

字段名称	长度	说明
中心目录头标识(Central file header signature)	4B	0x02014b50
文件版本信息(Version madeBy)	2B	文件兼容的主机系统
软件版本信息(Version needed to extract)	2B	提取文件所需的最低 ZIP 规范版本
通用位标记(General purposeBit flag)	2B	该目录头的格式定义,当前唯一值为整数3
压缩算法(Compression method)	2B	压缩算法的标识
最近修改文件时间(Last mod file time)	2B	
最近修改文件日期(Last mod file date)	2B	
CRC32 校验值(CRC32)	4B	
压缩后数据大小(Compressed size)	4B	
压缩前数据大小(Uncompressed size)	4B	
文件名长度(File name length)	2B	
额外字段长度(Extra field length)	2B	
文件注释长度(File comment length)	2B	
磁盘序号起始(Disk number start)	2B	
内部文件属性(Internal file attributes)	2B	
外部文件属性(External file attributes)	4B	
本地头相对偏移(Relative offset of local header)	4B	
文件名(File name)	可变长度	
额外字段(Extra field)	可变长度	
文件注释(File comment)	可变长度	

表 11-11　数字签名信息

字段名称	长度	说明
数字签名头标识(Header signature)	4B	0x05054b50
签名数据长度(Size of data)	2B	
签名数据(Signature data)	可变长度	

(7)中心目录 ZIP64 结尾记录(ZIP64 end of central directory record)和中心目录 ZIP64 结尾定位(ZIP64 end of central directory locator)。

中心目录 ZIP64 结尾记录和中心目录 ZIP64 结尾定位均为可选字段,主要用于支持大文件的压缩和加密,在普通的 ZIP 压缩和加密中不会用到,具体见表 11-12 和表 11-13。

表 11-12　中心目录 ZIP64 结尾记录信息

字段名称	长度	说明
中心目录 ZIP64 结尾标识(ZIP64 end of central dir signature)	4B	0x06064b50
中心目录 ZIP64 结尾记录大小(Size of ZIP64 end of central directory record)	8B	
文件版本信息(Version madeBy)	2B	文件兼容的主机系统
软件版本信息(Version needed to extract)	2B	提取文件所需的最低 ZIP 规范版本
磁盘序号(Number of this disk)	4B	

字段名称	长度	说明
中心目录起始位置磁盘序号	4B	
该磁盘中心目录中的条目总数	8B	
中心目录中的条目总数	8B	
中心目录大小(Size of the central directory)	8B	
中心目录起始位置相对起始磁盘序号偏移量	8B	
ZIP64 可扩展数据扇区(ZIP64 extensible data sector)	可变长度	

表 11-13　中心目录 ZIP64 结尾定位信息

字段名称	长度	说明
中心目录 ZIP64 结尾定位标识(ZIP64 end of central dir locator signature)	4B	0x07064b50
中心目录 ZIP64 结尾起始磁盘序号	4B	
中心目录 ZIP64 结尾记录相对偏移量	8B	
磁盘总数(Total number of disks)	4B	

(8)中心目录结束记录(End of central directory record)。

必选字段，该字段为归档文件的结束标记，见表 11-14。

表 11-14　中心目录结束记录信息

字段名称	长度	说明
中心目录结束标识(End of central dir signature)	4B	0x06054b50
当前磁盘序号(Number of this disk)	2B	
中心目录起始磁盘序号	2B	
该磁盘中央目录中的条目总数	2B	
中心目录中的条目总数	2B	
中心目录大小(Size of the central directory)	4B	
中心目录起始位置相对起始磁盘序号偏移量	4B	
ZIP 文件注释长度(.ZIP file comment length)	2B	
ZIP 文件注释(.ZIP file comment)	可变长度	

以上就是 ZIP 文件的总体结构，其中每个压缩源文件的头部区域与中心目录区域形成一一对应的关系。

利用上述各字段信息，就可以对一个 ZIP 文件进行解密和解压，处理流程如下。

(1)根据 ZIP 文件末尾的中心目录结束记录(End of central directory record)确定中心目录的位置、大小等相关信息。

(2)根据(1)中的信息在 ZIP 文件尾部找到中心目录(Central directory)数据块。

(3)在中心目录数据块中找到中心目录头 1(Central directory header1)。

(4)从中心目录头 1 中读取本地文件头 1(Local file header 1)的偏移量和文件数据区 1(File data 1)的相关信息。

(5)根据偏移量找到本地文件头 1，读取其中的信息。

(6)解密文件数据区 1(如果文件被加密,则执行此步,具体加密机制在后面介绍)。

(7)解压文件数据区 1。

(8)读取数据描述符 1(Data descriptor 1)。

(9)计算步骤(7)中得到的解压后的数据的 CRC32 校验值,并与本地文件头 1 和中保存的 CRC32 校验值比对,以确保解压后的数据完整性。

(10)重复步骤(3)~(9)直至将 ZIP 文件中所有文件处理完毕。

11.2.2 ZIP 加密机制

ZIP 的格式规范中预留了证书加密的字段,但目前并没有广泛应用。当前 ZIP 的主流加密方式为口令加密。从 ZIP 归档解密头的算法标识字段可以判断其采用的加密算法,目前 ZIP 只支持 2.0 版本的传统加密方式(PKWARE Encryption)和 5.1 版本之后的强加密规范(Strong Encryption Specification)。在使用 WinZip 对文件压缩加密时,会提供如下加密设置选项,如图 11-8 所示。

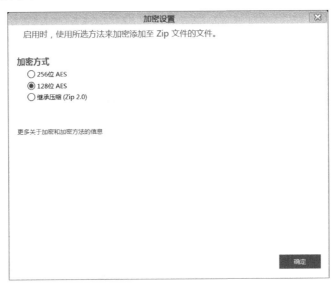

图 11-8 WinZip 加密设置

由于传统加密方式安全性较弱,不推荐使用,在此不做介绍,感兴趣的读者可以参考 ZIP 格式官方文档。本书主要介绍当前主流的强加密规范(主要采用 AES-128/256 加密算法)。

ZIP 的强加密规范提供了一个加密框架,以确保 ZIP 加密文档的兼容性和互操作性,各厂商可以在此框架下使用自己规定的具体加密机制。下面介绍当前主流的 ZIP 压缩软件 WinZip 所采用的加密机制,其采用 AES 的计数器模式进行加密。

1. ZIP 加密相关字段

对于加密的 ZIP 文件,在每个文件和中心目录的文件头处都有固定的值来标识其压缩算法以及加密方式,文件头处的标志位第 0 位的值设置为 1,并且压缩算法字段的值设置为 0x0063。

对于通过 AES 加密的压缩文件，其加密的相关信息是在 AES 加密过程中生成的。在上述 ZIP 压缩文件格式下，AES 加密相关信息存储在文件头的额外字段，这个额外字段跟在每个本地文件头和中心目录中文件头的文件名字段后面，表 11-15 对额外字段进行说明。

表 11-15　额外字段说明

字段名称	长度	说明
额外字段头 ID（Extra field header ID）	2B	0x9901
额外字段剩余大小（Data size）	2B	当前为 0x0007
AES 版本信息	2B	0x0001，表示 AE-1； 0x0002，表示 AE-2
厂商 ID	2B	0x4145，表示 AE
AES 加密强度类型（AES encryption strength）	1B	0x01，表示 128 位； 0x02，表示 192 位； 0x03，表示 256 位； WinZip 目前只支持 128/256 位加密，兼容 192 位解密
实际使用的压缩方法（Real compression method）	2B	

经过 AES 加密后，文件数据区字段也发生了变化，在文件数据区前后增加了两段数据，用以存储盐值、口令验证值以及认证码，如图 11-9 所示。

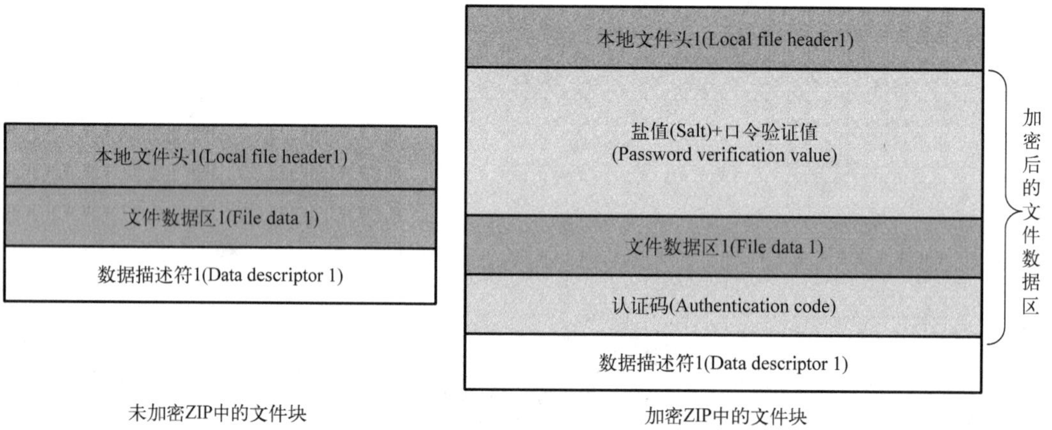

图 11-9　加密前后文件数据区的变化

加密后的文件数据区各字段如表 11-16 所示。

表 11-16　加密后的文件数据区信息

字段名称	长度	说明
盐值（Salt）	可变长度	与密钥相关，对于 128/192/256 位密钥，分别对应 8/12/16 字节 Salt 值
口令验证值（Password verification value）	2B	用于筛选判断候选口令
加密的文件数据（Encrypted file data）	可变长度	AES 密文
认证码（Authentication code）	10B	用于验证口令正确性及密文完整性

口令验证值是在导出 AES 加解密密钥的过程中产生的,长度为 2 字节,这个值可以快速判断口令的正误。认证码是对压缩加密的文件数据通过 HMAC-SHA-1-80 算法计算出来的,这 10 字节的校验值用来确认口令是否正确以及压缩加密后的数据是否被篡改。

2. ZIP 加密过程

ZIP 使用的是 AES-CTR(Counter,计数器)模式加密。以 AES-128 算法为例,ZIP 的加密过程如图 11-10 所示。

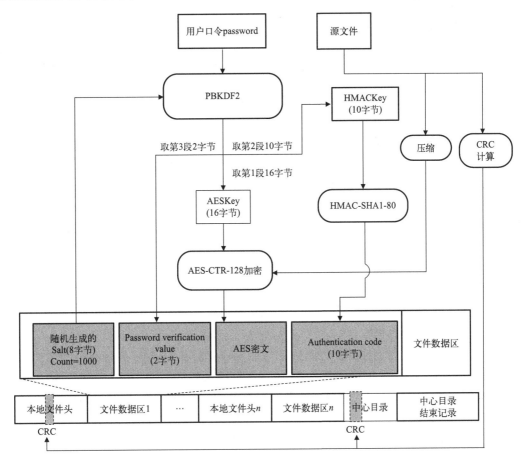

图 11-10　ZIP 加密过程

具体过程如下。

(1)初始化操作,对源文件进行处理,提取基本信息,计算文件内容 CRC 校验值(用于检测源文件内容是否损坏),进行压缩,生成压缩数据。

(2)随机生成 Salt(对于 AES-128,Salt 为 8 字节),对于不同的文件,Salt 不同,有利于提高安全性,防止如彩虹链表类攻击。

(3)利用加密口令和 Salt,采用 PBKDF2 算法,Count 为 1000,生成哈希值,依次截取得到 AES 加密密钥 AESKey(16 字节)、认证密钥 HMACKey(10 字节)、口令验证值(2 字节),口令验证值随加密文件一起保存,其中认证密钥用于生成认证码(验证口令正确性以及密文完整性），口令验证值用于初步筛选口令。

（4）以 AESKey 为加密密钥，采用 AES-CTR-128 加密算法对压缩数据进行加密，生成 AES 密文。

（5）以 HMACKey 为密钥，采用 HMAC-SHA1-80 算法对 AES 密文计算校验值，即 Authentication code。

（6）按照步骤（1）～（5）对所有文件进行压缩和加密，并按照图 11-6 所示文件格式进行保存，从而得到压缩加密后的文件。

在经过压缩和加密过程后生成的压缩文件中，需要保存 CRC 值、Salt、口令验证值和认证码。其中 CRC 值保存在本地文件头和中心目录头中，Salt、口令验证值和认证码保存在文件数据区中，在解密阶段需要读取这些区域以对口令进行验证以及对密文进行解密和解压。

3. ZIP 解密过程

ZIP 的解密过程为加密过程的逆过程，有三个主要功能：一是验证输入口令的正确性；二是对压缩加密数据进行解密和解压；三是检测源文件内容是否损坏。具体过程如下。

（1）读取 ZIP 加密文件中的相关字段，包括 Salt、AES 密文、认证码、口令验证值。

（2）读取用户输入的口令，利用该口令和 Salt，采用 PBKDF2 算法，Count 为 1000，生成哈希值，依次截取得到 AES 加密密钥 AESKey（16 字节）、认证密钥 HMACKey（10 字节）、口令验证值（2 字节）。

（3）将计算出的口令验证值与 ZIP 加密文件中存储的口令验证值比对，如果相同，则确定用户输入的口令是候选口令，在这轮验证中，由于口令验证值只有 2 字节，因此不正确的口令也会有 1/65536 的概率通过验证。这轮得到的口令只能算作候选口令，如果不同，则口令错误，解密过程终止。

（4）利用候选口令所对应的认证密钥 HMACKey，采用 HMAC-SHA1-80 算法对 AES 密文计算校验值，生成认证码，将其与 ZIP 加密文件中的认证码比对。如果相同，则候选口令正确，且密文完整性得到验证；如果不同，则候选口令错误，解密过程终止。

（5）利用确认的正确口令对应的 AESKey，采用 AES-CTR-128 算法对 AES 密文进行解密，得到解密后的压缩数据。

（6）将解密后的压缩数据解压为源文件，计算 CRC 校验值，并与 ZIP 加密文件中存储的 CRC 校验值比对，如果一致，则确保了源文件内容完整性，反之说明源文件内容损坏。

（7）依次对所有文件重复进行步骤（1）～（6），直到所有文件均被解密解压。

以上步骤中对压缩文件中各个区域的读取参考 11.2.1 节中对文件格式的介绍。

11.3　口令分析研究

通过口令分析来还原压缩软件产生的加密文档是网络安全领域的重要研究内容之一。本节简要介绍当前口令分析的主要理论和方法，值得注意的是，这些口令分析方法并不局限于压缩软件的口令分析，同样适用于其他软硬件系统的口令分析。本节所述口令分析研究的理论和技术主要参考和引用了相关文献，为了简洁和方便，后面不再一一标注说明。

11.3.1　口令分析研究概述

身份认证是保障信息系统安全的第一道防线，在很多信息系统中甚至是唯一的防线。基于口令的认证技术在 20 世纪 70 年代被广泛用于 IBM 370 大型机的访问控制，以避免分时操作系统的时间片被滥用。自 20 世纪 90 年代互联网进入千家万户以来，电子邮件、电子商务、社交网络等互联网服务蓬勃发展，口令成为互联网世界里保护用户信息安全的最主要的手段之一。学术界逐渐开始形成一个共识：在可预见的未来，基于口令的身份认证技术仍将是最主要的用户认证方式。具体来说，在常规安全需求网络环境中，如绝大多数 Internet 站点，基于口令的单因素认证技术无可替代；在电子商务、电子政务、电子医疗等若干高安全需求领域，基于口令的双因素认证技术保持主流地位。

口令相关研究最早可追溯到 1968 年 Wilke 为分时计算机系统设计的基于口令的身份认证系统。随后几十年里，虽然计算技术几经演进，但口令始终是最主要的身份认证方法。不断变化的计算环境和不断出现的新的口令分析手段使基于口令的身份认证技术长期成为计算机安全领域的一个重要研究方向。

口令安全研究根据其研究方法大致可分为三个阶段。

(1) 2000 年以前，主要采用启发式方式，没有系统性和理论性的探索，口令安全研究更多的是一门艺术，欧美少数几个研究机构零星地发表了一些成果，如 Purdy (1974 年) 关于口令存储安全、Saltzer (1975 年) 关于口令认证系统设计、Morris-Thompson (1979 年) 对 3289 个经 DES 加密的真实口令的攻击实验、Klein (1990 年) 对 15000 个经 DES 加密的真实口令的攻击实验、Davies-Ganesan (1993 年) 提出的口令强度评价算法、Wu (1999 年) 对 2500 个经 DES 加密的真实口令的攻击实验。

(2) 2000～2008 年，主要采用启发式方式，但有一些系统性和理论性的探索，如 2004 年 Yan 等对 288 名学生关于口令可记忆性与安全性的调研、2004 年 Ives 等指出用户在不同网站重用口令会带来多米诺效应、2005 年 Narayanan-Shmatikov 提出基于马尔可夫 (Markov) 链理论的口令猜测攻击算法、2006 年 Clair 等指出因口令空间有限无法从根本上抵抗离线字典猜测攻击、2007 年 Florencio 等质疑当前复杂口令设置策略的合理性。这一阶段的主基调与微软的"口令替代计划"类似，研究大多集中于揭示口令的弱点，表明口令在身份认证领域将无法担当主要角色。

(3) 2009 年以来，口令安全理论体系初现端倪，口令安全研究逐渐摆脱传统的依赖简单统计方法和启发式"奇思妙想"的模式，开始进入以严密理论体系为支撑的科学轨道。这一阶段形成了以 PCFG (Probabilistic Context-Free Grammars，概率上下文无关文法)、Markov 和 NLP (Natual Language Processing) 为代表的概率攻击理论模型。

造成当前弱口令频繁出现的一个直接原因是普通用户的口令安全意识不足，不知道如何正确构造 (设置) 与给定网络服务的重要程度相匹配的口令。而用户安全意识缺陷的原因在于：口令是私密数据，普通用户往往不知道其他用户的口令是什么样；绝大多数主流网站的 PSM (Password Strength Meter，口令强度评测器) 设计是启发式的，过于简单。

研究表明，表现形式醒目、反馈结果准确的 PSM 确实能够显著提高口令的安全性。近年来学术界、工业界在 PSM 设计方面投入了大量的努力，提出了一系列 PSM。根据底层设计思想的不同，可以将 PSM 分为 3 类：基于规则、基于模式检测、基于攻击算法。

（1）基于规则的口令强度评价方法。

影响最大的基于规则的口令强度评价方法当属 NIST 。当前在主流网站上应用的口令强度评价方法绝大多数为基于规则的方法，沿用了 NIST PSM 的思想：口令强度依据口令长度和所包含的字符类型而定。典型的代表就是腾讯网站的 PSM：当口令长度 len < 6 或 len ≤ 8 且仅由数字组成时，只进行警告，不输出强度值；当口令长度 len ≥ 6 且仅由一种字符组成时，评价为"弱"；当口令长度 len > 8 时，包含两类字符为"中"，包含三类或四类字符为"强"。

（2）基于模式检测的口令强度评价方法。

此类方法的主要目标是检测口令的各个子段所属的构造模式（如键盘模式、顺序字符模式、首字母大写等），并对发现的各个模式赋予相应的分数。然后，将口令的所有模式的分数求和，得到该口令的总得分，即为口令强度值。比如，Zxcvbn 主要考虑了以下三类模式：键盘模式，如 qwert、asd、zxcvbn；常见语义模式，如日期、姓名；顺序字符模式，如 123456、gfedcba。这些模式被视为弱口令的标志，会得到一个较低的分数。此外，其还考虑了字典模式：将口令的子段与构造的一系列字典（如 top-10000 口令等）进行匹配，根据匹配成功的次数进行相应赋值。

（3）基于攻击算法的口令强度评价方法。

安全永远是相对的。相对于某种攻击者模型而言，一个口令可能是安全的；相对于另一种攻击者模型而言，它可能是非常脆弱的。评价口令强弱的一个自然途径就是使用攻击算法对给定口令进行攻击，依据攻击的难易程度进行强弱评价。

11.3.2 PCFG 口令猜测算法

2009 年 Weir 等提出了第一个完全自动化的漫步口令猜测算法，称为 PCFG 算法。该算法的口令字符数据类型被定义为 3 种：L—字母序列；D—数字序列；S—特殊符号序列，非字母非数字的符号序列。该算法的核心假设是：口令的字母段 L、数字段 D 和特殊字符段 S 是相互独立的。口令需根据前述 3 类字符进行切分，例如，wang123!被切分为 L_4: wang、D_3: 123 和 S_1: !，$L_4D_3S_1$ 称为该口令的结构。

PCFG 算法主要分为训练和猜测集生成两个阶段。在训练阶段，最关键的是统计出结构频率表和字段频率表。对泄露口令进行统计，得到各结构的频率和结构中相应字母段、数字段和特殊字符段的频率，如图 11-11 所示。比如，针对 $L_4D_3S_1$，统计在全部口令中以 $L_4D_3S_1$ 为结构的口令频率，以及"wang"在长为 4 的字母段中的频率、"123"在长为 3 的数字段中的频率和"!"在长为 1 的特殊字符段中的频率。在猜测（字典）集生成阶段，依据上面获得的结构频率表和字段频率表，生成一个带频率的猜测集合，以模拟现实中口令的概率分布。

口令 wang123!的概率计算为 $P(\text{wang123!})=P(S \to L_4D_3S_1) \times P(L_4 \to \text{wang}) \times P(D_3 \to 123) \times P(S_1 \to !)=0.15 \times 0.3 \times 0.6 \times 0.3=0.0081$，这里 S 表示起始符，其中 $P(S \to L_4D_3S_1)$ 表示口

令结构为 $L_4D_3S_1$ 的概率，$P(L_4 \to \text{wang})$ 表示 4 个字母是 "wang" 的概率，$P(D_3 \to 123)$ 表示 3 个数字是 "123" 的概率，$P(S_1 \to !)$ 表示一个特殊字符为 "!" 的概率，由于各字段相互独立，口令 wang123!出现的概率是上述概率的乘积，如图 11-12 所示。

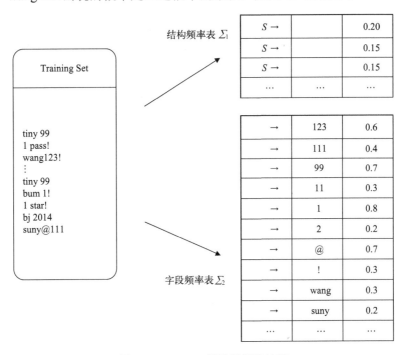

图 11-11　PCFG 算法的训练过程

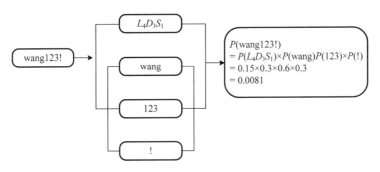

图 11-12　PCFG 算法的猜测集生成过程

PCFG 算法产生口令的过程是基于训练集和相应规则依次产生口令的简单结构、基础结构、预终止结构以及终止结构。

简单结构(Simple Structure)，例如，"$password123" 将被简单定义为 *SLD*。

基础结构(Base Structure)，定义同样很简单，只是加入了对序列长度的考虑。例如，"$password123" 将被定义为 $S_1L_8D_3$。

预终止结构(Pre-Terminal Structure)，在基础结构的基础上使用数字和特定字符填充数字序列 *D* 和特殊字符序列 *S* 而得到的结构，其中的字母序列 *L* 只确定长度。

终止结构(Terminal Structure)，即猜测的可能口令，是在预终止结构基础上使用特定字母符号填充字母序列 L 而最终确定的口令序列。

PCFG 算法具体过程可以分为如下几个阶段。

1. 训练

在训练阶段，要统计训练集，得出与口令字符串相关的特定类型的频率。表 11-17 给出了不同字符串类型及相关例子，需要注意字母序列的字符集依赖于所使用的语言，且本章不对英文字母的大小写进行区分。

表 11-17　不同字符串类型列表

字符串类型	字符	举例
字母串	abcdefghijklmnopqrstuvwxyzäö	cat
数字串	0123456789	432
特殊符号串	!@#$%^&*()-_=+[]{};':",./<>?	!!

表 11-18 给出了不同语法结构的列表。

表 11-18　不同语法结构列表

结构	举例
简单结构	SLD
基础结构	S_1L_8D
预终止结构	$\$L_8123$
终止结构	$\$wordpass123$

训练阶段的第 1 步是由训练集中所有口令生成基础结构，并计算出其出现的概率。例如，基础结构 $S_1L_8D_3$ 在训练集中出现的概率可能为 0.1。在 PCFG 算法中使用基础结构，而不是简单结构。因为由简单结构生成基础结构不可能是上下文无关的。

第 3 步是由训练集获得特殊字符序列 S 和数字序列 D 的出现概率。表 11-19 和表 11-20 给出了相关例子。

表 11-19　1 位数字出现的概率

1 位数字	出现次数	在所有口令的 1 位字符中 1 位数字所占的比率/%
1	12788	50.7803
2	2789	11.0749
3	2094	8.32308
4	1708	6.78235
7	1245	4.94381
5	1039	4.1258
0	1009	4.00667
6	899	3.56987
8	898	3.5659
9	712	2.8273

表 11-20　前 10 位两位数字出现的概率

2 位数字	出现次数	在所有口令的前 10 位字符中，2 位数字所占的比率/%
12	1084	5.99425
12	771	4.26344
11	747	4.13072
69	734	4.05884
06	295	3.2902
22	567	3.13537
21	538	2.97501
23	533	3.94736
14	481	2.65981
10	467	2.58239

选择只计算数字序列 D 和特殊字符序列 S 的出现概率是因为现实中用户口令的字母序列组合情况非常复杂，而使用的训练集通常不够大并且训练时间有限，从而从训练集中学习到的口令构成规则可能远远少于实际情况。因此，对于口令中字母段 L 的确定往往需要借助源于实践经验或精心设计的字母生成字典。

2. 猜测集生成

上下文无关文法(Context-Free Grammars)很早就开始使用在自然语言处理中，能够产生特定结构的字符序列，在自动生成猜测口令中能够生成类似人类创建的口令。

定义上下文无关文法为

$$G = (V, \Sigma, S, P)$$

式中，V 为变量(或非终止结构)的有限集合；Σ 为终止结构的有限集合；S 为开始符号；P 为由规则 $\alpha \to \beta$ 生成的有限集合，其中，α 是一个单独的变量，β 则为包含变量或终止节点的符号序列。

概率上下文无关文法中每次生成的所有确定的左边变量的概率和为 1。从训练集中派生出基础结构的集合，以及其他包含数字字符和特殊字符的终止结构集合。在该文法中，除了使用开始符号 S 外，还定义了以下变量形式(n 为确定的数值)：

L_n——字母变量；

D_n——数字变量；

S_n——特殊字符变量。

需要注意的是，对字母变量的赋值与传统的字典攻击类似，需要使用输入的字典。由开始符号 S 生成的字符序列称为口令句型，它可能包含变量或者终止结构。句型的概率为生成该句型的结构或片段的概率的乘积。在这一阶段的派生规则中，不考虑字母变量的赋值，所以可以最大化地派生出句型及其概率，这些句型包括最终的数字、特殊字符及字母变量，也就是预终止结构。

在训练阶段，将从训练集中自动生成概率上下文无关文法。表 11-21 给出了这种文法的一个例子。

表 11-21　概率上下文无关文法示例

LHSV	RHSV	概率
$S \to$	$D_1L_3S_2D_1$	0.75
$S \to$	$L_3D_1S_1$	0.25
$D_1 \to$	4	0.60
$D_1 \to$	5	0.20
$D_1 \to$	6	0.20
$S_1 \to$	!	0.65
$S_1 \to$	%	0.30
$S_1 \to$	#	0.05
$S_2 \to$	\$\$	0.70
$S_2 \to$	**	0.30

说明：LHSV（Left Hand Side Variable，左边的变量），RHSV（Right Hand Side Variable，右边的变量）。

使用该文法，可以更进一步派生出预终止结构：

$$S \to L_3D_1S_1 \to L_34S_1 \to L_34!$$

且其概率为 0.0975。这种生成预终止结构的方法可以使用在分布式口令攻击中。例如，控制中心可以按降序计算出预终止结构的概率，并将其分发给各分布式系统，各系统再根据字典填充字母序列并计算猜测口令的验证值。

当给定一个预终止结构后，使用字典来产生终止结构，也就是猜测的口令。因此，当拥有一个包含{cat, hat, stuff, monkey}的字典时，上文生成的预终止结构 $L_34!$ 将会生成以下两种猜测口令（即终止结构）：{cat4!, hat4!}。

下面将介绍几种将字典中的字母序列引入预终止结构的方法。注意每一个预终止结构都有相应的概率。

（1）按预终止结构概率大小顺序——选取概率最大的预终止结构，将字典中所有相关的字母序列引入，然后选取概率次之的预终止结构进行引入，以此类推。该方法未进一步考虑字典中字母序列的概率。

（2）按终止结构概率大小顺序——可以使用多种方法为字母序列分配概率，通常统计该长度的字母序列在口令集合中出现的次数，然后基于口令集合中的口令总数计算相应概率。该方法中，每个终止结构（猜测口令）都有一个定义好的概率。

（3）按终止结构相关样本顺序——使用抽样的预终止节点的概率来代表预终止结构的概率，然后引入字典中的字母序列。

11.3.3　Markov 口令猜测算法

2005 年，Narayanan 和 Shmatikov 首次将 Markov 链技术引入到口令猜测中，后续有不少学者进行了一系列发展。Markov 口令猜测算法的核心假设是：用户构造口令时从前向后依次进行。它不像 PCFG 那样对口令进行分割，而是对整个口令进行训练，通过从左到右的字符之间的联系来计算口令的概率。Markov 口令猜测算法也分为训练和猜测集生成两个阶段。

1. 训练阶段

统计口令中每个子串后面跟的那个字符的频数。Markov 模型有阶的概念，n 阶 Markov 模型需要记录长度为 n 的子串后面跟的某个字母的频数。例如，在 4 阶 Markov 中，口令 "abc123" 需要记录的口令信息有开头是 "a" 的频数、"a" 后面是 "b" 的频数、"ab" 后面是 "c" 的频数、"abc" 后面是 "1" 的频数、"abc1" 后面是 2 的频数、"bc12" 后面是 "3" 的频数。这样，每个子串在训练之后都能得到一个概率，即从左到右，将长度为 n 的子串在训练集中进行查询，将所有的概率相乘得到该字符串的概率。例如，在 4 阶 Markov 模型下，口令 "abc123" 的概率计算如下：

$$P(\text{abc123}) = P(\text{a}|\vdash) * P(\text{b}|\text{a}) * P(\text{c}|\text{ab}) * P(1|\text{abc}) * P(2|\text{abc1}) * P(3|\text{bc12})$$

其中，"$\vdash$" 表示起始符号，这里 $P(\text{a}|\vdash)$ 表示口令集合中以 "a" 开头的口令所占比率，即概率；$P(\text{b}|\text{a})$ 表示口令集合中口令以 "a" 开头且 "a" 后相邻字符为 "b" 的概率，其余概率以此类推计算，只需统计长为 4 的子串后相邻其他字符的概率。字符条件概率的计算方法以 "bc12" 后相邻字符是 3 的概率为例进行介绍，公式如下：

$$P(3|\text{bc12}) = \frac{\text{Count}(3|\text{bc12})}{\sum\limits_{\alpha \in \Sigma} \text{Count}(\alpha | \text{bc12})}$$

其中，Σ 表示口令字符集，这里需要统计训练集中所有包含子串 "bc12" 的口令的频数，然后统计子串 "bc12" 后相邻字符为 3 的口令的频数，用后者除以前者得到近似的条件概率 $P(3|\text{bc12})$。

字符集 Σ 一般包含 95 个可打印 ASCII 字符和一个起始符号 "$\vdash$"，共 96 个字符。

2. 猜测集生成阶段

在猜测集生成阶段，按照在训练阶段中学习到的口令字符串结构以及字符与子串的关联关系构造口令集。在口令生成过程中，将口令按照概率递减的顺序排序可有效提高破解效率。

n 阶转移概率的定义为：已知 $n-1$ 个口令字符 $c_1, c_2, \cdots, c_{n-1}$，下一个字符为 c_n 的概率为 $P(c_n|c_1, c_2, \cdots, c_{n-1})$。上述 4 阶 Markov 模型的长度为 4 的子串对应的概率为 5 阶转移概率。将所有可能出现的 n 阶转移概率列为矩阵的形式，便得到了 n 阶概率转移矩阵。对口令训练集进行统计，首先统计出口令中 n 元组出现的总频数 $\text{sum}(c_1, c_2, \cdots, c_{n-1})$，对应字符 n 元组的转移概率为

$$P(c_n | c_1 c_2 \cdots c_{n-1}) = \frac{\text{sum}(c_1 c_2 \cdots c_n)}{\sum\limits_{x \in D} \text{sum}(c_1 c_2 \cdots c_{n-1}, x)}$$

其中，D 表示口令字符集。D 有很多种不同的选择，如果把所有可打印的特殊字符紧凑地看成一个代表元 θ，那么 $D_1 = \{\text{a}, \cdots, \text{z}\} \cup \{\text{A}, \cdots, \text{Z}\} \cup \{0, \cdots, 9\} \cup \{\theta\}$。

若不区分大小写，它可以表示为 $D_2 = \{\text{a}, \cdots, \text{z}\} \cup \{0, \cdots, 9\} \cup \{\theta\}$。

D 的选择直接影响着口令概率的准确性。如果 D 较大，可能会使概率转移矩阵过于稀疏，即 n 阶概率转移矩阵中很多元素对应的值为 0，但紧凑型口令字符集不能完整地保留

住字符之间的内在联系。

n 阶马尔可夫模型中 n 的选择非常关键。n 越大，计算得到的口令概率越准确，但这会带来两个弊端：一是导致 n 阶概率转移矩阵过于稀疏；二是需要预计算的概率转移矩阵很大，会占用很大的存储空间。假设 $n = 5$，那么需要构造 1～5 阶的概率转移矩阵各一个，仅 5 阶的概率转移矩阵的元素个数就会达到 $95^5 = 7737809375$ 个元素。通常情况下合理的选择是 $n = 3$。

为了消除口令数据集过拟合问题并且使所生成的猜测口令的概率总和始终为 1，对于口令概率，需要用平滑技术和正规化技术来处理。平滑技术是为了消除口令数据集过拟合问题，主要有 Laplace 平滑和 SimpleGood-Turing 平滑 2 种；正规化技术是为了使得猜测算法所生成的猜测口令的概率总和始终为 1，形成一个概率模型，主要有 End-Symbol 正规化和长度分布正规化 2 种。下面以 Laplace 平滑和 End-Symbol 正规化为例来进行说明。

Laplace 平滑是在训练完毕之后，先对每个字符串的概率都加 0.01，再计算字符串的概率。例如，对于字符串"abc123"，其中的概率计算如下：

$$P(3\,|\,bc12) = \frac{\text{"bc12" 后是3的频数} + 0.01}{\text{"bc12" 后是字符的频数} + 0.01 \times \text{字符总数}}$$

End-Symbol 正规化是在每个口令的最后加了一个结尾符号，假设将其记为"⊥"，把"⊥"当作一个字符，训练时将"⊥"一起加入频数统计，除了口令开头不能出现"⊥"以外，在口令其他地方都将其当作正常字符。生成猜测集时，只有以"⊥"结尾的字符串才能够作为猜测输出，其他字符串都不能作为猜测输出。

延伸阅读：口令分析与人工智能

人工智能(Artificial Intelligence，AI)在很多领域都有重要应用，现在不少研究人员已经把其应用到网络安全领域，在口令分析的研究中同样也可以应用人工智能。

2023 年 4 月，Home Security Heroes 公司公布了他们将人工智能用于口令破解的研究成果。该公司的研究表明，AI 可以快速轻松地破解很多口令。研究人员使用了一种基于生成对抗网络(Generative Adversarial Networks，GAN)的口令生成器 PassGAN。GAN 是一种机器学习(Machine Learning，ML)模型，它将两个神经网络(生成器和鉴别器)相互对立以提高预测的准确性。简而言之，生成器产生虚假数据来欺骗鉴别器；鉴别器的工作是从生成器创建的虚假数据中识别真实数据。这变成了一场猫捉老鼠的游戏，两个网络都从不断的争议中受益。生成器不断改进以构建更好的假数据，鉴别器在区分真实数据和假数据方面也变得越来越好。PassGAN 是一种用于口令猜测的深度学习工具，利用 GAN 从泄露的真实口令库进行学习并猜测生成现实可能使用的口令。

Home Security Heroes 公司对 PassGAN 的最新测试结果令人震惊，研究人员使用来自 RockYou 数据集的 15680000 个常用口令对 PassGAN 进行模型训练。之后，研究人员发现 51% 的常用口令可以在 1min 内被破解，这意味着超过一半的常用口令是完全不安全的。此外，61% 的口令可以在 1h 内破解，71% 的口令可以在一天内破解，81% 的口令可以在一个月内破解。对于至多有 7 个字符的口令，即使它们包含上挡键符号，也可以在 6min 内被破解；而对于包含 6 个字符的口令(包括数字、大小写字母和符号组合的口令)，可以实现立即破解。

　　根据安全公司 Statista 的数据，60%的美国网民的口令为 11 或 12 个字符。只有不到 1/3 的美国网民使用超过 12 个字符的口令。这也不难理解，因为较短和简单的口令更容易记住，但它们更容易受到攻击。

　　Home Security Heroes 公司还提供了一些保护口令的安全指南。首先，这家网络安全公司建议用户创建一个至少包含 15 个字符的口令，并带有安全加强模式，要求至少将两个大写和小写字母与数字和符号组合在一起。其次，需要在 3～6 个月内定期更改口令，这也很重要。除此之外，为了进一步提高安全性，要避免对不同的账户使用相同的口令。

习　　题

　　1. 简述 RAR 文件的加密过程。

　　2. 分析 RAR 文件加密过程中，文件名加密与不加密的区别。

　　3. 描述 ZIP 与 RAR 压缩文件格式的区别。

　　4. 查找相关资料，了解开源软件 Hashcat 的使用方式，并能使用它对文件名加密的 RAR 文件和 ZIP 文件进行破解。

　　5. 尝试编写对文件名不加密的 RAR 加密文件和 ZIP 加密文件进行口令猜测的程序。

　　6. 简述利用 PCFG 模型进行口令猜测的过程。

　　7. 在开源代码网站 github 下载 Markov 口令分析模型代码，阅读之后写出其伪代码。
(网址：https://github.com，搜索关键词 markov password)

第 12 章　OpenSSL 开源项目及编程入门

由于密码的重要性和开发专业性，存在大量商业的各种类型的密码开源项目，其中 OpenSSL 是最具有代表性的密码开源项目之一。本章对 OpenSSL 开源项目及其主要密码函数编程接口做简要介绍。

12.1　OpenSSL 简介

OpenSSL 是一个开源的密码学工具包，它提供了一组用于安全通信的函数库和工具，广泛应用于网络安全领域。

1. 功能概述

(1)对称加密算法：OpenSSL 支持多种对称加密算法，最常用的是 AES，它是一种高效而安全的加密算法。OpenSSL 还支持 DES、3DES 等传统对称加密算法。这些算法允许使用相同的密钥进行加密和解密操作，适用于保护数据隐私。

(2)非对称加密算法：OpenSSL 实现了 RSA 算法等非对称加密的核心算法。此外，OpenSSL 还支持 Diffie-Hellman 等密钥交换算法，用于安全地生成共享密钥。

(3)散列函数：OpenSSL 提供了多种散列函数，包括通用的消息摘要算法(如 MD5 和 SHA 系列)。散列函数将不同长度的输入数据转换为固定长度的哈希值，用于数据完整性验证、密码存储和数字签名等。最常用的散列函数是 SHA-256，用于生成 256 位的哈希值。

(4)公钥基础设施(PKI)：OpenSSL 实现了证书标准 X.509，用于构建和管理公钥基础设施。OpenSSL 可以生成自签名证书、证书请求以及由证书授权中心(CA)签发的证书。这些数字证书用于身份验证、安全通信和数据加密。OpenSSL 还提供了一些工具，如 openssl ca 和 openssl req，用于创建和管理证书。

(5)SSL/TLS 协议：OpenSSL 是很多 Web 服务器和客户端使用的常见 SSL/TLS 实现之一。OpenSSL 可以在服务器和客户端之间建立安全通道，使用公钥加密、对称加密和数字签名等技术来实现数据保护。

(6)命令行工具：OpenSSL 提供了一组可用于执行各种密码学操作的命令行工具。例如，可以使用 openssl genpkey 生成密钥对，使用 openssl enc 加密和解密文件，使用 openssl s_client 进行 SSL/TLS 连接测试等。这些工具提供了灵活而强大的功能，对于进行快速加密、解密和测试十分高效。

2. 主要组件

(1)OpenSSL 库：OpenSSL 的核心组件，它提供了丰富的密码学功能和实现，包括对称加密、非对称加密、散列函数、数字证书操作和 SSL/TLS 协议等。开发人员可以通过调用 OpenSSL 库中的函数来实现密码学操作和安全通信。

(2) OpenSSL 命令行工具：OpenSSL 提供了一组可用于执行各种密码学操作的命令行工具，可以用于生成密钥对、文件加密和解密等。这些工具提供了灵活而强大的功能，可用于快速处理密码学任务。

(3) OpenSSL 应用程序接口(API)：OpenSSL 还提供了 C 语言的应用程序接口(API)，使开发人员能够将 OpenSSL 集成到他们自己的应用程序中。通过使用这些 API，开发人员可以根据自己的需求编写定制化的应用程序。

3. 应用领域

(1) 加密通信：OpenSSL 经常被用于保护网络通信的安全。许多 Web 服务器和客户端使用 OpenSSL 来实现 SSL/TLS 协议，以建立加密通道，确保数据在传输过程中的隐私性和完整性。OpenSSL 可以用于加密 HTTP、SMTP、FTP 和其他网络协议的通信。

(2) 数字证书管理：OpenSSL 提供了生成、签发和验证数字证书的功能，为身份验证、安全通信和数据加密提供安全支撑。OpenSSL 还提供了工具用于创建和管理证书。

(3) 安全协议测试：OpenSSL 提供了一些工具和接口，用于进行 SSL/TLS 协议的漏洞测试和安全评估。例如，可以使用 OpenSSL 的命令行工具执行各种测试操作，如检查 SSL/TLS 版本、连接到服务器进行握手测试等。这些工具和接口有助于评估和提高安全协议的强度和安全性。

(4) 密钥管理：OpenSSL 支持生成和管理各种密钥格式，包括 RSA、DSA、ECC 等。开发人员可以使用 OpenSSL 生成密钥对，并将其用于加密和签名操作。此外，OpenSSL 还提供了与密钥相关的操作，可以支持密钥派生函数和密钥存储库。

12.2 OpenSSL 安装

12.2.1 Linux 安装 OpenSSL

Linux 系统一般自带 OpenSSL，可直接打开命令行并输入“OpenSSL”来使用 OpenSSL，也可自行安装最新版 OpenSSL，Linux 安装 OpenSSL 的过程如下。

(1) 从 OpenSSL 官网上下载源码并编译或直接使用 git 下载源码，git 下载源码如图 12-1 所示。

```
└─$ git clone https://github.com/openssl/openssl.git
正克隆到 'openssl'...
remote: Enumerating objects: 432362, done.
remote: Counting objects: 100% (224/224), done.
remote: Compressing objects: 100% (144/144), done.
remote: Total 432362 (delta 126), reused 139 (delta 79), pack-reused 432138
接收对象中: 100% (432362/432362), 257.24 MiB | 15.43 MiB/s, 完成.
处理 delta 中: 100% (305433/305433), 完成.
正在更新文件: 100% (24485/24485), 完成.
```

图 12-1　git 下载 OpenSSL 源码

(2) 进入解压或通过 git 下载的 OpenSSL 源码文件夹，并进行配置，此处配置及后续安装的文件夹是/usr/lib/OpenSSL/OpenSSL，也可根据自己的情况更改 OpenSSL 的安装位置。

图 12-2 所示为配置 OpenSSL 安装路径，图 12-3 为配置成功后命令行中返回的注释。

```
┌──(kali㉿kali)-[~/openssl]
└─$ ./config --prefix=/usr/lib/openssl/openssl
```

图 12-2　配置 OpenSSL 安装路径

```
**********************************************************************
***                                                                ***
***   OpenSSL has been successfully configured                     ***
***                                                                ***
***   If you encounter a problem while building, please open an    ***
***   issue on GitHub <https://github.com/openssl/openssl/issues>  ***
***   and include the output from the following command:           ***
***                                                                ***
***       perl configdata.pm --dump                                ***
***                                                                ***
***   (If you are new to OpenSSL, you might want to consult the    ***
***   'Troubleshooting' section in the INSTALL.md file first)      ***
***                                                                ***
**********************************************************************
```

图 12-3　OpenSSL 配置成功返回注释

(3) 进入 OpenSSL 源码文件夹执行编译安装命令，如图 12-4 所示。

```
┌──(kali㉿kali)-[~/openssl]
└─$ make && make install
```

图 12-4　编译安装命令

(4) 将合适版本的 OpenSSL 安装完成后需要建立软连接，这里以 3.1.0 版本为例进行介绍。如图 12-5 所示，输入下述三条命令：

```
ln -sf /usr/lib/OpenSSL/OpenSSL/bin/OpenSSL  /usr/bin/OpenSSL
ln -s /usr/lib/OpenSSL/OpenSSL/lib64/libssl.so.3  /usr/lib/libssl.so.3
ln -s /usr/lib/OpenSSL/OpenSSL/lib64/libcrypto.so.3  /usr/lib/libcrypto.so.3
```

```
┌──(root💀kali)-[/]
└─# ln -sf /usr/lib/openssl/openssl/bin/openssl  /usr/bin/openssl
ln -s /usr/lib/openssl/openssl/lib64/libssl.so.3  /usr/lib/libssl.so.3
ln -s /usr/lib/openssl/openssl/lib64/libcrypto.so.3  /usr/lib/libcrypto.so.3
```

图 12-5　软连接命令示意

查看是否安装成功，安装成功后返回 OpenSSL 版本号，如图 12-6 所示。

```
┌──(root💀kali)-[/]
└─# openssl version
OpenSSL 3.1.0-dev  (Library: OpenSSL 3.1.0-dev )
```

图 12-6　OpenSSL 返回版本号示例

至此，安装 OpenSSL 3.1.0 成功。

安装好后原先系统自带的 OpenSSL 会进行备份，自带的 OpenSSL 可使用 openssl.bak 指令进入，如图 12-7 所示。

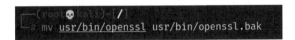

图 12-7　备份系统自带的 OpenSSL 示例

Linux 系统还可通过 apt install openssl 命令直接安装 OpenSSL，如图 12-8 所示。

图 12-8　apt 命令安装 OpenSSL 示例

通过 OpenSSL version 查看版本，如图 12-9 所示。

图 12-9　查看 OpenSSL 版本示例

12.2.2　Windows 安装 OpenSSL

若使用的是 Windows 系统，可直接从第三方网站上下载编译好的 OpenSSL 软件包，无须自己编译，方便快捷。http://slproweb.com/products/Win32OpenSSL.html 是一个为 Windows 系统安装 OpenSSL 提供便利的项目，如图 12-10 所示。

File	Type	Description
Win64 OpenSSL v3.0.5 Light EXE | MSI	5MB Installer	Installs the most commonly used essentials of Win64 OpenSSL v3.0.5 (Recommended for users by the creators of OpenSSL). Only installs on 64-bit versions of Windows. Note that this is a default build of OpenSSL and is subject to local and state laws. More information can be found in the legal agreement of the installation.
Win64 OpenSSL v3.0.5 EXE | MSI	140MB Installer	Installs Win64 OpenSSL v3.0.5 (Recommended for software developers by the creators of OpenSSL). Only installs on 64-bit versions of Windows. Note that this is a default build of OpenSSL and is subject to local and state laws. More information can be found in the legal agreement of the installation.
Win32 OpenSSL v3.0.5 Light EXE | MSI	4MB Installer	Installs the most commonly used essentials of Win32 OpenSSL v3.0.5 (Only install this if you need 32-bit OpenSSL for Windows. Note that this is a default build of OpenSSL and is subject to local and state laws. More information can be found in the legal agreement of the installation.
Win32 OpenSSL v3.0.5 EXE | MSI	116MB Installer	Installs Win32 OpenSSL v3.0.5 (Only install this if you need 32-bit OpenSSL for Windows. Note that this is a default build of OpenSSL and is subject to local and state laws. More information can be found in the legal agreement of the installation.
Win64 OpenSSL v3.0.5 Light for ARM (EXPERIMENTAL) EXE | MSI	5MB Installer	Installs the most commonly used essentials of Win64 OpenSSL v3.0.5 for ARM64 devices (Only install this VERY EXPERIMENTAL build if you want to try 64-bit OpenSSL for Windows on ARM processors. Note that this is a default build of OpenSSL and is subject to local and state laws. More information can be found in the legal agreement of the installation.
Win64 OpenSSL v3.0.5 for ARM (EXPERIMENTAL) EXE | MSI	113MB Installer	Installs Win64 OpenSSL v3.0.5 for ARM64 devices (Only install this VERY EXPERIMENTAL build if you want to try 64-bit OpenSSL for Windows on ARM processors. Note that this is a default build of OpenSSL and is subject to local and state laws. More information can be found in the legal agreement of the installation.
Win64 OpenSSL v1.1.1q Light EXE | MSI	3MB Installer	Installs the most commonly used essentials of Win64 OpenSSL v1.1.1q (Recommended for users by the creators of OpenSSL). Only installs on 64-bit versions of Windows. Note that this is a default build of OpenSSL and is subject to local and state laws. More information can be found in the legal agreement of the installation.
Win64 OpenSSL v1.1.1q EXE | MSI	63MB Installer	Installs Win64 OpenSSL v1.1.1q (Recommended for software developers by the creators of OpenSSL). Only installs on 64-bit versions of Windows. Note that this is a default build of OpenSSL and is subject to local and state laws. More information can be found in the legal agreement of the installation.
Win32 OpenSSL v1.1.1q Light EXE | MSI	3MB Installer	Installs the most commonly used essentials of Win32 OpenSSL v1.1.1q (Only install this if you need 32-bit OpenSSL for Windows. Note that this is a default build of OpenSSL and is subject to local and state laws. More information can be found in the legal agreement of the installation.
Win32 OpenSSL v1.1.1q EXE | MSI	54MB Installer	Installs Win32 OpenSSL v1.1.1q (Only install this if you need 32-bit OpenSSL for Windows. Note that this is a default build of OpenSSL and is subject to local and state laws. More information can be found in the legal agreement of the installation.

图 12-10　OpenSSL 安装程序下载页面

从 http://slproweb.com/products/Win32OpenSSL.html 下载编译好的 OpenSSL 可执行安装程序，如图 12-11 所示。

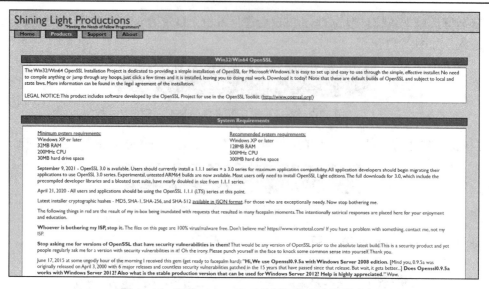

图 12-11　下载 OpenSSL 已编译可执行安装程序

OpenSSL 有多种版本，可根据自己计算机的配置和需要选择合适的版本。下载完成后运行安装程序，以安装 OpenSSL，如图 12-12～图 12-14 所示。

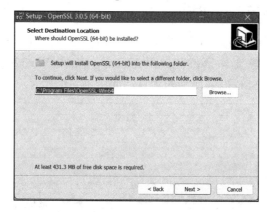

图 12-12　OpenSSL 安装界面 1

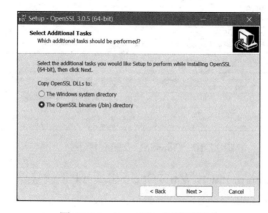

图 12-13　OpenSSL 安装界面 2

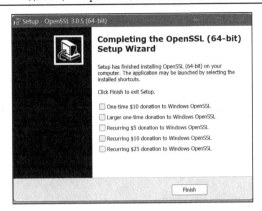

图 12-14　OpenSSL 安装界面 3

安装完成后，可直接在命令行输入"openssl version"以查看 OpenSSL 的版本号，如图 12-15 所示。

```
C:\Users\zm110>openssl version
OpenSSL 3.0.5 5 Jul 2022 (Library: OpenSSL 3.0.5 5 Jul 2022)
```

图 12-15　Windows 安装已编译 OpenSSL 后查看版本号

12.3　OpenSSL 命令行应用

OpenSSL 可使用命令行直接对所需加解密的文件进行操作，也可将 OpenSSL 库作为头文件加入 C 源码中进行加解密。

下面介绍 OpenSSL 在命令行中的使用方法。

12.3.1　对称密码算法使用

OpenSSL 提供了多种对称密码算法，如 AES、DES、SM4 等，其对称密码算法都支持电码本(ECB)模式、密文分组链接(CBC)模式、密文反馈(CFB)模式和输出反馈(OFB)模式四种常用的分组密码加密模式。其中，分组密码的分组长度皆可根据需要进行选择。

OpenSSL 可在命令行中使用 enc -list 命令查看可使用的对称密码算法。输入"enc -help"可查看如下输入参数选项：

```
Usage: enc [options]

General options:
 -help          显示帮助信息
 -list          陈列所有可使用的对称密码算法
 -ciphers       与-list 功能相同
 -e             加密
 -d             解密
 -p             打印向量 iv 值和 key 值
 -P             打印向量 iv 值和 key 值并退出
```

```
 -engine val            使用自定义的加密引擎


Input options:
 -in infile             输入被加密文件
 -k val                 兼容以前版本，输入密码
 -kfile infile          兼容以前版本，以文件形式输入口令，指定口令存放文件


Output options:
 -out outfile           加密后输出文件
 -pass val              输入口令(示例口令 123，则需要-pass pass:123)
 -v                     详细输出
 -a                     基于 Base64 编码/解码
 -base64                与-a 相同
 -A                     默认情况下，Base64 编码结果在文件中是多行的。如果要使生成
                        的结果在文件中只有一行，需设置此选项；解密时，必须采用同样
                        的设置，否则读取数据时会出错
Encryption options:
 -nopad                 禁用标准填充
 -salt                  在密钥导出函数中加盐(默认)
 -nosalt                不在密钥导出函数中加盐
 -debug                 打印出 debug 信息
 -bufsize val           设置缓存值
 -K val                 以十六进制输入口令
 -S val                 以十六进制加盐
 -iv val                以十六进制输入初始化向量值
 -md val                选择特定的压缩算法将输入密码的 Hash 值作为加密密钥
 -iter +int             设置迭代轮数并强制使用 PBKDF2
 -pbkdf2                使用 PBKDF2
 -none                  不加密
 -*                     任意支持的密码算法


Random state options:
 -rand val              加载给定文件生成随机数
 -writerand outfile     将随机数写入特定文件
```

　　命令行使用 OpenSSL 对称密码算法的示例如下。

　　(1)创建一个被加密文件 test.txt，文件的内容为 1234567890abcdefg，如图 12-16 所示，密码为 123456。

图 12-16　创建文件

　　(2)使用 aes-128-ecb 方式进行加密，输入命令如下，如图 12-17 所示。

```
openssl enc -aes-128-ecb-in test.txt -pbkdf2 -out cipher.txt
```

图 12-17　OpenSSL 使用 aes-128-ecb 方式加密文件

（3）输入加密命令后 OpenSSL 会要求输入口令，并确认口令，这种用法的好处是输入密码在命令行中不会显示，打开 cipher.txt 文件进行查看，如图 12-18 所示。

图 12-18　密文文件

可以看出密文开头为 Salted，即 OpenSSL 对称加密默认加盐。

若添加-a，更改为 Base64 编码，如图 12-19 所示。

```
openssl enc -aes-128-ecb -in test.txt -pbkdf2 -a -out cipher.txt
```

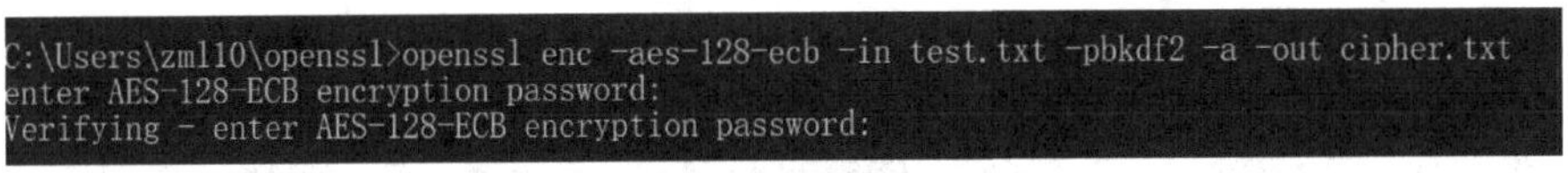

图 12-19　设置密文为 Base64 编码命令

可得到密文如图 12-20 所示。

图 12-20　Base64 编码

需要注意的是，此时解密也需要添加-a 选项进行 Base64 解码。

图 12-21 直接使用了 aes-128-ecb -d 解密命令，即 OpenSSL 可直接调用对称密码算法，再加上-d（解密）或-e（加密）对指定文件进行加解密。

```
openssl aes-128-ecb -d -in cipher.txt -pbkdf2 -a -out plaintext.txt
```

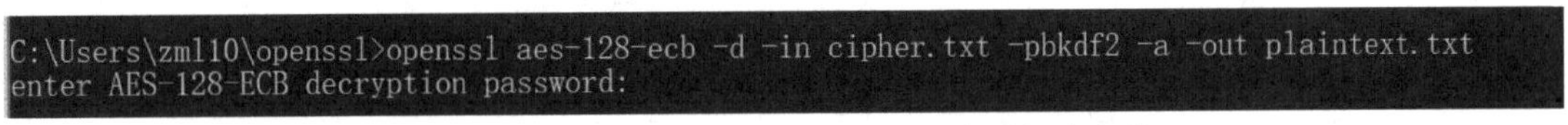

图 12-21　OpenSSL 使用 aes-128-ecb 方式解密文件

解密后可得明文如图 12-22 所示。

图 12-22　解密密文

　　使用对称密码算法时也可直接在命令行中选择不同的密码输入方式。

　　(1)命令行输入,密码 123456,如图 12-23 所示。

```
    openssl  aes-128-ecb -e -in test.txt -pbkdf2 -a -out cipher.txt -pass
pass:123456
    openssl  aes-128-ecb -d -in cipher.txt -pbkdf2 -a -out plaintext.txt -pass
pass:123456
```

　　(2)文件输入,密码 123456。

```
    echo 123456 > passwd.txt
    openssl enc aes-128-cbc -in plain.txt -out out.txt -pass file:passwd.txt
```

　　(3)环境变量输入,密码 123456。

```
    passwd = 123456
    export passwd
    openssl enc aes-128-cbc -in plain.txt -out out.txt -pass env:passwd
```

　　(4)从标准接口输入。

```
    openssl enc -aes-128-cbc -in plain.txt -out out.txt -pass stdin
```

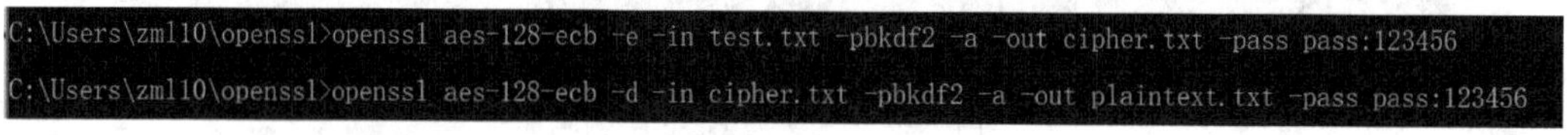

```
C:\Users\zml10\openssl>openssl aes-128-ecb -e -in test.txt -pbkdf2 -a -out cipher.txt -pass pass:123456
C:\Users\zml10\openssl>openssl aes-128-ecb -d -in cipher.txt -pbkdf2 -a -out plaintext.txt -pass pass:123456
```

图 12-23　命令行输入密码

12.3.2　公钥加密算法使用

　　OpenSSL 实现了 RSA 算法、DSA 算法和椭圆曲线(ECC)算法等公钥加密算法。RSA 算法既可以用于密钥交换,也可以用于数字签名,DSA 算法则一般只用于数字签名。

　　以下展示的是利用 OpenSSL 命令行中的 genpkey 函数生成公钥密钥的命令,genpkey 函数用于生成公私钥对。

```
    C:\Users\zml10\OpenSSL>OpenSSL genpkey -help
    Usage: genpkey [options]

    General options:
     -help                显示帮助信息
     -engine val          使用引擎(可能是硬件设备)
     -paramfile infile    输入参数文件
     -algorithm val       选择生成公钥的算法
     -quiet               生成公钥时不打印对应过程
     -pkeyopt val         以 opt:value 形式设置公钥算法参数的对应选项
     -config infile       加载配置文件

    Output options:
     -out outfile         输出文件
```

-outform PEM|DER	设置输出形式(默认是 PEM)
-pass val	设置口令(在用对称加密算法加密此密钥对的情况下)
-genparam	生成参数，非密钥
-text	将信息打印出来
-*	选择密码算法来加密此公钥密码密钥(例如，-aes-128-cbc， 即用 AES-128-CBC 加密生成的密钥，口令由-pass 设置)

以下是 pkey 函数的参数使用方法，pkey 函数用于对已有的密钥进行操作。

```
C:\Users\zml10\OpenSSL>OpenSSL pkey -help
Usage: pkey [options]

General options:
 -help                    显示帮助信息
 -engine val              使用引擎(可能是硬件设备)

Provider options:               提供者选项
 -provider-path val       提供者加载路径
 -provider val            提供者
 -propquery val           访问算法请求
 -check                   检查密钥一致性
 -pubcheck                检查公钥一致性

Input options:
 -in val                  输入密钥(一般是 PEM)
 -inform format           密钥输入格式(一般是 ENGINE 引擎)
 -passin val              传递解密密钥，若使用的公钥或私钥是加密过的，则需要传递解
                          密密钥
 -pubin                   从输入的密钥中读取公钥

Output options:
 -out outfile             输出文件
 -outform PEM|DER         设置输出文件格式
 -*                       后面可跟任意对称加密算法来对当前公钥加密
 -passout val             输出公钥文件的口令短语源
 -traditional             对私钥 PEM 输出使用传统的格式
 -pubout                  限制输出中只有公钥(无私钥)
 -noout                   不以编码格式输出密钥
 -text                    以明文格式输出密钥文件的详细信息
 -text_pub                只以明文格式输出公钥
```

常用命令如下。

生成 RSA 密钥，其中 key.pem 中含私钥，可根据 key.pem 文件生成公钥，在默认情况下生成 1024 位的密钥。

```
openssl genpkey -algorithm RSA -out key.pem
```

添加参数生成 2048 位的 RSA 私钥，存储在 rsa_p_2048.pem 中。

```
openssl genpkey -algorithm RSA -pkeyopt rsa_keygen_bits:2048 -out rsa_p_2048.pem
```

查看私钥信息。

```
openssl pkey -in rsa_private_2048.pem -text
```

根据已有的密钥文件生成公钥。

```
openssl pkey -in rsa.pem -out pubkey.pem  -pubout
```

生成 2048bit 的 DH 参数。

```
openssl genpkey -genparam -algorithm DH -pkeyopt dh_paramgen_prime_len:2048 \
-out dhp.pem
```

用 AES-256-CBC 对用户生成的私钥进行加密，其中口令为 hello。

```
openssl genpkey -algorithm RSA -out key.pem -aes-256-cbc -pass pass:'hello'
```

需要注意的是，每种公钥算法都有不同的密钥生成选项，RSA 的密钥生成选项如下：

```
rsa_keygen_bits:numbits       指定 RSA 密钥的比特长度，一般为 1024 的倍数
rsa_keygen_primes:numprimes   指定生成 RSA 密钥的素数值，默认为 2
rsa_keygen_pubexp:value       指定 RSA 公共指数值，即 ed ≡ 1mod((p-1)*(q-1)) 中的 e
```

下面介绍 OpenSSL 函数 pkeyutl，此函数利用已有公钥对文件进行加解密。

```
Usage: pkeyutl [options]

General options:
 -help                  显示帮助信息
 -engine val            使用引擎(可能是硬件设备)
 -engine_impl           对密码操作使用由-engine 提供的引擎
 -sign                  用私钥对文件进行签名
 -verify                用公钥验证签名
 -encrypt               利用公钥对文件进行加密
 -decrypt               利用私钥对文件进行解密
 -derive                密钥交换协议
 -config infile         加载配置文件(可能是配置模块)

Input options:
 -in infile             输入文件(-default 默认模式下是键盘输入)
 -rawin                 以 RAW 格式表示输入文件格式，输入数据是原始数据
 -pubin                 输入的是公钥文件
 -inkey val             指定密钥输入文件
 -passin val            传递解密密钥，若使用的公钥或私钥是加密过的，则需要传递解密密钥
 -peerkey val           密钥协商
 -peerform PEM|DER|ENGINE   设置协商密钥的格式
 -certin                输入带有公钥的证书
 -rev                   调换输入缓存中的内容顺序
 -sigfile infile        对文件进行签名(只能用-verify 进行验证)
```

```
-keyform PEM|DER|ENGINE      私钥的格式


Output options:
 -out outfile              输出文件(若不添加此项，默认直接输出在命令行中)
 -asn1parse                asn1 格式输出
 -hexdump                  以十六进制输出数据
 -verifyrecover            恢复原始数据，并通过公钥进行验证


Signing/Derivation options:
 -digest val               指定签名算法(SHA-256 是默认 Hash 算法)
 -pkeyopt val              添加公钥参数选项
 -pkeyopt_passin val       以 passphrase 的形式读入公钥选项
 -kdf val                  使用 KDF 算法
 -kdflen +int              指定 KDF 算法的输出长度


Random state options:
 -rand val                 将文件加载至随机数生成器中
 -writerand outfile        将随机数写入特定的文件
```

利用 pkeyutl 进行公钥加解密以及签名的命令如下。

若有含私钥的 PEM 文件，则可直接使用此文件进行公钥加密。

```
openssl pkeyutl -encrypt -in plaintext.txt -inkey rsa.pem
```

若只有对应的公钥文件，则加密命令如下。

```
openssl pkeyutl -encrypt -in plaintext.txt -pubin -inkey pubkey.pem
```

使用私钥对密文 rsaenc.txt 进行解密

```
openssl pkeyutl -decrypt -in rsaenc.txt -inkey rsa.pem -out decrypt.txt
```

使用私钥对文件进行签名，输出 signed.txt 为签名文件。

```
openssl pkeyutl -sign -in plaintext.txt -inkey rsa.pem  -out signed.txt
```

使用公钥对签名进行验证，注意需要输入原文件以及签名文件。

```
openssl pkeyutl -verify -in plaintext.txt -sigfile signed.txt -pubin
-inkey pubkey.pem
```

12.3.3　数字证书使用

OpenSSL 可以使用命令行构建自签名证书。

(1)生成 ca.key 文件。

```
openssl genpkey -algorithm RSA -pkeyopt rsa_keygen_bits:2048 -out ca.key
```

(2)根据 ca.key 生成 CSR 文件(证书申请文件)，生成的过程中需要写入相关信息，如图 12-24 所示。

```
openssl req -new -key ca.key -out ca.csr
```

```
C:\Users\zml10\openssl>openssl req -new -key ca.key -out ca.csr
You are about to be asked to enter information that will be incorporated
into your certificate request.
What you are about to enter is what is called a Distinguished Name or a DN.
There are quite a few fields but you can leave some blank
For some fields there will be a default value,
If you enter '.', the field will be left blank.
-----
Country Name (2 letter code) [AU]:CN
State or Province Name (full name) [Some-State]:XX
Locality Name (eg, city) []:XX
Organization Name (eg, company) [Internet Widgits Pty Ltd]:XX
Organizational Unit Name (eg, section) []:XX
Common Name (e.g. server FQDN or YOUR name) []:XXX
Email Address []:XXX@XXX.com

Please enter the following 'extra' attributes
to be sent with your certificate request
A challenge password []:123456
An optional company name []:XXX
```

图 12-24　根据 ca.key 生成 CSR 文件

(3) 根据 KEY 文件和 CSR 文件生成证书 ca.crt，至此就自生成了一个 CA 证书，可用此证书对服务器证书进行签名。

```
openssl x509 -req -days 365 -in ca.csr -signkey ca.key -out ca.crt
```

(4) 生成服务器的私钥 server.key。

```
openssl genpkey -algorithm RSA -pkeyopt rsa_keygen_bits:2048 -out server.key
```

(5) 根据服务器私钥生成 server.csr，生成过程中要根据服务器的实际情况填写相关信息，图 12-25 为示例，相关信息都用 XXX 代替。

```
openssl req -new -key server.key -out server.csr
```

```
C:\Users\zml10\openssl>openssl req -new -key server.key -out server.csr
You are about to be asked to enter information that will be incorporated
into your certificate request.
What you are about to enter is what is called a Distinguished Name or a DN.
There are quite a few fields but you can leave some blank
For some fields there will be a default value,
If you enter '.', the field will be left blank.
-----
Country Name (2 letter code) [AU]:CN
State or Province Name (full name) [Some-State]:XXX
Locality Name (eg, city) []:XXX
Organization Name (eg, company) [Internet Widgits Pty Ltd]:XXX
Organizational Unit Name (eg, section) []:XXXX
Common Name (e.g. server FQDN or YOUR name) []:XX
Email Address []:XXXX@XXX.com

Please enter the following 'extra' attributes
to be sent with your certificate request
A challenge password []:qwerty
An optional company name []:XXXX
```

图 12-25　服务器私钥生成

(6) 根据 server.csr 和先前创建的 ca.crt 为生成的证书 server.crt 进行签名。

这一步需要手动创建 CA 的目录结构，即按照安装文件 OpenSSL.cnf 中的结构进行创建。

① 在当前文件夹下创建一个 demoCA 文件夹。

```
mkdir ./demoCA
```

② 在 demoCA 文件夹下创建一个 newcerts 文件夹。

```
mkdir demoCA/newcerts
```

③ 在 demoCA 文件夹下创建一个 index.txt 空文件。

```
echo.>demoCA/index.txt
```

④ 在 demoCA 文件夹下创建一个 serial 文件，并在第一行写入 "01"。

```
echo 01>demoCA/serial
```

完成上述文件结构的创建后，将 OpenSSL.cnf 文件复制到当前文件夹，并对其中部分内容进行修改，如图 12-26 所示。

完成上述操作后即可用生成的 CA 证书对服务器的证书进行签名，如图 12-27 所示，输入命令如下。

```
# For the CA policy
[ policy_match ]
countryName              = match
stateOrProvinceName      = optional
organizationName         = optional
organizationalUnitName   = optional
commonName               = supplied
emailAddress             = optional
```

图 12-26　OpenSSL.cnf 文件内容

```
openssl ca -in server.csr -days 3650 -cert ca.crt
-keyfile ca.key -out server.crt -config openssl.cnf
```

生成经过 CA 签名的服务器证书 server.crt，如图 12-28 所示。

```
Using configuration from openssl.cnf
Check that the request matches the signature
Signature ok
Certificate Details:
        Serial Number: 1 (0x1)
        Validity
            Not Before: Oct 31 07:47:30 2022 GMT
            Not After : Oct 28 07:47:30 2032 GMT
        Subject:
            countryName               = CN
            stateOrProvinceName       = XXX
            organizationName          = XXX
            organizationalUnitName    = XXXX
            commonName                = XX
            emailAddress              = XXXX@XXX.com
        X509v3 extensions:
            X509v3 Basic Constraints:
                CA:FALSE
            X509v3 Subject Key Identifier:
                1C:48:4C:42:A1:8C:E8:FE:F6:E2:62:13:65:D9:58:DB:95:4F:E7:5D
            X509v3 Authority Key Identifier:
                DirName:/C=CN/ST=XX/L=XX/O=XX/OU=XX/CN=XXX/emailAddress=XXX@XXX.com
                serial:0D:47:D4:28:75:33:4E:33:AE:0D:31:CC:46:C1:44:D3:F3:FC:F5:09
Certificate is to be certified until Oct 28 07:47:30 2032 GMT (3650 days)
Sign the certificate? [y/n]:y


1 out of 1 certificate requests certified, commit? [y/n]y
Write out database with 1 new entries
Data Base Updated
```

图 12-27　利用生成的 CA 证书对服务器证书签名

图 12-28　服务器证书

12.3.4　Hash 算法使用

OpenSSL Hash 算法在命令行中的使用方法如下。

```
Usage: dgst [options] [file...]


General options:
 -help            显示帮助信息
 -list            显示可用的 Hash 函数
 -engine val      使用引擎(可能是硬件设备)
 -engine_impl     在 Hash 算法中的使用与-engine 相同
 -passin val      输入证书私钥的口令值


Output options:    输出选项
 -c               输出 Hash 值时字节间用冒号隔开
 -r               在 Hash 值后输出被压缩的文件名
 -out outfile     将 Hash 值输出到 outfile 中
 -keyform format  设定密钥文件的格式(一般是引擎, 其他值可忽略)
 -hex             以十六进制输出
 -binary          以二进制输出
 -xoflen +int     设定 XOF 算法的输出长度
 -d               打印调试信息
 -debug           打印详细调试信息


Signing options:   签名选项
 -sign val        使用私钥进行签名
```

```
    -verify val          使用公钥进行签名验证
    -prverify val        使用私钥进行签名验证
    -sigopt val          以为 n:v 的形式设置签名参数
    -signature infile    指定签名文件，在验证签名时使用
    -hmac val            使用密钥生成 HMAC
    -mac val             生成 MAC（在不需要 HMAC 的情况下使用）
    -macopt val          以 n:v 的形式或密钥设置 MAC 算法的参数
    -*                   任何支持的压缩
    -fips-fingerprint    使用 OpenSSL-FIPS fingerprint 中的密钥计算 HMAC


Random state options:
    -rand val            将文件输入随机数生成器
    -writerand outfile   将随机数据输入某个文件


Parameters:
    file                 对文件进行 Hash 计算
```

利用 OpenSSL 进行 Hash 计算示例如下。

首先将 "hello" 写入 hello.txt，再用 sha1 对 hello.txt 进行 Hash 计算，在 Hash 函数后直接写文件名，即利用当前 Hash 算法对相应的文件计算 Hash 值，具体命令如图 12-29 所示。

图 12-29　OpenSSL 命令行加密 1

所有类似 openssl dgst -sha1 的写法都可直接写为 openssl sha1 的形式。

```
echo hello >hello.txt
openssl sha1 hello.txt
```

也可直接在命令行中对需要计算 Hash 值的内容直接赋予 Hash 算法，图 12-30 为利用 MD5 算法对 0x1234abcd 进行 Hash 值的计算。

```
echo 0x1234abcd | openssl md5
```

图 12-30　OpenSSL 命令行加密 2

图 12-31 为对字符串 "12345" 的 MD5 值计算。

```
echo "12345" | openssl md5
```

图 12-31　MD5 对字符串加密

12.4　OpenSSL 编程及常用接口

12.4.1　OpenSSL 编程环境配置

本节以在 Dev C++和 Visual Studio2019 中为例，介绍 OpenSSL 编程环境配置。

1. 在 Dev C++中配置 OpenSSL 编程环境

打开 Dev C++按以下步骤进行配置。

（1）选择"工具"→"编译器选项"→"编译器"选项，在"在连接器命令行加入以下命令"框中添加"-libcrypto,-libssl"，复选框需选择，如图 12-32 所示。

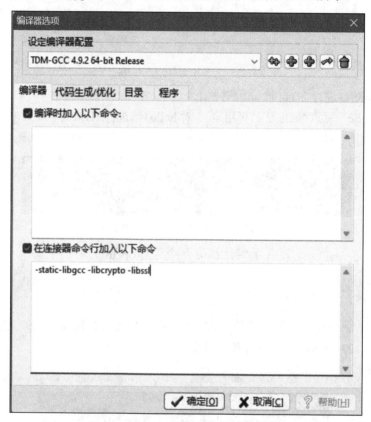

图 12-32　Dev C++安装 OpenSSL 界面 1

（2）选择"工具"→"编译器选项"→"目录"选项，在"库"框中添加"C:\Program Files\OpenSSL-Win64\lib"，如图 12-33 所示。

（3）选择"工具"→"编译器选项"→"目录"选项，在"C 包含文件"框中添加"C:\Program Files\OpenSSL-Win64\include"，如图 12-34 所示。

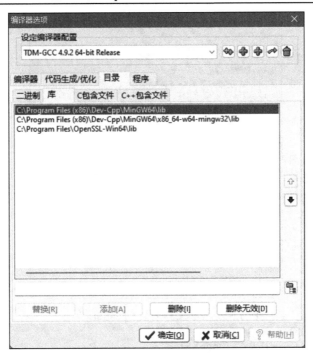

图 12-33　Dev C++安装 OpenSSL 界面 2

图 12-34　Dev C++安装 OpenSSL 界面 3

(4)选择"工具"→"编译器选项"→"目录"选项,在"C++包含文件"框中添加"C:\Program Files\OpenSSL-Win64\include",如图 12-35 所示。

图 12-35　Dev C++安装 OpenSSL 界面 4

然后即可在 Dev C++中使用 OpenSSL。

2. 在 Visual Studio2019 中配置 OpenSSL 编程环境

打开 Visual Studio2019 按以下步骤进行配置。

在"项目"快捷菜单中选择"属性"选项，在弹出的"Openssl 属性页"对话框中选择"配置属性"→"VC++目录"选项。然后在"包含目录"框中添加 OpenSSL 的 include 路径，在"库目录"框中添加 OpenSSL 的 bin 路径，注意此处是 x64 平台。具体操作如图 12-36 所示。

图 12-36　Visual Studio2019 安装 OpenSSL 界面 1

选择 C/C++→"常规"选项，在"附加包含目录"框中添加 OpenSSL 的 include 文件路径，具体操作如图 12-37 所示。

图 12-37　Visual Studio2019 安装 OpenSSL 界面 2

选择"链接器"→"常规"选项，在"附加库目录"框中添加 OpenSSL 的 lib 文件路径，具体操作如图 12-38 所示。

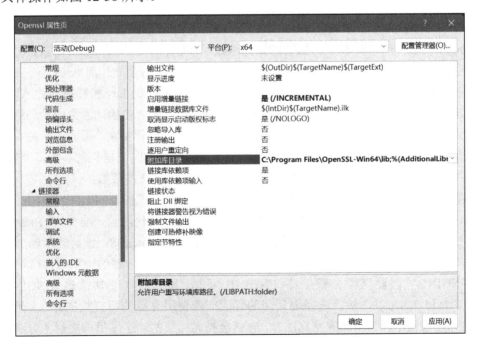

图 12-38　Visual Studio2019 安装 OpenSSL 界面 3

最后在程序开头加上以下代码，如图 12-39 所示。

```
#pragma comment(lib,"libssl.lib")
#pragma comment(lib,"libcrypto.lib")
```

```
#include <iostream>
#include <openssl/evp.h>
#pragma comment(lib,"libssl.lib")
#pragma comment(lib,"libcrypto.lib")
```

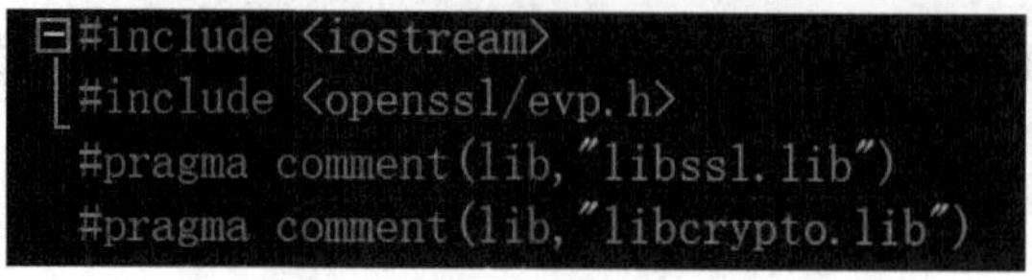

图 12-39　在程序开头添加代码

至此，Visual Studio2019 配置 OpenSSL 完成。

12.4.2　对称密码算法编程接口

1. OpenSSL 对称密码算法在 C 语言中的接口介绍

OpenSSL 3.0 后的版本对 C 语言中的接口进行了很大的改进，使得对不同的算法都可用相同的接口函数进行加解密，只需更改函数中的参数即可，与之前每种算法都有一套完整的加解密函数相比方便很多。

EVP_CIPHER_CTX* ctx; 为加解密对象定义，使用 OpenSSL 接口函数进行加解密首先需要对加解密上下文进行定义。

ctx = EVP_CIPHER_CTX_new () 为对加解密对象进行初始化。

EVP_CIPHER* cipher 为对称密码算法对象定义。

EVP_CIPHER_fetch (NULL,'AES-128-cbc',NULL) 为对称密码算法获取，EVP_CIPHER_fetch 返回具体的算法。

EVP_EncryptInit_ex2 (EVP_CIPHER_CTX* ctx, EVP_CIPHER* cipher, unsigned char* key, unsigned char* iv, NULL); 为加密初始化函数，初始化时需要传入加密对象、加密算法对象、密钥、向量 iv 值(其中 iv 值可用 NULL 代替，加密时将全 0 作为 iv 值，对应解密时在解密初始化函数中设置 iv 值为 NULL 即可)，此函数从传入的 key 指针指向的地址开始，向后取出 cipher 对应密钥长度的内存内容作为加密密钥。加密初始化函数成功则返回 1，失败则返回 0，初始化成功后即可通过加密对象 ctx 对明文进行加密。需要注意的是，若已用此函数对加密对象的部分参数进行定义，则再次调用此函数时已定义的参数写为 NULL，即保留上一次定义的参数，若改为新的值，则会覆盖先前定义的参数。

EVP_EncryptInit_ex (EVP_CIPHER_CTX* ctx, EVP_CIPHER* cipher, ENGINE* impl, unsigned char* key, unsigned char* iv, NULL); 也为加密初始化函数，与 EVP_EncryptInit_ex2 在 ENGINE 缺失的情况下效果相同。其中 ENGINE 是 OpenSSL 预留的用以加载第三方加密库的引擎，主要包括动态库加载的代码和加密函数指针管理的一系列接口。如果要使用 ENGINE（假设已经加载上该 ENGINE 了），那么首先要加载该 ENGINE（如 ENGINE_load_XXXX），然后选择要使用的算法或者使用支持的所有加密算法(有相关函数)。这样应用程序在调用加解密算法时，它就会指向加载的动态库里的加解密算法，而不是原先的 OpenSSL 库里的加解密算法。

EVP_EncryptUpdate (EVP_CIPHER_CTX* ctx, unsigned char* outbuf, int *outlen, unsigned char* intext, int inlen) 为对加密对象进行加密的函数，将从 intext 中取出 intlen 长度的明文内容进行加密，其中若 intlen 长度不是分组密码算法的块的整数倍，则取明文中块的整数倍长度的内容进行加密，明文中余下的不足一个块的内容在后续由 EVP_EncryptFinal_ex() 进行 padding 并加密。

加密后密文存放在 outbuf(以 outbuf 指针为存放密文的首地址)中，密文长度存放在 outlen 中。此函数可被多次调用，用于加密多个连续块的明文。对于大多数密码和模式，输出的数据量可以是 0～inl + cipher_block_size − 1 字节的任何内容(单次可写入的数据量取决于用户设置的 intext 缓冲区的大小，即无论 intext 多大，此函数都能进行加密，但由于单次写入后最后一个明文块的内容长度可能小于分组密码算法的一个块，因此有可能在 intext 后进行填充，将 intext 的长度填充至块长度的整数倍，填充的长度小于一个块，因此输出的密文长度可能是 inl + cipher_block_size − 1，但填充内容的加密及输出在 EVP_EncryptFinal_ex() 中实现)。对于包装密码模式(Wrap Cipher Modes)，输出的数据量可以是 0～inl + cipher_block_size 字节的任何内容。对于流密码模式，写入的数据量可以是 0～inl 字节的任何内容。因此，存放密文的 outbuf 缓冲区应包含足够的空间来存放当前加密生成的密文。加密生成的密文字节数存放于 outl 中(以 outbuf 缓冲区的长度作为单次加密的最大长度，因此单次加密的明文长度应该小于 outbuf 缓冲区的长度)此函数自动检测输入和输出是否重叠，加密成功则返回 1，加密失败则返回 0。

EVP_EncryptFinal_ex(EVP_CIPHER_CTX* ctx, unsigned char*(outbuf + outlen), int* tmplen) 为对自动填充的内容进行加密，在未特别说明的情况下，OpenSSL 接口函数自动进行填充(padding)，填充方式为标准填充，如 PKCS，此函数是专门对填充的内容以及明文尾部未满一个加密块的内容进行加密的函数，一般在加密最后长度小于存放密文的缓冲区的明文时执行。其中 ctx 为加密对象，outbuf+outlen 为存放密文 padding 的起始地址，与上述 EVP_EncryptUpdate 函数配合使用，outlen 为前面已生成的密文长度，并将此次加密的长度传入 templen(一般都为一个分块的长度)。需要注意的是，OpenSSL 默认使用 padding 方式，当加密的明文长度正好是对称密码分块的整数倍时，会 padding 一个完整的明文块，当明文长度不足分块的整数倍时，自动 padding 将明文补充至分块的整数倍。

EVP_CIPHER_CTX_free(ctx); 为加密完成后释放加密对象指针。

EVP_CIPHER_free(cipher); 为加密完成后释放密码算法对象指针。

EVP_DecryptInit_ex2()、EVP_DecsryptInit_ex()、EVP_DecryptUpdate() 和 EVP_DecryptFinal_ex() 都是相应的解密函数。其中，如果加密时启用了填充并且最后一个块的格式不正确，则 EVP_DecryptFinal_ex() 将返回 0。参数和使用方法与加密操作相同。若启用了填充，则传递给 EVP_DecryptUpdate() 的解密数据缓冲区应有足够的空间容纳 inl + cipher_block_size 字节的内容，除非密文块只有 1 个，在这种情况下，inl 字节就足够了。

EVP_CipherInit_ex2()、EVP_CipherInit_ex()、EVP_CipherUpdate() 和 EVP_CipherFinal_ex() 既可用于加密，也可用于解密，只需在初始化时设定 enc 参数即可，该参数为 1 时是加密，为 0 时是解密，为−1 时则保持加解密选项不变(即实际的 enc 参数在先前已被设置过)。

EVP_CIPHER_CTX_reset(EVP_CIPHER_CTX* ctx) 为清除所有先前设置的附着于加密对象的参数，并释放与其有关联的内存，仅保留 ctx 本身，此函数应该在需要将该 ctx

应用在其他 EVP_CipherInit()、EVP_CipherUpdate()、EVP_CipherFinal()等加解密函数时使用。

EVP_CIPHER_CTX_rand_key(EVP_CIPHER_CTX* ctx, const unsigned char* key) 为根据所选定的密码算法生成一个适当长度的随机密钥。其中，key 指向的内存单元需大于选定密码算法对应密钥的长度，具体长度可通过 EVP_CIPHER_CTX_get_key_length()函数获取。

需要注意的是，使用此函数之前需要将加解密对象进行密码算法的初始化，例如，可使用 EVP_EncryptInit_ex2(ctx, cipher, NULL, NULL, NULL)函数确定 ctx 将使用的加密算法，再使用 EVP_CIPHER_CTX_rand_key(ctx,key)生成随机密钥返回至以 key 为首地址的内存单元，获取随机密钥。

EVP_CIPHER_CTX_set_padding(EVP_CIPHER_CTX *x, int padding)可设置加解密对象是否需要 padding，将 padding 设置为 0(即为无填充)，默认情况下 padding 是启用的。

注意：

在可能的情况下，应优先使用对称密码的 EVP 接口，而不是低版本的低级接口。这是因为 EVP 接口使得代码对随后所使用的密码变得透明，并且更加灵活。此外，EVP 接口将保证使用平台特定的加密加速，如 AES-NI(低级接口不提供保证)。

PKCS 填充的工作原理是添加 n 个值为 n 的填充字节，使加密数据的总长度为区块大小的倍数。填充总是被添加的，所以如果数据的总长度已经是区块大小的倍数，n 将等于区块大小。例如，如果区块大小为 8 字节，要加密 11 字节，那么将添加 5 个值为 5 的填充字节。

如果填充功能被禁用，那么只要解密的数据总长度是区块大小的倍数，解密操作就总是成功的。

EVP_EncryptInit()、EVP_EncryptInit_ex()、EVP_EncryptFinal()、EVP_DecryptInit()、EVP_DecryptInit_ex()、EVP_CipherInit()、EVP_CipherInit_ex()和 EVP_CipherFinal()函数已经过时，但为了与现有代码兼容而被保留。新的代码应该使用 EVP_EncryptInit_ex2()、EVP_EncryptFinal_ex()、EVP_DecryptInit_ex2()、EVP_DecryptFinal_ex()、EVP_CipherInit_ex2()和 EVP_CipherFinal_ex()，因为它们可以重复使用现有的加解密对象，无须在每次调用时分配和释放它。

EVP_CipherInit() 和 EVP_CipherInit_ex() 函数之间有一些重要区别，若 EVP_CipherInit()在传递的加解密对象中填入 NULL，则不会保留先前设置的参数。因此，EVP_CipherInit()不允许在单独传递密钥和 iv 的情况下逐步初始化 ctx。EVP_CIPHER_CTX_FLAG_WRAP_ALLOW 标志在 EVP_CipherInit_ex()中的特殊处理尤为重要。

2. 接口调用示例

此示例将明文 Some Crypto TextSome Crypt 使用 AES-128-CBC 加密后写入文件 outfile 中，需要传入参数 outfile。

```
int do_crypt(char* outfile)
{
    unsigned char outbuf[1024];
```

```
int outlen, tmplen, i;
//设置密码和 iv 值，其中单个 unsigned char 字符占 1 字节
unsigned char key[] = {0,1,2,3,4,5,6,7,8,9,10,11,12,13,14,15};
unsigned char iv[] = {1,2,3,4,5,6,7,8,9,10,11,12,13,14,15,16};
//设置加密明文 intext，其长度不为加密算法分块的整数倍，加密过程中接口函数会
//自动 padding
char intext[] = "Some Crypto TextSome Crypt";
//定义加密对象并初始化
EVP_CIPHER_CTX* ctx;
ctx = EVP_CIPHER_CTX_new();
//定义加密算法并通过 fetch 获取具体算法
EVP_CIPHER* cipher = EVP_CIPHER_fetch(NULL, "AES-128-CBC", NULL);
//EVP_CIPHER_CTX_rand_key(ctx,keyy);
//打印获取具体算法(AES-128-CBC)的密钥长度、iv 长度和分块长度
printf("key len = %d\niv len = %d\nblock len = %d\n", EVP_
    CIPHER_get_key_length(cipher), EVP_CIPHER_get_iv_length
    (cipher), EVP_CIPHER_ get_block_size(cipher));
FILE* out;
//加密初始化函数，将密码算法、密钥和 iv 值定义至加密对象上
if(!EVP_EncryptInit_ex2(ctx, cipher, key, iv, NULL))
{
    printf("EVP_EncryptInit_ex2 errror\n");
    EVP_CIPHER_CTX_free(ctx);
    return 0;
}
/*
//若想使用 OpenSSL 接口生成随机密钥，代码如下
//首先将密码算法定义至加密对象上，在密钥以及 iv 处均填 NULL
EVP_EncryptInit_ex2(ctx,cipher,NULL,NULL,NULL);
//定义存放随机密钥的变量，其长度需要大于加密算法所需密钥的长度
unsigned char* rand_key[20];
//对当前加密对象生成符合其密钥长度的随机密钥，并将其存放至 rand_key 中
EVP_CIPHER_CTX_rand_key(ctx,rand_key);
//将生成的密钥和 iv 值定义至加密对象上，其中 cipher 部分在上面已定义过，无须再次定义
EVP_EncryptInit_ex2(ctx,NULL,rand_key,iv,NULL);
*/
//对 intext 进行加密，密文存放至 outbuf 中，加密后的长度存放至 outlen 中
if(!EVP_EncryptUpdate(ctx, outbuf, &outlen,(unsigned char*)intext,
    strlen(intext)))
{
    /* Error */
    printf("EVP_EncryptUpdate error\n");
    EVP_CIPHER_CTX_free(ctx);
    return 0;
}
    //将明文尾部不满一个分块的内容进行 PKCS 填充并加密最后一个分块，存放至
```

```
        //以 outbuf+outlen 为首地址的内存中，加密后密文长度存放在 tmplen 中
        if(!EVP_EncryptFinal_ex(ctx, outbuf + outlen, &tmplen)){
            printf("EVP_EncryptFinal_ex error\n");
            EVP_CIPHER_CTX_free(ctx);
            return 0;
        }
        //加密完成，完整的密文长度为 outlen+tmplen
        outlen + = tmplen;
        //加密完成，释放加密对象内存
        EVP_CIPHER_CTX_free(ctx);
        //将加密后的密文写入文件
        out = fopen(outfile, "wb");
        if(out = = NULL){
            /* Error */
            return 0;
        }
        fwrite(outbuf, 1, outlen, out);
        //打印密文
        for(i = 0; i < outlen; i++)
            printf("%02x", outbuf[i]);
        fclose(out);
        return 1;
    }
```

相应地，可以定义解密函数如下，此时需要传入的参数有密钥 key、iv 值、密文 ciphertext，以及密文长度 ciphertextlen，将解密出的明文存放于 decrypt 并打印。

```
    int do_decrypt(unsigned char* key,unsigned char* iv,unsigned char*
      ciphertext ,int ciphertextlen)
    {
        EVP_CIPHER_CTX* ctxd = EVP_CIPHER_CTX_new();
        EVP_CIPHER* cipher = EVP_CIPHER_fetch(NULL, "AES-128-CBC", NULL);

        unsigned char decrypt[1024];
        int decryptlen,tmplen,i;
        if(!EVP_DecryptInit_ex2(ctxd, cipher, key, iv, NULL))
        {
            printf("EVP_DecryptInit_ex2 error\n");
            EVP_CIPHER_CTX_free(ctxd);
            return 0;
        }
        if(!EVP_DecryptUpdate(ctxd, decrypt, &decryptlen, ciphertext,
          ciphertextlen))
        {
            printf("EVP_DecryptUpdate error\n");
            EVP_CIPHER_CTX_free(ctxd);
```

```
        return 0;
    }
    if(!EVP_DecryptFinal_ex(ctxd, decrypt + decryptlen, &tmplen))
    {
        printf("EVP_DecryptFinal_ex error\n");
        EVP_CIPHER_CTX_free(ctxd);
        return 0;
    }
    decryptlen + = tmplen;
    for(i = 0; i < decryptlen; i++)
        printf("%02X", decrypt[i]);
    EVP_CIPHER_CTX_free(ctxd);
    return 1;
}
```

12.4.3　公钥加密算法编程接口

1. OpenSSL 公钥加密算法在 C 语言中的接口介绍

以下是 OpenSSL 中公钥加密算法接口在 C 语言编程中的介绍，以 RSA 为例，主要介绍几种常用的 API 以及相关应用。

EVP_PKEY_CTX* ctx 为加解密对象定义，公钥密码接口与对称密码算法类似，都需要定义相应的加解密对象。

EVP_PKEY* pkey 为定义公钥加密算法对象。

EVP_RSA_gen() 返回模数是相应长度的 RSA 公私钥对。例如，pkey = EVP_RSA_gen(2048) 即为返回模数是 2048bit 的 RSA 公私钥对给 pkey 密码算法对象。

EVP_PKEY_CTX_new(EVP_PKEY *pkey, ENGINE *e) 用于将设置好的公钥加密算法赋予加解密对象 ctx，ENGINE* e 一般可用 NULL 代替。

EVP_PKEY_encrypt_init() 为加密初始化函数，在使用 EVP_PEKY_encrypt() 函数进行加密前需要使用此函数对加解密对象 ctx 进行初始化，函数内的参数为加解密对象。对应的 EVP_PEKY_decrypt_init() 为解密初始化函数。

EVP_PKEY_encrypt(EVP_PKEY_CTX *ctx, unsigned char *out, size_t *outlen, const unsigned char *in, size_t inlen) 为公钥加密中的加密函数，对 in 处存放的明文进行加密，明文长度为 inlen，加密后的密文存放在 out 中，密文长度存放在 outlen 中，对应的解密函数为 EVP_PKEY_decrypt()。注意在使用此函数前，需要通过 EVP_PKEY_CTX_new() 将密钥赋予 ctx，并使用 EVP_PEKY_encrypt_init 对 ctx 进行加密初始化。

EVP_PKEY_sign(EVP_PKEY_CTX *ctx, unsigned char *sig, size_t *siglen, const unsigned char *tbs, size_t tbslen) 为公钥签名函数。其中 sig 是存放签名文件的内存地址，签名的长度存放在 siglen 中，被签名的文件存放在 tbs 中，长度为 tbslen。需要注意的是，此函数不会将密文进行压缩并签名，因此在使用此函数之前需要自己对被签名密文通过 Hash 算法计算得到摘要，再对摘要进行此函数的签名(此处默认的签名过程是先加密，然后对密文计算 Hash 摘要值，再对摘要值进行签名）。

EVP_PKEY_verify(EVP_PKEY_CTX *ctx, const unsigned char *sig, size_t siglen, const unsigned char *tbs, size_t tbslen) 为公钥签名验证函数，验证成功则返回 1 失败返回 0，其中 sig 是签名，siglen 是签名长度，tbs 是被签名的密文摘要值，tbslen 是对应的摘要长度。此函数也需要用户先将密文摘要值计算出后再使用。

PEM_write_PUBKEY(FILE* fp, EVP_PKEY* pkey) 的作用是将公钥加密算法中的公私钥对中的公钥写入文件，其中公私钥对是 pkey，写入的文件是 fp，公钥文件以 PEM 格式保存。此函数成功则返回 1，失败返回 0。

PEM_write_PrivateKey(FILE *fp, EVP_PKEY *x, const EVP_CIPHER *enc, unsigned char *kstr, int klen, pem_password_cb *cb, void *u) 的作用是将公钥加密算法中的公私钥对中的私钥写入文件，其中公私钥对是 x，写入的文件是 fp，私钥文件以 PEM 格式保存。由于私钥文件至关重要，因此一般可在将私钥写入 PEM 文件时进行加密。enc 是使用的加密算法，如果此参数是 NULL，则在写入私钥时不会进行加密。cb 参数定义了回调函数，该回调函数在加密 PEM 结构体（一般来说是私钥）需要口令的时候使用，若 kstr 的值不为 NULL，则 cb 参数的值此时就被忽略了，kstr 的前 klen 字节将作为 enc 算法的密钥，如果 cb 参数为 NULL，而 u 参数不为 NULL，那么 u 参数就是一个用作口令的以 NULL 结束的字符串。如果 cb 和 u 参数都是 NULL，那么回调函数就会被使用，该函数一般在当前的终端提示输入口令，并且关掉了回显功能，即在程序运行的命令行中输入对私钥的加密口令。

PEM_read_PUBKEY(FILE *fp, EVP_PKEY **x, pem_password_cb *cb, void *u) 与上述将公私钥写入文件的函数对应，此函数用于从 PEM 文件中读取公钥，相关参数的使用方法与上述函数中相同。

PEM_read_PrivateKey(FILE *fp, EVP_PKEY **x, pem_password_cb *cb, void *u) 用于从 PEM 文件中读取私钥，函数中参数的使用方法与上述相同，若私钥未用对称密码算法加密，则相应参数设置为 NULL。

2. 接口调用示例

以下是使用上述公钥加密算法编程接口的示例程序。

示例程序 1：密钥生成、写入文件、读取密钥。

```
#include <OpenSSL/evp.h>
#include <OpenSSL/rsa.h>
#include <stdlib.h>
#include <iostream>
#include<OpenSSL/pem.h>

int generateKeys(){
    EVP_PKEY* pkey = EVP_RSA_gen(2048);//生成 2048bit 的 RSA 公私钥对
    //将生成的公钥写入 public.pem
    FILE* fp = fopen("public.pem", "wt");
    if(fp! = NULL){
        PEM_write_PUBKEY(fp, pkey);
```

```
        fclose(fp);
    }
    else {
        perror("file error");
    }
    //将生成的私钥写入 private.pem
    fp = fopen("private.pem", "wt");
    if(fp ! = NULL){
        PEM_write_PrivateKey(fp, pkey, NULL, NULL, 0, NULL, NULL);
        fclose(fp);
    }
    else {
        perror("file error");
    }
    //从 public.pem 中读取公钥, 此处 public.pem 内公钥未加密
    fopen_s(&fp, "public.pem", "r");
    EVP_PKEY* publickey;
    publickey = PEM_read_PUBKEY(fp, NULL, NULL, NULL);
    fclose(fp);
    //从 private.pem 中读取私钥, 此处 private.pem 内私钥未加密
    fopen_s(&fp, "private.pem", "r");
    EVP_PKEY* privatekey;
    publickey = PEM_read_PrivateKey(fp, NULL, NULL, NULL);
    fclose(fp);
    EVP_PKEY_free(pkey);
    return 0;
}
```

示例程序 2: 使用公钥加密算法 RSA 进行加解密。

```
#include <OpenSSL/evp.h>
#include <OpenSSL/rsa.h>
#include <stdlib.h>
#include <iostream>
#include<OpenSSL/pem.h>
int main()
{
    //定义加解密对象
    EVP_PKEY_CTX* ctx;
    //生成 2048 位的 RSA 公私钥对
    EVP_PKEY* pkey = EVP_RSA_gen(2048);
    //定义加密明文
    char text[] = "1234567890abcdedasdqw";
    //定义存放密文的空间, 由于使用的是 2048 位的 RSA, 因此密文长度最多是 256 字节
    unsigned char out[256];
    int i;
    size_t outlen = 2048,inlen;
```

```
//将生成的密钥赋予加解密对象 ctx
ctx = EVP_PKEY_CTX_new(pkey, NULL);
//加密初始化
EVP_PKEY_encrypt_init(ctx);
inlen = strlen(text);
//对 text 进行加密，加密后密文存放在 out 中，密文长度为 outlen，outlen 中以
//字节为单位存放密文长度
//此处直接使用上述生成的公私钥对，在实际运用中可从 PEM 文件中读取公钥，再利用
//公钥进行加密
if(EVP_PKEY_encrypt(ctx, out, &outlen,(unsigned char*)text, inlen)<= 0)
{
    printf("encrypt error\n");
    return 0;
}
printf("%zu\n",outlen);
//输出密文
for(i = 0; i < outlen; i++)
{
    printf("%02x ",out[i]);
}
printf("\n = = = = = = = = = = = = = decrypt = = = = = = = = = = = \n");
unsigned char dec[256];
size_t declen = 256;
EVP_PKEY_decrypt_init(ctx);
//由于在前面已经对 ctx 进行过定义，且 pkey 中含有公私钥对，因此不需要重新定义
//一般情况下可通过文件读取的方式先读取私钥再进行解密
//解密后的明文存放在 dec 中，明文长度为 declen。out 是先前加密的密文
if(EVP_PKEY_decrypt(ctx, dec, &declen, out, outlen)<=0)
{
    printf("decrypt error\n");
    return 0;
}
//输出明文
for(i = 0; i < declen; i++)
    printf("%c", dec[i]);
return 0;
}
```

12.4.4 Hash 算法编程接口

1. OpenSSL Hash 算法在 C 语言中的主要接口

OpenSSL 中 Hash 算法在 C 语言中的主要接口使用逻辑与对称密码算法的类似，主要接口如下。

EVP_MD_CTX* mdctx 为定义 Hash 函数压缩对象，在 Hash 函数使用前需要先定义压缩对象。

EVP_MD* md 为定义 Hash 函数算法对象。

EVP_MD_fetch()用于获取 Hash 算法，此函数将获取的算法返回至 Hash 算法指针，注意对于用此函数获取的 Hash 算法，最后需要用 EVP_MD_free()函数释放 Hash 算法指针占用的内存。

EVP_MD_CTX_new()用于分配并返回一个压缩对象内存空间。

EVP_MD_CTX_free()用于释放压缩对象的内存空间，并清除此压缩对象。

EVP_DigestInit_ex(EVP_MD_CTX* mdctx, EVP_MD* md, ENGINE* impl)为初始化 Hash 算法的压缩对象，需要传入压缩对象以及使用的 Hash 算法，ENGINE 若为 NULL，则使用默认的引擎。

EVP_DigestUpdate(EVP_MD_CTX* ctx, const void *d, size_t cnt)为利用 ctx 压缩对象压缩 d 中 cnt 字节的数据，即将 d 中 cnt 字节的数据放入 ctx 中待压缩，此函数可多次调用，增加待压缩数据至 ctx 对象中。

EVP_DigestFinal_ex(EVP_MD_CTX* ctx, unsigned char* m, unsigned int* s)为从 ctx 检索摘要值并将其放入 m。如果 s 参数不是 NULL，则将 Hash 值的字节长度存放至 s 中，Hash 值的最大长度为 EVP_MAX_MD_SIZE 字节。在调用 EVP_DigestFinal_ex()后，不能再调用 EVP_DigestUpdate()来增加待压缩数据，但可以调用 EVP_DigestInit_ex2()来初始化一个新的摘要操作。

EVP_MD_free()用于释放 Hash 算法对象占用的内存空间。

2. 接口调用示例

以下是使用上述 Hash 算法接口的示例程序：

```c
#include <stdio.h>
#include <string.h>
#include <OpenSSL/evp.h>

int main()
{
    EVP_MD_CTX* mdctx;
    const EVP_MD* md;
    char mess1[] = "Test Message\n";
    char mess2[] = "Hello World\n";
    unsigned char md_value[EVP_MAX_MD_SIZE];     //将 md 的长度定义为可能的
                                                 //Hash 值的最大长度

    unsigned int md_len, i;
    md = EVP_MD_fetch(NULL, "SHA-1", NULL);      //获取 SHA-1 算法
    mdctx = EVP_MD_CTX_new();                     //为压缩对象分配一个新的内存
    EVP_DigestInit_ex2(mdctx, md, NULL);          //初始化压缩对象，将 md 代表的
                                                  //算法赋予压缩对象 mdctx
    EVP_DigestUpdate(mdctx, mess1, strlen(mess1));//将 mess1 的内容赋予
                                                  //mdctx 待压缩

    EVP_DigestUpdate(mdctx, mess2, strlen(mess2));//在 mdctx 现有基础上增
                                                  //加 mess2 的内容
```

```
EVP_DigestFinal_ex(mdctx, md_value, &md_len);
                //进行Hash计算,此时mdctx中待压缩的内容为mess1+mess2,即"Test
                //Message\nHello World\n ",使用 SHA-1 算法对其进行压缩,Hash
                //值存放在 md_value 中
EVP_MD_CTX_free(mdctx);          //释放压缩对象 mdctx
printf("Digest is: ");          //以十六进制输出获取的 Hash 值
for(i = 0; i < md_len; i++)
    printf("%02x", md_value[i]);
printf("\n");

exit(0);
}
```

延伸阅读：支持国密算法的 OpenSSL 分支 GmSSL

GmSSL（国密 SSL）是支持国密算法和标准的 OpenSSL 分支，增加了对国密 SM2/SM3/SM4 算法和 ECIES、CPK、ZUC 算法的支持，实现了这些算法与 EVP API 和命令行工具的集成。其官方网站为 http://gmssl.org，开源地址为 https://github.com/guanzhi/GmSSL，由北京大学信息安全实验室开发和维护。

GmSSL 是一个提供了丰富密码学功能和安全功能的开源软件包。在保持 OpenSSL 原有功能并实现和 OpenSSL API 兼容的基础上，GmSSL 新增多种密码算法、标准和协议，其中包括：

(1)椭圆曲线公钥加密国际标准 ECIES；

(2)国密 SM2 椭圆曲线公钥密码算法，包含数字签名算法、公钥加密算法、密钥交换协议及推荐椭圆曲线参数；

(3)国密 SM3 密码杂凑算法、HMAC-SM3 消息认证码算法、PBKDF2 口令加密算法；

(4)国密 SM4/SMS4 分组密码、ECB/CBC/CFB/OFB/CTR/GCM/FFX 加密模式和 CBC-MAC/CMAC 消息认证码算法；

(5)组合公钥(CPK)身份密码，可同时支持椭圆曲线国际标准算法和国密标准算法；

(6)国密动态口令密码规范；

(7)祖冲之序列密码。

GmSSL 还可以以安全中间件的方式访问 PCI-E 密码加速卡、USB Key 等硬件密码设备，为上层应用提供密钥安全存储、密码计算硬件加速功能以及国密 SM1 分组密码、国密 SSF33 分组密码等硬件实现的保密算法。GmSSL 通过 ENGINE 机制支持符合不同接口规范的密码设备：

(1)提供国密算法和国密智能密钥标准接口规范实现的硬件密码设备；

(2)提供 Windows CryptoAPI Provider 的密码硬件设备；

(3)提供 PKCS #11(Cryptoki)接口实现的密码硬件设备。

GmSSL 主要包含通用密码库 libcrypto、SSL/TLS 协议库 libssl 和命令行工具 gmssl。

除 gmssl 命令行工具之外，GmSSL 还通过 libcrypto 密码库提供原生的 EVP API 抽象密码接口、国密智能卡及智能密码钥匙密码应用接口 SKF API，以及通过 Java 本地接口（Java Native Interface，JNI）实现的 Java 语言绑定。

为了便于商业软件安全地采用 GmSSL，GmSSL 保持了和 OpenSSL 相似的 BSD/Apache 风格的许可证，因此闭源软件或者商业软件可以安全地在产品中采用 GmSSL 的代码。自发布以来，GmSSL 荣获开源中国（http://oschina.net）密码类推荐开源项目、2015 年度"一铭杯"中国 Linux 软件大赛二等奖等奖励和荣誉。

GmSSL 项目的长期目标是推动国产密码算法在国内互联网和开源领域的广泛应用，提高国内商用非涉密领域的自主密码应用水平。

习　　题

1. 下载并编译安装 OpenSSL 软件包，并利用 OpenSSL 命令生成一个自签名数字证书。

2. 令 m = {0xB3,0x02,0xF3,0xAB,0x49,0x03,0x46,0xD1,0x62,0x38,0x1E,0xD0,0x40,0xF5, 0xE9,0x91}，调用 OpenSSL 编程接口对消息 m 做 SHA-1 运算，输出 $SHA1(m)$。

3. 简述 OpenSSL 的 ENGINE 机制。

4. 图 12-40 是一个 PPTP 协议通信数据包，请利用数据包数据，根据 MS-CHAP v2 协议流程，编程生成服务器对客户端挑战的响应。

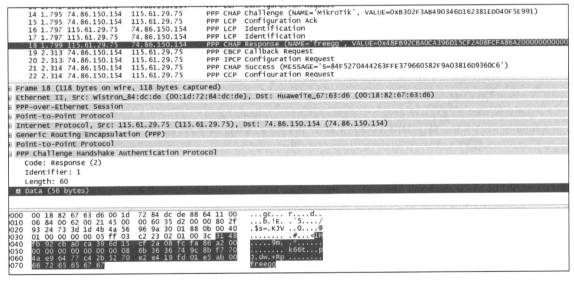

图 12-40　PPTP 协议通信数据包

参 考 文 献

范红, 冯登国, 2003. 安全协议理论与方法[M]. 北京: 科学出版社.

寇晓蕤, 王清贤, 2015. 网络安全协议: 原理、结构与应用[M]. 2 版. 北京: 高等教育出版社.

汪定, 2017. 口令安全关键问题研究[D]. 北京: 北京大学.

王平, 汪定, 黄欣沂, 2016. 口令安全研究进展[J]. 计算机研究与发展, 53(10): 2173-2188.

王清贤, 王勇军, 徐明, 等, 2018. 网络安全[M]. 北京: 高等教育出版社.

王志海, 童新海, 沈寒辉, 2007. OpenSSL 与网络信息安全: 基础、结构和指令[M]. 北京: 清华大学出版社.

ABOBA B, ZORN G, 2000. Implementation of L2TP compulsory tunneling via RADIUS[EB/OL].[2023-02-22]. https://www.rfc-editor.org/rfc/rfc2809.

ACIIÇMEZ O, SCHINDLER W, KOÇ Ç K, 2005. Improving Brumley and Boneh timing attack on unprotected SSL implementations[C]//Proceedings of the 12th ACM conference on computer and communications security. Alexandria.

ALBRECHT M R, MAREKOVÁ L, PATERSON K G, et al., 2022. Four attacks and a proof for telegram[C]// 2022 IEEE symposium on security and privacy (SP). San Francisco.

ALI A, KHAN M A, FARID K, et al., 2023. The effect of artificial intelligence on cybersecurity[C]//2023 international conference on business analytics for technology and security (ICBATS). Dubai.

BANI-HANI R M, 2006. Enhancing the IKE preshared key authentication method[D]. Columbia: University of Missouri-Columbia.

BELLARE M, KOHNO T, NAMPREMPRE C, 2005. The secure shell (SSH) transport layer protocol[EB/OL]. [2023-02-22]. https://www.rfc-editor.org/rfc/rfc4253.

BEURDOUCHE B, BHARGAVAN K, DELIGNAT-LAVAUD A, et al., 2015. A messy state of the union: taming the composite state machines of TLS[C]//2015 IEEE symposium on security and privacy. San Jose.

BLAKE-WILSON S, BOLYARD N, GUPTA V, et al. , 2006. Elliptic curve cryptography (ECC) cipher suites for transport layer security (TLS) versions 1.2 and earlier [EB/OL].[2023-02-22]. https://www.rfc-editor.org/ rfc/rfc8422.

BLUMENTHAL U, GOEL P, 2007. Pre-shared key (PSK) ciphersuites with NULL encryption for transport layer security (TLS)[EB/OL].[2023-02-22]. https://www.rfc-editor.org/rfc/rfc4785.

BRUBAKER C, JANA S, RAY B, et al., 2014. Using frankencerts for automated adversarial testing of certificate validation in SSL/TLS implementations[C]//2014 IEEE symposium on security and privacy. Berkeley.

BRUENING D, ZHAO Q, AMARASINGHE S, 2012. Transparent dynamic instrumentation[C]// Proceedings of the 8th ACM SIGPLAN/SIGOPS conference on virtual execution environments. London.

CANETTI R, KRAWCZYK H, 2002. Security analysis of IKE's signature-based key-exchange protocol[C]// Annual international cryptology conference. Santa Barbara.

CAVES E, CALHOUN P, WHEELER R, 2022. Layer two tunneling protocol "L2TP" management information base[EB/OL].[2023-03-27]. https://www.rfc-editor.org/rfc/rfc3371.

CHOW T S, 1978. Testing software design modeled by finite-state machines[J]. IEEE transactions on software engineering, SE-4(3): 178-187.

CUI W D, KANNAN J, WANG H J, 2007. Discoverer: automatic protocol reverse engineering from network traces[C]//Proceedings of the 16th USENIX security symposium. Boston.

CUI W D, PAXSON V, WEAVER N C, et al., 2006. Protocol-independent adaptive replay of application dialog[C]//Proceedings of the network and distributed system security symposium. San Diego.

CUI W D, PEINADO M, CHEN K, et al., 2008. Tupni: automatic reverse engineering of input formats[C]// Proceedings of the 15th ACM conference on computer and communications security. Alexandria.

CUSACK F, FORSSEN M, 2005. Generic message exchange authentication for the secure shell protocol (SSH)[EB/OL].[2023-03-27]. https://www.rfc-editor.org/rfc/rfc4256.

DE RUITER J, 2016. A tale of the OpenSSL state machine: a large-scale black-box analysis[C]// Nordic conference on secure IT systems. Oulu.

DE RUITER J , POLL E , 2015. Protocol state fuzzing of TLS implementations[C]// Proceedings of the 24th USENIX conference on security symposium. Washington, D.C..

DIERKS T, ALLEN C, 1998. The TLS protocol version 1. 0[EB/OL].[2023-03-27]. https://www.rfc-editor.org/ rfc/rfc2246.

DIERKS T, RESCORLA E, 2006. The transport layer security（TLS）protocol version 1. 1 [EB/OL]. [2023-03-27]. https://www. rfc-editor.org/rfc/rfc4346.

DWIVEDI H, 2003. Implementing SSH: strategies for optimizing the secure shell[M].Hoboken: John Wiley & Sons, Inc.

FOOTE J, 2015. How to fuzz a server with American fuzzy lop[EB/OL]. [2018-03-02]. https://www.fastly.com/blog/how-fuzz-server-american-fuzzy-lop.

FRIEDL M, PROVOS N, SIMPSON W, 2006. Diffie-Hellman group exchange for the secure shell（SSH）transport layer protocol[EB/OL]. [2023-03-27]. https://www.rfc-editor.org/rfc/rfc4419.

FU D, SOLINAS J, 2007. IKE and IKEv2 authentication using the elliptic curve digital signature algorithm（ECDSA）[EB/OL]. [2023-03-27]. https://www.rfc-editor.org/rfc/rfc4754.

GALBRAITH J, REMAKER P, 2006. The secure shell（SSH）session channel break extension[EB/OL]. [2023-03-27]. https://www.rfc-editor.org/rfc/rfc4335.

GALBRAITH J, 2006. RAR 5. 0 archive format [EB/OL]. [2023-03-27]. https://www.rarlab.com/technote.htm.

GASCON H, WRESSNEGGER C, YAMAGUCHI F, et al., 2015. Pulsar: stateful black-box fuzzing of proprietary network protocols[C]//International conference on security and privacy in communication systems. Dallas.

HAMED H, AL-SHAER E, MARRERO W, 2005. Modeling and verification of IPSec and VPN security policies[C]//13TH IEEE international conference on network protocols（ICNP'05）. Boston.

HARKINS D, CARREL D, 1998. The internet key exchange（IKE）[EB/OL].[2023-03-27]. https://www.rfc- editor. org/rfc/rfc2409.

HOCHREITER S, 1997. LSTM can solve hard long term lag problems[J]. Neural information processing systems（9）.

HOME SECURITY HEROES, 2017. An AI <just cracked your> password[EB/OL]. [2023-04-11]. https://www. homesecurityheroes.com/ai-password-cracking.

HUTZELMAN J, SALOWEY J, GALBRAITH J, et al., 2006. Generic security service application program interface（GSS-API）authentication and key exchange for the secure shell（SSH）protocol[EB/OL]. [2023-04-11]. https://www.rfc-editor.org/rfc/rfc4462.

ISBERNER M, HOWAR F, STEFFEN B, 2015. The open-source LearnLib[C]//International conference on computer aided verification. San Francisco.

ISO-ANTTILA L, YLINEN J, LOULA P, 2007. A proposal to improve IKEv2 negotiation[C]//The international conference on emerging security information, systems, and technologies（SECUREWARE 2007）. Valencia.

JOSEPH M, SUSOY J, 2013. P6R's secure shell public key subsystem.[EB/OL]. [2023-03-27]. https://www. rfc-editor.org/rfc/rfc7076.

KALISKI B, 2000. PKCS#5: password-based cryptography specification version 2.0 [EB/OL]. [2023-04-11]. https://www.rfc-editor.org/rfc/rfc2898.

KANG J, PARK J H, 2017. A secure-coding and vulnerability check system based on smart-fuzzing and exploit[J]. Neurocomputing, 256: 23-34.

KATZ P, 1990. ZIP file format, version 6.3.3（PKWARE）[EB/OL]. [2023-04-11]. https://www.loc.gov/preservation/digital/formats/fdd/fdd000362.shtml.

KEROMYTIS A, PROVOS N, 2000. The use of HMAC-RIPEMD-160-96 within ESP and AH[EB/OL]. [2023-04-11]. https://www.rfc-editor.org/rfc/rfc2857.

KIVINEN T, 2016. Protocol state fuzzing of an OpenVPN[J]. Computer science（20）.

LANG K J, PEARLMUTTER B A, PRICE R A, 1998. Results of the Abbadingo one DFA learning competition and a new evidence-driven state merging algorithm[C]//International colloquium on grammatical inference. Ames.

LEITA C, MERMOUD K, DACIER M, 2005. ScriptGen: an automated script generation tool for Honeyd[C]//21st annual computer security applications conference（ACSAC'05）. Tucson.

LENAERTS T, VAANDRAGER F, POLL E, 2017. Improving protocol state fuzzing of SSH[D]. Nijmegen: Radboud University.

LLOYD B, SIMPSON W, 1992. PPP authentication protocols[EB/OL]. [2023-04-11]. https://www.rfc-editor.org/ rfc/rfc1334.

LUECK G, PATIL H, PEREIRA C, 2012. PinADX: an interface for customizable debugging with dynamic instrumentation[C]//Proceedings of the tenth international symposium on code generation and optimization. San Jose.

MA R, WANG D G, HU C Z, et al., 2016. Test data generation for stateful network protocol fuzzing using a rule-based state machine[J]. Tsinghua science and technology, 21（3）: 352-360.

MAUGHAN D, SCHERTLER M, SCHNEIDER M, et al., 1998. Internet security association and key management protocol（ISAKMP）[EB/OL]. [2023-04-11]. https://www.rfc-editor.org/rfc/rfc2408.

MAVROGIANNOPOULOS N, 2005. Using OpenPGP keys for transport layer security (TLS) authentication[EB/OL]. https://www.rfc-editor.org/rfc/rfc5081.

NARAYAN J, SHUKLA S K, CLANCY T C, 2015. A survey of automatic protocol reverse engineering tools[J]. ACM computing surveys, 48 (3): 1-26.

NARAYANAN A, SHMATIKOV V, 2005. Fast dictionary attacks on passwords using time-space tradeoff[C]//Proceedings of the 12th ACM conference on computer and communications security. Alexandria.

NETHERCOTE N, SEWARD J, 2007. Valgrind: a framework for heavyweight dynamic binary instrumentation[J]. ACM SIGPLAN notices, 42 (6):89-100.

NICHOLS N, RAUGAS M, JASPER R, et al., 2017. Faster fuzzing: reinitialization with deep neural models[EB/OL]. [2023-05-14]. https://arxiv.org/abs/1711.02807.

NIR Y, KIVINEN T, WOUTERS P, et al., 2017. Algorithm implementation requirements and usage guidance for the internet key exchange protocol version 2 (IKEv2) [EB/OL]. [2023-05-14]. https://www.rfc-editor.org/rfc/rfc8247.

ONCINA J, GARCÍA P, 1992. Inferring regular languages in polynomial updated time[M]. New Jersey: World Scientific Publishing Co., Inc.

PAN F, WU L F, HONG Z, 2016. Network protocol reverse analysis and application [M]. National Defend Industry Press.

PATIL H, PEREIRA C, STALLCUP M, et al., 2010. PinPlay: a framework for deterministic replay and reproducible analysis of parallel programs[C]//Proceedings of the 8th annual IEEE/ACM international symposium on code generation and optimization. Toronto Ontario.

SCHNEIER B, MUDGE, 1998. Cryptanalysis of Microsoft's point-to-point tunneling protocol (PPTP) [C]// Proceedings of the 5th ACM conference on computer and communications security. San Francisco.

SOMOROVSKY J, 2016. Systematic fuzzing and testing of TLS libraries[C]//Proceedings of the 2016 ACM SIGSAC conference on computer and communications security. Vienna.

SONG D, BRUMLEY D, YIN H, et al., 2008. BitBlaze: a new approach to computer security via binary analysis[C]// International conference on information systems security. Hyderabad.

SOUNTHIRARAJ D, SAHS J, GREENWOOD G, et al., 2014. SMV-HUNTER: large scale, automated detection of SSL/TLS man-in-the-middle vulnerabilities in android Apps[C]// Network and distributed system security symposium. San Diego.

STEPHENS N, GROSEN J, SALLS C, et al., 2016. Driller: augmenting fuzzing through selective symbolic execution[C]// 23rd Annual network and distributed system security symposium. San Diego.

SUTTON M, GREENE A, AMINI P, 2007. Fuzzing: brute force vulnerability discovery[M]. New Jersey: Addison-Wesley Professional.

VAUDENAY S, 2002. Security flaws induced by CBC padding—applications to SSL, IPSEC, WTLS[C]// International conference on the theory and applications of cryptographic techniques. Amsterdam.

VERLEG P, POLL E, VAANDRAGER F W, 2016. Inferring SSH state machines using protocol state fuzzing[D]. Nijmegen: Radboud University.

WANG C, WU L F, HONG Z, 2015. Method of protocol state machine inference based on state merging[J]. Journal of PLA university of science and technology (natural science edition), 16 (4):322-329.

WANG D, ZOU Y K, ZHANG Z J, et al., 2023. Password guessing using random forest[C]// Proceedings of the 32nd USENIX conference on security symposium. Anaheim.

WEIR M, AGGARWAL S, DE MEDEIROS B, et al., 2009. Password cracking using probabilistic context-free grammars[C]//2009 30th IEEE symposium on security and privacy. Oakland.

XIAO B, 2015. Design and implementation of protocol conformance test system[D]. Beijing: Beijing University of Posts and Telecommunications.

ZHAO Z Q, WANG J F, BAI J R, 2014. Malware detection method based on the control-flow construct feature of software[J]. IET information security, 8 (1): 18-24.